DE LA

CONFORMATION DU CHEVAL

Suivant les lois de la physiologie et de la mécanique.

IMPRIMERIE DE GUIRAUDET ET JOUAUST.
RUE SAINT HONORÉ, 315.

DE LA

CONFORMATION DU CHEVAL

Suivant les lois de la physiologie et de la mécanique.

HARAS, COURSES, TYPES REPRODUCTEURS, AMÉLIORATION DES RACES, VICES RÉDHIBITOIRES.

PAR M. A. RICHARD,

Docteur en médecine,
Ancien Cultivateur et Élève de l'école d'Économie rurale et vétérinaire d'Alfort,
Directeur de l'École des Haras,
Membre de plusieurs Sociétés d'agriculture, de sciences naturelles, etc.

Toute description des parties extérieures des animaux ne peut ressortir qu'à l'histoire naturelle.
BUFFON, *De la description des animaux.*

AVEC PLANCHES.

PARIS,
AU COMPTOIR DES IMPRIMEURS-UNIS,
15, QUAI MALAQUAIS.

1847

AU PAYS

ET

AUX CHAMBRES.

Nous dédions cet essai de nos études sur le cheval et les haras au Pays et aux Chambres. Puisse-t-il être utile et obtenir leurs suffrages !

A. Richard.

AVERTISSEMENT.

L'ouvrage que nous soumettons au jugement de l'opinion publique est le précis d'un des cours que nous avons professés à l'École des Haras.

Lorsqu'un fonctionnaire dirige un enseignement dont le but est d'éclairer la question si obscure du perfectionnement des animaux, il doit répondre à la confiance dont il est honoré par un exposé loyal de ses doctrines. Son devoir l'exige, s'il croit se rendre ainsi utile à son pays.

C'est sous l'influence de cette idée que nous avons fondé les *Annales des Haras et de l'Agriculture*, en 1845. C'est le même motif qui nous guide aujourd'hui.

Nos principes sont loin d'être en harmonie avec ceux qui ont été mis en pratique depuis Louis XIV, et même depuis Henri IV et son grand ministre protecteur de l'agriculture; mais une profonde conviction ne nous a pas permis de nous abstenir au milieu de l'anarchie qui règne sur les théories développées en matière d'amélioration des races en France.

En tous cas, nous prions nos lecteurs de ne voir dans notre travail que l'expression d'un ardent désir de concourir au bien public. Nous avons pensé d'ailleurs qu'un essai dont l'auteur n'a d'autre ambition que celle d'être utile aux haras était la meilleure preuve de son dévoûment à l'administration qui les a toujours dirigés. Nous lui devions ce témoignage public de notre gratitude pour les marques d'estime et de bienveillance que nous avons si souvent reçues dans son sein.

D'un autre côté, l'état, les chambres législatives, toutes les associations agricoles, s'occupent avec la plus grande activité du perfectionnement des animaux ; si nous n'avions fait connaître les théories que l'Ecole des Haras enseigne sur cette question délicate de notre richesse nationale, nous nous serions cru coupable envers le pays.

Nous avons lu avec soin les écrits des employés les plus distingués comme les plus instruits de l'administration. Nous avons eu de longues conférences avec nos honorables collègues professeurs au Pin ; nous avons consulté les éleveurs intelligents et instruits partout où nous avons voyagé ; nous avons réfléchi pendant plus de vingt ans au sujet que nous traitons. Aujourd'hui nos convictions sont arrêtées : nous exposons ce que nous avons vu, ce que nous avons appris. Suivant nous, la méthode qui a présidé, dans ces derniers temps surtout, à la production de nos chevaux légers, nous a conduits dans la fausse voie où nous sommes. Les faits comme la théorie l'ont confirmé. Nous serions bien reconnaissant à ceux qui nous prouveraient le contraire. Ils nous démontreraient des vérités que les travaux de toute notre vie n'auraient pu nous faire découvrir.

Du reste, nous livrons nos théories au jugement du pays avec la confiance que nous a donnée la pureté de nos intentions. Nous n'avons écrit que sous l'inspiration de notre conscience et de l'amour du bien. Si nos faibles moyens nous ont failli, nous avons la persuasion que l'opinion publique nous tiendra compte du motif qui nous a guidé, et qui nous dirigera toujours en toute occasion.

Notre travail se divise en quatre parties bien distinctes. Dans la première, nous tâchons de prouver que les ingénieurs chargés de diriger la confection des machines vivantes ne doivent pas être moins instruits dans leur spécialité que ceux qui dirigent les travaux d'art. L'artiste qui modèle la matière animée ne peut bien réussir qu'après avoir fait de fortes études théoriques et pratiques. La France les a trop négligées, et la dégradation de nos races ne reconnaît pas d'autre cause. Nous ne pouvons multiplier et améliorer nos animaux que par l'application des sciences qui doivent s'en occuper. Or, pour les appliquer, il faut d'abord les apprendre.

Dans cette partie de notre travail, nous entrons dans quelques détails sur l'étude des appareils de la vie, pour en faire comprendre toute l'importance : comment perfectionner un instrument, si on ne se doute pas des formes qu'il doit avoir ?

Dans la deuxième partie, nous décrivons le cheval.

L'enseignement a perpétué les préceptes de Bourgelat jusqu'à notre époque. Nous avons cru devoir y apporter de larges réformes. Le créateur de la médecine vétérinaire n'avait pas eu le temps de bien saisir, suivant nous, les véritables méthodes qui doivent servir de base à l'étude des animaux ; ses théories se prêtaient trop à l'arbitraire ; les conséquences n'étaient pas déduites des principes rigoureux fournis par la physiologie et la mécanique. Il ne peut cependant y avoir d'autre point de départ ; sans lui, il n'y a plus de règle fixe, plus de philosophie, plus de vérité dans les démonstrations : nous tombons dans le domaine du caprice, des modes, des hypothèses.

La science du cheval est une science mathématique et physiologique. Ceux qui ne l'étudient pas sous ce point de vue ne comprendront jamais bien la question du perfectionnement de ses races.

Dans le corps d'un animal, chaque appareil a sa fonction particulière. Pour savoir si les instruments qui le composent remplissent le but proposé, il faut s'assurer si leur confection est convenable comme forme, et si la qualité des matières qui ont servi à le fabriquer est bonne. Ces deux conditions sont rigoureusement indispensables à une bonne fin, et il faut savoir les apprécier pour en juger.

La troisième partie est consacrée d'abord à l'examen des proportions du cheval établies par Bourgelat. On avait pensé qu'elles étaient un moyen assuré de juger des bonnes conditions de conformation des types : nous croyons avoir prouvé que cette erreur a été d'autant plus malheureuse, que l'autorité du nom de son auteur a été plus imposante. Le génie du grand maître voulut établir les proportions du cheval sur les mêmes principes que celles de l'homme ; il se trompa. La beauté de l'homme est idéale ou de convention, celle du cheval est mathématique.

Dans cette même partie, nous avons traité des aplombs, des allures, des robes et signalements, et de l'âge du cheval.

Enfin dans la quatrième partie nous avons examiné les haras. Nous avons pensé que nous ne pouvions pas parler des moyens de reconnaître un animal, sans nous occuper de ceux de le perfectionner. Nous avons donc développé nos opinions sur les types reproducteurs, les courses, etc. Nous ne nous sommes pas abusé sur les difficultés de cette question aussi grave que méconnue en France. Cependant nous n'avons pas cru devoir reculer devant elle, parce que nous cherchons tous les moyens possibles d'instruction, et que nous sommes assuré d'en trouver dans les explications de toute nature qu'elle pourra provoquer. Nous recevrons, du reste, avec reconnaissance, toutes les observations qui nous seront faites pour nous aider à reculer la limite si restreinte de la science des haras.

Enfin nous avons terminé notre travail par un appendice

ur les vices rédhibitoires, suivant la loi de mai 1838. Nous avons cru devoir compléter l'étude du cheval par celle des défauts ou des maladies qui donnent lieu à sa rédhibition. Ces documents pourront être utiles aux éleveurs.

Pour remplir notre tâche le mieux possible, nous avons étudié avec soin les travaux de tous les naturalistes et agronomes que nous avons pu nous procurer. Les ouvrages de Buffon, Daubenton, Cuvier, Geoffroy Saint-Hilaire, Dugès, Desmarets, Bourgelat, Tessier, Yvart, Gilbert, Huzard, Mathieu de Dombasle, Grognier ; ceux de MM. Milne Edwards, Flourens, de Blainville, Duvernoy, Duméril, de Quatrefages, Doyère, de Gasparin, Magne, Lecoq, Royer, etc., et toutes les publications périodiques sur l'importante question du perfectionnement des animaux, nous ont offert de grandes ressources.

Si nous avons mal réussi à atteindre notre but, ce ne sera pas faute d'avoir travaillé, d'avoir consulté les naturalistes les plus éminents avec lesquels nous avons eu le bonheur de nous mettre en rapport. Leurs bons avis nous ont été aussi utiles que précieux. Nous les prions d'agréer ici nos sentiments de profonde gratitude et de nous continuer le bienveillant intérêt qu'ils nous ont témoigné.

Ecole des Haras du Pin, ce 2 avril 1847.

DE LA

CONFORMATION DU CHEVAL

SUIVANT LES LOIS DE LA PHYSIOLOGIE ET DE LA MÉCANIQUE.

Première partie.

GÉNÉRALITÉS.

DES APPAREILS DE LA VIE DES ANIMAUX.

Georges Cuvier a établi en principe *que la forme du corps vivant lui est plus essentielle que la matière* (1).

Suivant cette loi, un simple fragment osseux suffisait à ce grand naturaliste pour recomposer des individus qui ont disparu du globe. Il décrivait leurs organes, leurs formes, leurs mœurs; il indiquait leur genre de patrie, et les classait à leur rang dans le règne animal, d'après leurs caractères zoologiques.

Quand on étudie la vie avec ses appareils et les lois qui président à ses phénomènes, on comprend toute la rigueur de l'axiome de Cuvier. Dans la nature organi-

---

(1) Introduction au *Règne animal*.

sée, les parties qui entrent dans la composition d'un tout sont essentiellement liées de fonctions; leurs formes dépendent toujours les unes des autres pour le but commun. Il s'ensuit que les principes ont des conséquences sans lesquelles il n'est pas plus possible de supposer la vie qu'on ne peut admettre un dégagement de chaleur sans calorique. Quelle que soit la complication ou la simplicité d'un organe, dans les animaux comme dans les végétaux, il a une configuration commandée, une texture, une condition d'être indispensables à sa vie, à sa vie, à ses fonctions, que lui seul peut remplir.

Pour la confection d'une horloge, d'un navire, d'un objet formant un tout, on emploie dans les arts des instruments qui varient de configuration comme de texture, suivant leurs usages. Ainsi une lime ne ressemble pas à un marteau, parce que leurs fonctions sont différentes; une colonne n'a ni la souplesse, ni la texture d'une corde, etc. La spécialité d'emploi de chaque outil commande son modèle, sa densité, sa résistance, son volume, sa pesanteur, etc. Dans un moulin, dans une fabrique, une roue ne peut être remplacée par un cube, ni un engrenage par un axe, pas plus qu'une chaîne ne peut servir de levier. Eh bien! à la différence du mérite de confection près, les instruments employés par la nature pour l'entretien de la vie offrent exactement les mêmes conditions de variétés pour remplir leurs fonctions diverses; et cependant, malgré leurs admirables dispositions, nous apprenons à les modifier, pour les rendre plus propres à nos besoins. L'amélioration des races à notre point de vue en est un exemple. Le génie de l'homme, fécondé par la science, va jusqu'à diriger les travaux de la nature elle-même, jusqu'à lui faire perfectionner l'œuvre de Dieu dans le sens de ses intérêts, de ses plaisirs, ou de ses caprices.

Les instruments de la vie physique des corps organisés ont donc de l'analogie avec ceux de la vie d'un moulin, d'une machine (1); dans les uns comme dans les autres, il fallait que leurs formes et leurs textures fussent variées pour la fin proposée.

Pour appuyer ce que nous avançons, nous devons citer quelques exemples, que nous avons tous les jours sous les yeux. Une dent canine, aiguë, arrondie, plus ou moins allongée ou recourbée, une molaire à lobes tranchants, des griffes, étudiées ensemble ou séparément, indiquent toujours un carnassier d'une taille à peu près déterminée par leur volume, d'une conformation connue à cette espèce d'animaux aux mœurs plus ou moins

---

(1) La vie n'est pas autre chose que le mouvement dans les machines organisées ou inorganisées! La mort, qui, dans la nature entière, n'est que la cessation du mouvement partout où il existait, dans l'homme comme dans l'animal, dans le végétal comme dans l'appareil de mécanique en jeu, nous en fournit la preuve. Du reste, partout la mort reconnaît pour cause soit la cessation générale du jeu des instruments, soit la rupture de l'un d'eux, ou d'un de ses engrenages essentiels à l'action de tout l'appareil.

féroces. On peut aussi juger du genre de pays qu'il est forcé d'habiter par sa nature. Sans ces attributs, propres à l'individu se nourrissant de proie morte ou vivante, il n'est point de carnivore possible, comme sans armes il n'est point d'armée. Donnez au lion les dents du bœuf, et le roi des animaux n'est plus possible. Sa vie ne peut plus être, par le seul changement de la forme de la dent. Nous pourrions en dire autant de l'estomac, des organes des sens, de la forme générale ou partielle du squelette, etc., etc. ; mais nous nous bornons aux caractères les plus saisissables pour tout le monde.

Si nous voyons un animal avec des extrémités terminées par des ongles, en forme de sabot, ses dents sont à table plane et raboteuse; elles ont de l'analogie avec la surface d'une meule de moulin. Ce doit être nécessairement un herbivore, aux mœurs douces, au caractère plus ou moins timide et facile. Outre les dents et les pieds, il aura tous les autres attributs physiques propres à son espèce. Changez les dispositions d'un ou plusieurs de ces instruments essentiels à sa vie, et il meurt.

Changez la lime et le marteau de l'horloger et donnez-lui, pour les remplacer, une bêche et un rateau, il ne peut plus être horloger. Mettez une roue à engrenage oblique dans la machine d'une fabrique, quand il le faut droit, une corde à la place d'un levier, changez la forme indispensable aux fonctions d'un instrument quel qu'il soit, et il n'a plus de mouvement possible, plus de vie.

Le bec d'un oiseau de proie est un crochet propre à déchirer la chair dont il s'alimente (1), tandis que celui de la bécassine est une sonde qui lui sert à fouiller la vase pour y chercher sa nourriture. Le flamand est pourvu de longues échasses pour aller dans les marais, et le canard, qui vit sur l'eau, est construit en forme de nacelle ; il a des rames pour naviguer. Ces oiseaux, qui cherchent leurs aliments souvent dans la vase, ont le bec en forme de cuiller, pour en prendre une certaine quantité et la tamiser ensuite au moyen des crénelures qui se trouvent sur les côtés de leurs mandibules. Ils retiennent ainsi les vers ou autres substances, qui glisseraient sans ces petits arrêtoirs. On n'a qu'à observer un canard le long d'une rigole pour se convaincre de ce fait. Geoffroy-Saint-Hilaire, qui considère ces petites lames comme des sortes de rangées de dents cornées, les compare aux fanons des baleines, qui servent à tamiser les petits poissons dont se nourrit cet énorme cé-

---

(1) N'oublions pas de remarquer l'analogie de structure qu'il y a entre le mammifère carnivore et l'oiseau de proie, parce qu'ils se nourrissent l'un et l'autre de mêmes individus et qu'ils se les procurent de la même manière. Le lion, le tigre, etc., ont des crochets pour déchirer, des griffes pour saisir. L'aigle, le vautour ont un crochet avec leur bec, et des griffes pour opérer de même. Ils ont de plus, comme les premiers, une grande puissance musculaire pour les combats à livrer, ou pour fatiguer, réduire les animaux qui résistent.

tacé. Cette analogie est d'autant plus judicieusement établie, que dans l'un et l'autre ces organes sont cornés, et ont absolument mêmes usages et mêmes dispositions ; ils ne diffèrent que par leurs développements.

Nous ne finirions pas si nous voulions continuer à citer des cas de ce genre ; la nature entière nous en fournirait jusque dans les plus petits détails, et le règne végétal, malgré sa plus grande simplicité, n'est pas moins intéressant que l'admirable organisation des animaux.

Mais si, dans le même sujet, chaque instrument destiné à remplir telle ou telle fonction ressemble nécessairement par sa forme et sa texture à l'organe correspondant d'un autre individu de la même espèce, nous devons dire que les mêmes conditions favorables de confection n'existent pas toujours dans l'un comme dans l'autre (1). De là, les différences de santé, d'énergie, de force, de durée, de sobriété, de puissance générale de vie et d'action, etc., etc.

Citons un exemple connu. L'estomac d'un homme ressemble à celui d'un autre ; il a mêmes fonctions à remplir, même disposition . et cependant chez l'un il

---

(1) N'en est-il pas de même dans les arts ? Si dans la nature on ne trouve jamais deux individus rigoureusement identiques dans toute leur organisation, trouve-t-on deux objets de fabrique humaine qui se ressemblent parfaitement ? N'y a-t-il pas une différence, soit dans la nature des principes élémentaires, soit dans les dispositions de texture, d'arrangement moléculaire, etc., etc.?

peut être excellent, et mauvais chez l'autre. Tout le reste de l'organisation offre la même particularité, jusque dans ses plus minimes combinaisons. Tel individu, sans être plus énergique ni pourvu d'un système musculaire mieux conditionné, sera plus fort que tel autre, parce que les dispositions de son squelette, les leviers de son système osseux, offriront plus d'avantages aux puissances qui les font agir. Ce dernier exemple s'applique surtout au cheval, sujet spécial de nos études. Employé comme locomotive, nous lui demandons le plus de perfection possible dans tout son système locomoteur, dans tous les rouages qui le composent, et dans l'âme, *la vapeur* qui en détermine l'action. Dans deux sujets du même genre, les organes correspondants sont identiques quant à la forme générale pour les besoins de la vie; mais ils peuvent varier quant à la qualité, aux dispositions spéciales propres au but que nous nous proposons et qui diffère souvent de celui de la nature : elle ne tend qu'à la conservation de l'individu et à la reproduction de l'espèce, nous ne visons qu'au bénéfice.

L'appréciation des qualités d'un cheval est basée sur l'étude de ses rouages : on ne pourra donc bien juger et connaître à fond l'ensemble de sa machine que quand on possèdera à fond la connaissance des éléments qui la composent.

Pour nous, le cheval-locomotive offre trois points principaux à bien étudier : 1° le sang ou l'espèce; 2° le squelette et les puissances de ses leviers; 3° les viscères, dont l'action règle la santé.

La vie de tout individu exploité par l'homme est soumise aux mêmes lois que celles de tous ceux de son espèce : mêmes phénomènes dans les fonctions identiques, mêmes produits consommés et rendus; mais quelle différence dans les résultats.

L'étude intime des animaux que nous fabriquons doit nous conduire à expliquer, autant qu'il est possible à l'esprit humain de deviner, la nature, la cause de ces différences. C'est là le seul comme le véritable point de départ de l'amélioration des races; les faits l'ont toujours prouvé, et l'anarchie dans laquelle nous vivons, sur ce point encore, en France, au milieu des progrès des autres industries de tout ordre, le prouve mieux encore.

Le cheval, sur lequel tant de personnes raisonnent, ne nous paraît pas compris suivant les véritables lois qui président à sa vie, et celles qui doivent diriger sa fabrication ; on n'a pas assez pénétré dans le secret de la bonne confection de sa machine : c'est là le mal, il n'est pas ailleurs. Nous avons l'espoir de le démontrer plus d'une fois à l'opinion publique.

Il nous est mathématiquement prouvé que le défaut seul de connaissances spéciales est la cause des plaintes générales, des récriminations perpétuelles dont nous sommes témoins sur l'amélioration de nos chevaux. Nous serions heureux si nous pouvions concourir à éclairer la question des haras, si long-temps discutée et toujours obscure.

Avant d'entrer dans des détails particuliers de description des régions du corps du cheval, nous croyons indispensable de présenter quelques considérations générales de physiologie et de mécanique. Elles nous rendront plus familières les études de spécialité, toujours arides, et souvent difficiles, quand on n'est pas préparé pour les faire.

La vie, nous l'avons vu, est la conséquence naturelle des fonctions des organes qui composent l'organisation animale, sous l'influence d'une cause qui n'est point appréciable pour nous. Il n'est cependant pas plus possible de la nier que la lumière du soleil, puisque la vie elle-même en est l'effet. Quelle différence y a-t-il entre l'état de l'individu qui vient de mourir subitement, sans maladie connue, et celui qui précédait sa mort, que nul ne pouvait prévoir? Aucun! C'est le même sujet, la même organisation, moins le souffle qui l'animait, moins cette puissance qui préside au mouvement général, opéré d'une manière si variée dans un corps animé.

Pour le vulgaire, un être vivant est un tout qui naît, se développe, se reproduit et meurt. Ne s'occupant pas de remonter aux causes, pourquoi descendrait-il aux effets? Mais l'homme qui médite et veut se rendre compte des phénomènes qui se passent sous ses yeux, découvre dans l'animal qu'il analyse une véritable manufacture de produits de tout ordre, fabriqués par des appareils de chimie ou de physique d'une perfection telle, que les productions humaines n'ont rien qui puisse leur être comparé. Un animal est donc une fabrique, un laboratoire de chimie, vivante comme le disait Broussais, qui extrait d'une poignée de fourrage non seulement tous les produits indispensables à l'entretien de sa vie et à sa transmission, mais encore ceux que nous nous approprions à ses dépens, et qu'il nous est impossible de fabriquer comme lui, malgré nos puissants moyens industriels. Quel est le manufacturier, le chimiste, avec ses réactifs et ses appareils, qui obtiendrait d'une botte de foin, de la viande, des graisses, des huiles, des os, des fourrures, des cuirs, des laines, de la soie, des plumes, de l'ivoire, de la corne, etc., etc.?

L'intégrité et les bonnes dispositions de confection des différents appareils employés par la machine animée ont la plus grande influence sur la bonne ou mauvaise fabrication des pronuits que nous donnent les animaux. C'est là le point essentiel à connaître pour déterminer la valeur des individus, ou plutôt celle de leurs appareils de fabrication de tout ordre, afin de les modifier suivant les nécessités de l'époque où nous vivons.

S'il est essentiel qu'un fabricant de produits chimiques connaisse la nature de tous les appareils employés dans son établissement pour être assuré que tous fonctionnent avec bénéfice, celui qui se livre à l'industrie de l'exploitation des fabriques animées doit-il en ignorer les détails, et méconnaître les causes de sa richesse ou de sa ruine, de ses succès ou de ses revers? Peut-il hasarder ses capitaux, dépenser son activité et sa vie en pure perte, pour n'avoir pas connu sa profession, soit pour son compte, soit pour celui d'autrui? C'est cependant ce que nous voyons tous les jours, sans en apprécier souvent la cause.

Passons rapidement en revue les phénomènes les plus saillants de la fabrique animale, pour nous faire une idée du perfectionnement de ses appareils.

Les matières premières dont les animaux se servent pour obtenir leurs produits sont toujours des corps organiques végétaux ou animaux, ce qui les a fait diviser en carnivores et herbivores. Ceux-ci seront les seuls dont nous nous occuperons; nous n'aurons recours aux premiers que par comparaison, et pour appuyer une opinion avancée. Du reste, le cheval étant le sujet spécial de notre travail, c'est lui que nous allons prendre pour type d'étude.

Pour réduire une matière végétale, herbe ou grain, en produits divers, un herbivore n'opère pas autrement que ne fait le chimiste. Comme lui, il emploie des appareils de chimie, de physique, des réactifs, du calorique, des acides, des alcalis, etc., etc. Nous allons le prouver.

Le cheval saisit d'abord le fourrage vert ou sec au moyen de ses pinces, et avec le concours de ses lèvres très mobiles; sa langue le met ensuite sous ses mâchelières, pour y subir une trituration, une division propres à le rendre plus accessible aux réactifs qui doivent plus loin en extraire les parties assimilables.

Nous ne devons pas oublier de dire que, pour faciliter cette trituration, qu'on nomme la mastication, la nature a pourvu le cheval d'une série de petites meules, placées les unes à côté des autres, et formant quatre tables allongées, deux supérieures et deux inférieures. Elles se correspondent parfaitement; leur mouvement de frottement est opéré au moyen d'un appareil musculaire spécial très puissant, et des mâchoires auxquelles elles sont fixées.

Mais on sait que, dans les arts, les surfaces des meules des moulins qu'on a rendues raboteuses en les rhabillant se polissent par le frottement; on est obligé de renouveler le rhabillage de temps en temps. La nature a su prévenir cette dégradation des meules des herbivores, en les formant de deux substances différentes de dureté; l'une se nomme ivoire, et l'autre émail. Celui-ci, offrant plus de résistance à l'usure par le frottement, domine toujours la première, moins dure, et qui se creuse sans cesse. Il s'ensuit naturellement des inégalités, des aspérités constantes, qui conservent la surface des tables molaires toujours raboteuse, constamment apte à leur usage, sans avoir besoin de l'opération employée dans les arts.

Pendant que ces meules sont en mouvement, la nature verse, juste au milieu de la surface de leurs tables, la salive indispensable pour humecter les substances triturées, les rendre d'une déglutition plus facile et plus digestible.

On conçoit, du reste, que le fourrage sec n'aurait pu être rendu pâteux et assez liquide pour être avalé par l'animal sans la salive, qui, avec sa viscosité, remplit admirablement le but. Elle est fabriquée par de petits appareils spéciaux, pourvus de canaux particuliers qui la conduisent où elle est nécessaire. Quand la trituration et l'insalivation sont complètes, les aliments sont pelotonnés, avalés et transportés, au moyen d'un assez long canal, dans un réservoir où ils doivent subir une autre opération chimique et physique en même temps.

Jusqu'ici le cheval a agi sous l'empire de sa volonté; il a pris les aliments, il les a triturés, et, quand il a jugé que cette opération était suffisante, il les a déglutis; mais, une fois parvenus dans le canal qui doit les conduire dans l'estomac, il n'a plus à s'en occuper. L'empire de la volonté a cessé pour faire place à celui de *la vie végétative*, c'est-à-dire ayant de l'analogie avec les fonctions qui entretiennent la vie des plantes. La digestion s'opère sans que l'animal en ait conscience, sans qu'il s'en aperçoive. L'estomac, où les végétaux triturés sont parvenus, est une véritable cornue de chimiste, à deux tubulures, l'une pour recevoir les matières après une première préparation, l'autre pour les laisser sortir et aller ailleurs, comme nous le verrons. Cette cornue est construite de manière à avoir dans son intérieur une fabrique de produits chimiques, de réactifs acides, qui agissent sur les matières qu'elle reçoit; ses parois sont pourvues dans toute leur étendue d'un appareil musculaire qui les rend contractiles (1), pour

(1) L'action musculaire joue un grand rôle dans les estomacs des animaux. Chez les uns, elle sert à mélanger les aliments; chez

que, par leur mouvement péristaltique, toutes les parcelles alimentaires soient bien mises en rapport avec les réactifs qui doivent opérer la séparation des principes nutritifs et des résidus. Il en résulte une pâte grisâtre acide (chyme), qui doit être soumise à une autre opération (1).

L'action chimique une fois terminée au moyen des réactifs nécessaires, du mélange des matières en présence, et du calorique favorable aux réactions chimiques en général (2), les substances alibiles sont prépa-

---

d'autres, elle remplace la mastication, comme au gésier des granivores. Chez les ruminants, qui ont un estomac pour servir de réservoir, d'entrepôt aux matières que l'animal n'a pas eu le temps de triturer convenablement, elle concourt à ramener les aliments dans la bouche pour la rumination, à les phorphoriser dans le feuillet, à les digérer dans la caillette qui est le véritable estomac de la digestion.

(1) Quand le chyme, pâte grisâtre et acide, sort de l'estomac par le pylore, il est traité par un alcali qui en neutralise l'acidité ou la modifie; nous voulons parler de la bile. L'action de ce réactif paraît si utile, que le foie, qui le secrète, se trouve dans presque toutes les séries du règne animal, même les moins parfaites par leur organisation. Le cheval fabrique une énorme quantité de bile. On en a recueilli jusqu'à 250 grammes par heure de son canal choledôque.

(2) La chaleur est très utile à l'action chimique de la digestion surtout. Quand nous digérons, la chaleur se concentre vers l'estomac, et nous sentons des frissons. Nous éprouvons le besoin d'une température suffisante. Les reptiles, le boa par exemple,

rées pour être assimilées ; l'estomac pousse, par ses contractions, la matière chymifiée vers la deuxième tubulure, pourvue d'un ajutage, qui est l'intestin grêle. La surface interne de ce boyau, long de vingt à vingt-deux mètres dans le cheval, est parsemée d'une infinité de suçoirs, de bouches, de petits tubes, qui reçoivent les molécules nutritives, tandis que les résidus sont refusés et poussés plus loin.

Nous devons faire remarquer que, pour donner aux suçoirs dont nous venons de parler la facilité et le temps de bien absorber toutes les matières qui en sont susceptibles, la nature a disposé l'intestin grêle de manière à être très étroit, pour ne laisser passer que peu de chyme à la fois. Il se met ainsi mieux en rapport avec les bouches absorbantes du chyle, qui peuvent fonctionner convenablement pendant que ce liquide parcourt le long trajet du boyau qui le contient. Les gros intestins cœcum, colon et rectum, prolongements diversement dilatés de l'ajutage intestin grêle, reçoivent les premiers résidus, qui contiennent encore quelques principes alimentaires. Ils sont absorbés de la même manière que précédemment ; puis les matières non assimilables, disposées en pelotes solides par le dernier prolongement de l'ajutage, sont rejetées.

---

digèrent très lentement dans les pays froids, et comme chez ces animaux la température du corps suit celle du climat, il en résulte qu'ils digèrent infiniment plus vite dans les pays chauds.

On se demandera peut-être comment les aliments chymifiés peuvent circuler dans les anses des intestins, si longs et repliés en tous sens sur eux-mêmes. La question est facile à résoudre. La nature a pourvu les intestins, comme l'estomac, d'une couche musculaire qui se contracte d'avant en arrière, de manière à diminuer par petits intervalles le diamètre du tube, comme par une sorte d'étranglement, et pousse ainsi les matières contenues vers l'ouverture des déjections par le mouvement péristaltique. Ce mouvement a lieu même quelque temps après la mort, ce qui prouve que les intestins sont les organes qui conservent le plus long-temps les signes de la vie après qu'elle a cessé.

On peut s'assurer de la manière dont s'opère cette admirable fonction de circulation particulière, en ouvrant le ventre d'un animal immédiatement après qu'il a été tué. On voit facilement toutes les parties de l'intestin se contracter, s'étrangler partiellement, pour produire l'effet que nous signalons.

On voit que, pour traverser le tube intestinal et servir à la nutrition, les substances alimentaires ont eu deux actions à subir : l'une chimique, pour le choix, la précipitation des aliments alibiles, et l'autre physique, pour les absorber, car il n'est pas possible de nier la puissance de la capillarité des vaisseaux absorbants, ou celle de l'endosmose, pas plus que l'effet du calorique. Plusieurs physiologistes y ajoutent même celui de l'électricité par l'action nerveuse.

Maintenant, s'il est impossible, en chimie comme en

physique, de nier que la nature des instruments ou des réactifs employés exerce une influence souvent énorme sur la richesse des produits obtenus, ne doit-on pas rigoureusement reconnaître que celle des appareils de chimie et de physique que nous venons d'examiner rapidement doit provoquer les mêmes conséquences, et agir directement sur nos opérations en éducation et en amélioration des animaux?

Ce que nous disons ici paraîtra peut-être peu vraisemblable à beaucoup de monde; mais ce n'est pas moins une vérité incontestable pour tous ceux qui voudront étudier et se donner la peine de voir si elle est fondée.

Nous avons vu comment opère l'animal pour traiter ses matières alimentaires. Voyons comment fait le chimiste lui-même quand il veut extraire un principe d'une matière donnée. Prenons un exemple, et choisissons de préférence une opération faite sur une substance végétale pour plus d'analogie, comme l'extraction de la quinine.

Quand un chimiste veut obtenir ce corps, il procède absolument de la même manière que le cheval pour se nourrir. Il prend l'écorce de quinquina, la concasse et la broie; puis il la met dans une cornue avec de l'eau et un peu d'acide chlorhydrique; il chauffe au degré convenable pour l'opération; il agite légèrement la cornue pour bien faire opérer le mélange des substances en présence, puis il rejette les résidus. Il traite ensuite la décoction par l'hydrate de chaux, et enfin par l'alcool bouillant, qui s'empare de la quinine en la dissolvant, et l'opération est terminée. La substance désirée est obtenue par l'évaporation du liquide spiritueux qui la tient en dissolution.

Le cheval a-t-il fait autre chose que de broyer, chauffer, traiter par les réactifs acides, agiter la cornue pour bien mélanger, traiter ensuite par des alcalis, obtenir les principes nécessaires et rejeter les résidus ?

Mais, cette opération importante terminée, il en est d'autres qui ne sont pas moins intéressantes. La nature doit fabriquer, avec la même substance laiteuse que nous avons nommée le chyle, tous les produits animaux si nombreux et si variés en caractères physiques. Quelle différence, en effet, entre un morceau de corne qui sert de défense à un animal, et une larme qui entretient l'humidité nécessaire à l'intégrité de sa vue ! entre l'ivoire et la viande ! entre l'émail si dur d'une dent et la pulpe si molle du cerveau ! entre le lait de la vache qui nourrit et le venin de la vipère qui nous tue, etc., etc. ! Et cependant ces corps si différents viennent tous du même principe dont nous avons rapidement examiné la préparation (1).

---

(1) Rien n'est plus curieux, plus capable de stimuler nos méditations et de provoquer les recherches des physiologistes, que les produits si variés et si nombreux fabriqués par les animaux. Là c'est un acide, ici un alcali pour une opération de chimie ; ailleurs, c'est un poison qui sert de moyen de défense à l'animal, comme aux najas, aux crotales, aux trigonocéphales, etc., ou une substance que rien n'égale en douceur, comme le miel. Le

Voyons maintenant comment il est absorbé dans le tube intestinal, et de quelle manière il se rend aux diverses parties du corps pour son entretien et la fabrication de ses produits.

Le chyle est puisé dans presque toute la longueur du tube intestinal par les vaisseaux chylifères, à partir de l'estomac, où commence réellement la digestion. Les premiers estomacs des ruminants, qui ne servent que de réservoir ou d'instruments auxiliaires, n'en sont pas pourvus; on ne les voit qu'à partir de la caillette, qui

---

castoreum est fabriqué par le castor, le musc par un chevrotin, et la civette par l'animal qui porte le même nom. L'abeille fabrique le miel d'un côté et le venin de l'autre, et la nature l'a pourvue d'un aiguillon, d'une lancette pour l'inoculer à son ennemi. Les araignées font les fils dont elles tissent leurs toiles, et la soie sort toute filée de la filature d'une chenille. L'escargot, l'huître, la tortue, fabriquent leur maison, qui leur sert en même temps d'habillement. Le porc-épic, le hérisson, sont armés de manière à défier leurs ennemis; leur corps est un faisceau de lances divergentes.

Mais ce n'est pas seulement chez les animaux que l'on observe cas variétés de produits: les végétaux en fournissent aussi des exemples. La ciguë, la renoncule, le sumac vénéneux, etc., fournissent du poison avec les mêmes éléments qui servent à produire les fruits les plus exquis à d'autres végétaux, tels que l'ananas, le bananier, le prunier. Un pin fabrique la résine à côté d'un frêne qui produit la gomme; l'ellébore vireux pousse à côté du pêcher; le pavot à côté d'un cep de vigne. Et quelle différence dans ces divers corps pour les usages que nous en faisons!

forme leur quatrième estomac. Ces petits canaux, d'abord extrêmement fins et déliés, se réunissent bientôt pour former des troncs assez considérables, absolument comme font les petits ruisseaux se rendant aux grandes rivières. Ils conduisent le liquide contenu, qui ne réunit pas encore les conditions propres à la fabrication des nouveaux produits, dans une machine hydraulique, véritable pompe aspirante et foulante double, appelée le cœur. Elle est chargée de recevoir et pousser vers les poumons le liquide qui lui arrive, pour y être mis en contact avec l'air atmosphérique. Cette opération chimique se nomme respiration, hématose. Ce n'est que quand le chyle y a été soumis qu'il est devenu sang artériel, et qu'il réunit toutes les conditions indispensables à la fin proposée. Il quitte alors les poumons, revient au cœur pour être poussé dans toutes les régions du corps, et servir à leur entretien comme à la fabrication de tous les produits animaux connus. On a appelé le sang la chair coulante ; c'est bien autre chose ! c'est la chair, ce sont les os, les tendons et les ligaments, la laine, la corne, le lait, la matière séminale ; ce sont les os, etc., etc. ; c'est le cerveau, l'instrument de la pensée, qui coulent dans le sang, puisque c'est lui qui forme d'abord ces divers organes, les entretient, et en refait plusieurs quand ils sont détruits, ou les répare.

Que ce soit sous l'influence de procédés chimiques ou physiques, ce n'est pas ici le lieu de discuter cette question de haute physiologie : le sang en se rendant aux mamelles, aux testicules, aux reins, aux glandes salivaires, lacrymales, au globe de l'œil, n'en forme pas moins le lait qui nourrit le nouveau-né, la matière fécondante qui concourt à le produire, la salive sécrétée par la mastication et la digestion, l'urine qui épure, les larmes, les liquides de l'œil qui maintiennent dans leur place respective les divers instruments d'optique de cet organe et leur conservent leur diaphanéité indispensable. Enfin le sang à la peau produit les poils, les ongles, les sabots, les griffes aux extrémités, l'ivoire dans les mâchoires, les muscles, les os, tous les réactifs et instruments de physique ou de chimie employés dans l'admirable manufacture animale (1). C'est ainsi que, par un renouvellement continuel des produits, la forme des organes se maintient, leur substance s'entretient, leurs pertes sont réparées et leurs fonctions continuent. « Il fallait, en effet, pour que la vie pût avoir lieu, dit » Béclard, des parties solides pour conserver la forme, » et des parties fluides pour entretenir le mouvement, » en un mot une organisation; et de même, pour que » celle-ci pût se maintenir au milieu des causes de » destruction, il fallait un mouvement et un renouvel» lement continuels de ses parties (2). »

(1) Quand le sang a fourni ces divers principes, il a perdu des qualités indispensables, celle de sang artériel; il est devenu veineux. Il a besoin de revenir au foyer d'hématose, aux poumons, où il est reconduit au moyen des veines et du cœur, comme nous l'avons vu en parlant de la marche du chyle.

(2) *Eléments d'anatomie générale.* Introduction, Sur les corps organisés.

Certes, beaucoup de personnes qui traitent des animaux ne songent guère que leur peau cache l'assemblage réuni des appareils les plus ingénieusement conçus et disposés qu'on puisse imaginer, et que, pour bien en apprécier l'action, il est indispensable qu'on les étudie avec détail, avec méditation. Ce n'est qu'à cette condition qu'on pourra comprendre et bien juger un cheval. Il est impossible de le connaître jamais convenablement, si on ignore la nature des rouages qui le composent et celle des agents qui les font mouvoir.

Tout ce que nous venons de dire, en négligeant une infinité de détails que la nature de notre travail ne nous a pas permis de donner, a pour but de piquer la curiosité, d'attirer l'attention sur l'étude de la machine animée, plutôt que de développer des principes connus de physiologie. Nous avons voulu prouver ce que nous avons avancé, que la nécessité de la forme spéciale à chaque instrument ou appareil employé par la fabrication animale chez tous les êtres organisés, depuis l'homme jusqu'au dernier végétal, est indispensable pour la transmission de la vie comme pour son entretien.

Du reste, toutes ces considérations sur la vie végétative commune à tout le règne animal comme au végétal sont au fond d'une importance secondaire pour nous. Notre but principal est de bien étudier la conformation du cheval comme locomotive, et les instruments de la vie de relation par lesquels s'opère la locomotion. Ici, tout se réduit à des dispositions, à des appareils mécaniques, dont les conditions de bonne fabrication règlent l'action et la valeur. Une montre sortie des mains d'un fabricant habile, et construite avec des matières de qualité supérieure, est d'un prix incomparable à celui d'une mauvaise pièce de pacotille ; de même un cheval dont les tissus de premier choix sont façonnés avec art et suivant les meilleures règles de mécanique ne saurait être mis en parallèle avec un produit sans valeur.

Ici nous ne devons pas oublier de signaler un fait grave, sur lequel nous demandons que l'on porte le plus d'attention possible. Il a été la cause d'un malentendu qui, suivant nous, est la seule source de l'anarchie qui règne en France en matière d'amélioration des races de chevaux. L'erreur que nous allons signaler est d'autant plus désastreuse, qu'elle a agi sur des hommes aussi éclairés que dévoués aux intérêts du progrès; mais, loin de faire au pays le bien que l'autorité de leur nom ou leur pouvoir aurait provoqué, ils ont laissé l'incertitude continuer son œuvre, parce qu'ils n'avaient pas une connaissance suffisante de la nature et de ce que nous lui faisons produire.

Pour la fabrication d'une bonne locomotive, trois points essentiels, rigoureusement indispensables au succès, doivent attirer l'attention du fabricant. S'il n'en tient pas compte, il peut s'attendre à des déceptions inévitables. Il faut 1° des ingénieurs capables de bien diriger les travaux, 2° des ouvriers habiles, 3° des matières premières d'un bon choix. Tout entrepreneur qui prend un ingénieur comme des ouvriers, sans être sûr qu'ils possèdent non seulement les connaissances spéciales, qu'ils ont dû acquérir dans les écoles préparatoires, mais encore l'esprit d'observation et le jugement que nécessite toute opération délicate, toute confection difficile, s'expose à une ruine assurée. Si le hasard le favorise une fois, il le compromettra mille.

Le fabricant chargé d'une grande exploitation de mécaniques devra donc avoir avant tout de bons ouvriers, choisir de bons ingénieurs, sortis des écoles spéciales, pour diriger ses travaux. Ces employés devront savoir distinguer, par leur expérience ou les moyens que la science leur donne, les matières de première qualité, pour être moulées suivant les besoins. Ce fait est patent, nul ne le contestera. Si les matières premières sont de bon choix, et les rouages, les leviers, les engrenages qu'elles servent à confectionner, mal conditionnés, mal ajustés, jamais la machine ne fonctionnera bien; jamais elle ne remplira convenablement le but; son travail sera irrégulier, saccadé, sans harmonie; son usure sera rapide. Si au contraire la fabrication est complète comme exécution, et les matières employées de mauvaise qualité, la machine non seulement s'usera rapidement, mais plusieurs de ses appareils ne pourront résister à son action. Ils se rompront ou se déformeront, et le but sera encore manqué.

Maintenant, dans les deux cas que nous venons de citer, il y a la question de l'âme qui doit animer, mettre en mouvement tous ces rouages. Que ce soit un ressort tendu, la vapeur, le vent, l'eau, ou telle puissance que l'on voudra, il faudra toujours qu'elle soit en harmonie avec les rouages, la résistance qui lui est opposée. Si elle est trop forte pour un appareil faible, l'usure est rapide, les rouages se brisent, etc. Si elle est trop faible pour un appareil puissant, l'action est lente, molle, insuffisante pour une bonne fin, dispendieuse par le peu de bénéfices qu'elle rend relativement aux dépenses exigées par son entretien.

Eh bien! ce que nous disons ici d'un fabricant, des machines, des ingénieurs et des ouvriers chargés de les confectionner, est rigoureusement applicable à l'élevage du cheval, qui n'est autre chose qu'une locomotive.

Le fabricant, ou plutôt l'autorité chargée de la direction générale de l'usine, c'est l'administration; les ingénieurs sont les employés, les éleveurs sont les ouvriers qui manipulent la matière.

Les reproducteurs sont la matière première qui doit servir à la confection de la machine. La race, le sang, doivent fournir l'*âme*, la *vapeur*, le *ressort* qui doit l'animer, le mettre en mouvement.

Que deviendra maintenant le cheval locomotive, si la matière première, employée pour le faire, n'a pas été moulée suivant de bonnes lois de mécanique, si sa manipulation n'a pas été dirigée par des mécaniciens habiles, possédant les sciences indispensables, qu'ils ont dû acquérir dans les écoles spéciales où ils ont été élevés? Il fera comme la locomotive inanimée, il fonctionnera mal. Il pourra marcher très vite pendant quelque temps si l'âme, la vapeur a beaucoup de puissance; mais il s'usera d'autant plus rapidement, que son organisme n'aura pas la force d'y résister. Il lui faut donc bonne confection mécanique et bonne puissance d'impulsion.

Si, au contraire, la matière est pétrie conformément à de bonnes règles de mécanique, et que le ressort soit faible, très faible, la locomotive-cheval marchera mollement, et fonctionnera sans profit.

Toute l'histoire des chevaux de sang et de ceux qui en manquent est là elle n'est pas ailleurs; les principes de l'amélioration chevaline n'ont et ne peuvent avoir d'autre point de départ. Ce serait nier les faits accomplis, comme la raison qui les appuie, que de ne pas le reconnaître. Nous soutenons que les causes de l'erreur dont nous avons parlé plus haut sont dans le défaut d'appréciation des conditions de structure dans lesquelles se trouvent les chevaux de sang de toute origine, et ceux qui sont sans âme, sans ressort. Des chevaux de pur sang ne seront jamais des améliorateurs, quel que soit d'ailleurs le mérite de leurs titres de noblesse, de leur matière première, et de leurs performences, s'ils sont dans de mauvaises conditions de dispositions mécaniques, si leurs rouages ont été confectionnés par de mauvais ouvriers, dirigés par des ingénieurs ne connaissant pas leur métier. Le cheval de la plus belle conformation imaginable ne sera jamais qu'une rosse si la matière employée à le confectionner par les artistes les plus habiles a été de mauvais choix, si l'âme, la vapeur, sont nulles.

La première comme la seconde de ces deux locomotives-chevaux ne pourront jamais servir avec avantage comme reproducteurs, et ce sont les déceptions, conséquences de leur emploi, qui ont produit l'anarchie dans laquelle nous vivons aujourd'hui en France en fait de types améliorateurs à adopter. C'est là, la source de toutes les accusations, de toutes les récriminations reproduites tous les jours par la presse, et renouvelées annuellement aux chambres, en matière d'améliorations des races et d'importation d'individus types.

Pour le naturaliste qui a creusé la question à fond, pour celui qui a étudié, observé les faits d'accord avec la science qu'il a cultivée, il n'est point de contestation possible. Le principe de l'amélioration des races chevalines est clair comme la lumière du soleil. Il réside dans le sang qui donne l'âme, la force d'impulsion, et les bonnes conditions de confection de la locomotive qui la reçoit; le défaut de l'un ou de l'autre de ces deux éléments indispensables est contraire à tout progrès : toute amélioration devient alors impossible.

Quant aux choix des ingénieurs et des ouvriers, nous croyons qu'il ne nous appartient pas d'en juger les capacités. C'est une question délicate, dont la solution appartient intégralement à l'opinion publique, qui observe les actes, les faits accomplis et leurs conséquences, et à ceux à qui l'état a confié la direction supérieure de la vaste usine pour laquelle nous travaillons comme simple ouvrier.

Après cette courte digression, qui ne nous a pas paru étrangère à notre but, et pour faire suite à ce que nous avons dit sur la vie végétative du cheval, nous allons nous occuper d'un des éléments les plus importants de sa valeur : nous voulons parler des rouages de sa machine, qui doivent obéir aux puissances chargées de provoquer leur action partielle ou générale. Comme la valeur d'une locomotive s'estime par l'action qu'elle produit, par les services qu'elle rend, nous devons attentivement étudier tous ses appareils, pour ne pas être trompés sur l'ensemble de leur estimation.

Les rouages de la machine du cheval qui correspondent à ceux des locomotives fabriquées par la main de l'homme sont représentés par tout son système osseux, qui compose le squelette. C'est cet assemblage de tous les os qui, par leurs formes variées, servent ici de pinces, là d'instruments protecteurs, ailleurs de leviers, de colonnes, de poulies, d'engrenages, de cloisons, etc., etc., etc. Ils fournissent enfin tout ce qui est indispensable à une locomotive confectionnée dans l'immense usine de la nature, par la nature elle-même.

Pour faire ressortir les avantages ou la nécessité de la configuration de telle ou telle pièce du système mécanique que nous examinerons, nous aurons souvent recours aux comparaisons des pièces correspondantes dans diverses séries du règne animal. Elles feront mieux saisir les conséquences des principes établis et nous éclaireront en même temps. « Le procédé le plus
» fécond pour obtenir les lois d'observation, dit Cuvier,
» est celui de la comparaison ; il consiste à observer

» successivement le même corps dans les différentes positions où la nature les place, ou à comparer entre eux les différents corps jusqu'à ce qu'on ait reconnu les rapports constants entre leur structure et les phénomènes qu'ils manifestent. Ces corps divers sont des expériences toutes préparées par la nature, qui ajoute ou retranche à chacun d'eux différentes parties, comme nous pourrions le faire dans nos laboratoires, et nous montre elle-même les résultats de ces additions ou de ces retranchements. »

(*Introduction au règne animal.*)

Si nous comparons le cheval et l'homme entr'eux, par exemple, nous leur trouvons une stature, une conformation si différente, commandée par leur genre de vie, que leurs organes correspondants doivent essentiellement être différents de formes. Il nous sera facile de nous en convaincre.

DU SQUELETTE.

Le squelette est la réunion des appareils passifs de locomotion. Son étude est du plus grand intérêt. Non seulement c'est par lui que la locomotive fonctionne; mais encore c'est par les bonnes dispositions de ses leviers, par la solidité de leur union, de leurs articulations, que ses mouvements sont exécutés avec plus ou moins d'étendue et de puissance, de précision et d'avantage pour les muscles qui les déterminent.

Le prix d'une machine est basé naturellement sur

la régularité de sa confection, et sur ses conditions de durée et d'étendue de travail; il en résulte que la forme du squelette, qui règle d'ailleurs celle du corps de la locomotive qui nous occupe, mérite le plus sérieux examen, l'étude la plus consciencieuse comme la plus détaillée de ses diverses parties.

Mais les fonctions des os ne se bornent pas à celles que nous venons de leur reconnaître; ils offrent de plus les moyens de protéger les organes délicats, dont la plus légère blessure aurait pu compromettre la vie des individus ou troubler ses fonctions. Ils doivent donc nécessairement être formés de substance dure pour les rendre propres de résister comme leviers aux efforts des puissances, et, comme protecteurs, aux causes qui auraient pu compromettre le travail des organes protégés. Du reste, les fonctions diverses du squelette commandent nécessairement, comme partout ailleurs, des différences dans la forme comme dans la texture des os qui le composent. Aussi, suivant leurs usages, en trouverons-nous de courts, de larges et de longs. Les premiers se font remarquer surtout aux lieux où il faut des mouvements étendus dans un court espace. On les observe aux phalanges, aux carpes et aux tarses, ou à l'encolure. Les articulations, dans ce cas, sont rapprochées et multiples, et l'étendue de chacune d'elles, quelque bornée qu'elle soit, donne une somme totale dont le résultat est suffisant pour le but proposé.

Les os plats ou aplatis servent à faire des boîtes, des cloisons, pour renfermer des organes délicats, comme le cerveau, les organes de l'odorat, de l'ouïe, du goût, etc., ou la cage de la poitrine pour protéger le foyer de la circulation et de la respiration. Dans d'autres cas ils donnent de larges surfaces d'attache nécessaires aux muscles indispensables aux régions ou ils se trouvent.

Les os longs sont employés comme colonnes de support, et organes de progression ; ils sont admirablement construits pour cette fin, comme nous le verrons.

Avant de nous occuper avec détail de chaque partie du squelette, nous ne devons pas oublier de parler des leviers, qui sont en mécanique les instruments du mouvement. On en reconnaît, comme on le sait, trois genres, qui diffèrent entre eux par le point d'appui et le mode d'action de la puissance relativement à la résistance. Quand celle-ci se trouve à une extrémité de la tige qui sert de levier, et que la puissance agit à l'autre extrémité, tandis que le point d'appui se trouve entre les deux, le levier est dit du premier genre ou inter-mobile ; la balance en est un exemple : le poids métrique représente la force dans un de ses plateaux, l'objet pesé tient lieu de résistance, et les points sur lesquels repose l'axe de la tige-levier sont le point d'appui.

Quand un ouvrier passe une barre de fer sous un bloc de pierre, et tend à le soulever en prenant un point d'appui sur le sol, il se sert d'un levier de deuxième genre ; le point d'appui se trouve à une extrémité de la barre, la puissance à l'autre, et la résistance à vaincre entre les deux : c'est un levier inter-résistant.

Un pêcheur nous fournit l'exemple d'un levier interpuissant, ou du troisième genre, lorsqu'il retire de l'eau son filet fixé au bout d'une perche : d'une main il donne à celle-ci un point d'appui, tandis qu'il la tire à lui de l'autre ; la résistance se trouve à une extrémité de la tige, le point d'appui à l'autre, et la puissance est entre les deux.

Tous les mouvements opérés par les machines se font au moyen de ces trois leviers, plus ou moins favorables à l'action, suivant leurs dispositions. Nous aurons l'occasion de l'observer.

Division du squelette.

Le squelette du cheval se divise en deux sortes d'appareils bien distincts, qu'on a nommés le tronc et les membres. Le premier contient et protège les organes des sens et tous ceux qui sont indispensables à la vie ; il est composé par la tête, la colonne vertébrale, le bassin, les côtes et le sternum. Les membres sont exclusivement destinés à la locomotion du corps ; ce sont de véritables colonnes de support et de déplacement.

De la tête.

Au lieu d'être sphéroïde comme chez l'homme, dont le développement du cerveau est énorme comparé à celui de ses mâchoires, la tête du cheval nous offre la forme d'une espèce de prisme, qui se termine en avant par de véritables pinces acérées, au moyen des dents. Les herbivores n'étant pas pourvus de mains pour prendre leur nourriture et la porter à la bouche comme l'homme, la nature devait allonger leurs mâchoires et les rendre aptes à servir d'instruments pour saisir l'herbe, l'inciser ou l'arracher.

C'est dans l'intérieur des mâchoires que se fabriquent les dents; ce sont elles qui les fixent, en les tenant solidement enchâssées, comme des coins, entre leurs lames osseuses. La mouture des grains ou du fourrage s'opère par les mouvements de la mâchoire inférieure, qui obéit à l'action d'un levier du troisième genre surtout.

Les muscles masticateurs en effet, au nombre de quatre, pour faire opérer à la machoire le mouvement de va-et-vient qui lui est indispensable pour moudre, se fixent entre le point d'appui offert par l'articulation maxillaire et les aliments à broyer: ils concourent donc à la formation d'un levier interpuissant (1).

Les deux points qui font le plus différer la tête du cheval de celle de l'homme, sous le rapport mécanique, sont ses deux extrémités. Pour les mâchoires,

---

(1) Nous avons dit au moyen d'un levier du troisième genre surtout, parce qu'en effet c'est lui qui domine. La résistance représentée par les aliments sous les dents se trouve bien en avant de la puissance et du point d'appui du maxillaire. Cependant, les parcelles d'aliments qui se trouvent à l'extrémité

qui en sont une, c'est incontestable, comme nous venons de le voir; l'autre extrémité, représentée par l'os occipital, qui s'unit à la colonne vertébrale, n'est pas moins intéressante comme étude comparée. Voyons pourquoi. La tête de l'homme est placée d'aplomb sur le sommet de sa colonne vertébrale, qui s'articule avec elle presque sous son centre de gravité; il fallait donc des moyens d'union peu puissants pour la fixer et la maintenir en équilibre.

Chez le cheval, tout est changé : direction de la colonne vertébrale et disposition de la tête, qui, au lieu d'être articulée sous son centre de gravité, l'est au contraire par son sommet. Il lui fallait donc des moyens d'union différents, une forme propre au but. Pour répondre à ce besoin, la nature a pourvu l'occipital du cheval de deux condyles énormes reçus par l'atloïde, de deux longues apophyses nommées styloïdes, et d'une tubérosité donnant attache à des puissances qui fixent les condyles dans les cavités de l'occipital. Toute luxation, toujours mortelle par la lésion qui en résulte pour la moëlle épinière, devient ainsi impossible. D'un autre côté, il était essentiel que le

---

postérieure de l'arrière-molaire sont entre l'articulation et le point d'appui et quelques fibres du zigomato-maxillaire, ce qui caractériserait un levier du deuxième genre. Mais ce fait nous paraît si peu important au fond, que nous ne faisons que le signaler en passant.

cheval eût la tête solidement articulée, pour arracher facilement l'herbe dure ; raison de plus de la nécessité du mode employé par la nature pour l'articulation occipito-atloïdienne.

Dans l'homme, les condyles articulaires de l'occipital ne sont que très rudimentaires en comparaison. Point d'apophyse styloïde comme le cheval, pas plus que de protubérance comme celle qui forme la base du sommet de sa tête.

Telles sont les principales différences qui existent dans les organes que nous venons d'examiner, et qui étaient commandées par les modifications de leurs usages respectifs.

Du reste, dans l'homme, comme dans le cheval, les os du crâne et de la face s'articulent de la même manière, par engrenage et dentelures, ou par écailles juxta-posées. Les traces de ces sutures, si distinctes dans les jeunes sujets, disparaissent avec l'âge de manière à ce qu'il n'en reste plus chez les vieillards.

Dans l'homme, comme dans le cheval, les organes des sens sont protégés dans des boîtes ou cavités osseuses ; elles ne diffèrent entre elles que par leur développement respectif, suivant le volume des organes contenus.

Chez l'homme, ce sont les facultés morales qui dominent les facultés physiques : le crâne est donc la partie la plus développée. Chez les animaux, les facultés physiques l'emportent sur les morales : ce sont donc les os de la face, et surtout ceux qui concourent à la trituration des aliments par leurs appareils de mouture, qui dominent tout le reste de la tête (1).

De la colonne vertébrale.

L'occipital s'articule avec l'atloïde, qui est le premier des os de la colonne vertébrale. Cette longue série d'os courts, solidement articulés les uns aux autres, est percée, dans son milieu, d'un long canal, pourvu d'ouvertures de chaque côté, afin de donner passage aux nerfs qui en partent pour se rendre dans les diverses parties du corps. Ce canal contient et protége la moëlle épinière, qui part du cerveau, dont elle n'est qu'un prolongement. Il en résulte que, sous le rapport des fonctions, la colonne vertébrale est une sorte de prolongement du crâne, puisque l'organe qu'elle contient et protége n'est en quelque sorte que la continuation du cerveau. La seule différence que nous y trouverions, chez le cheval, est dans son importance relative, comparée à la masse cérébrale. En effet, nous avons reconnu que, chez l'homme, le foyer de la vie morale l'emporte sur celui de la vie physique, et que c'était le contraire chez les ani-

(1) Nous donnerons sur ce sujet des détails plus développés en traitant de la tête en général, après avoir étudié ses diverses parties extérieures.

maux ; dans ce cas, la moëlle épinière, qui fournit les nerfs de la vie physique, devait avoir une importance relative bien plus grande, comparée au cerveau du cheval; et c'est ce qui arrive chez lui : elle est énorme, en comparaison de celle de l'homme, surtout si, dans l'un comme dans l'autre, nous les mettons en parallèle avec le volume des centres dont elles émanent.

Mais, outre les fonctions générales de contenir et protéger le foyer des nerfs de la vie publique, la colonne vertébrale du cheval en a d'autres, qui sont pour nous de la plus haute importance. La construction particulière de certaines de ses régions offre des conditions de mécanique plus ou moins avantageuses au but proposé, et règle par conséquent la valeur de la locomotive qui nous occupe.

Sous le rapport mécanique, la colonne vertébrale se divise en quatre régions bien distinctes par leurs fonctions, et, par conséquent, par la forme des os qui les composent. La première est dite région cervicale; la deuxième, région dorsale; la troisième, lombaire, et la quatrième, sacrée. La région cervicale est formée par sept vertèbres (1) : la première se nomme atloïde; la deuxième, axoïde; les autres prennent le

---

(1) Un fait remarquable, c'est que, à très peu d'exceptions près, tous les mammifères n'ont que sept vertèbres à l'encolure, quelle que soit sa longueur. Ainsi, la girafe comme

nom de troisième, quatrième, etc., jusqu'à la dernière.

L'axoïde, qui reçoit les condyles de l'occipital, comme nous l'avons vu, est la seule qui soit disposée de manière à permettre tous les mouvements indispensables à l'action de la tête. En effet, son genre d'articulation avec elle lui facilite tous les mouvements verticaux, et celui qui l'unit avec l'axoïde permet tous les mouvements latéraux. L'axoïde (axis) se termine antérieurement par un véritable bras d'essieu avec son arêtoir reçu par l'atlas, qui remplit les fonctions de moyeu. Par cette admirable disposition articulaire, la tête peut exécuter tous les mouvements sans possibilité de luxation. Comme cet accident doit toujours être mortel, la nature a eu le soin de prendre toutes les précautions aptes à le prévenir.

L'axoïde fournit, de plus que son axe, une éminence sur laquelle passe la corde du ligament cervical, qui va se fixer à la protubérance occipitale. Cette disposition est favorable à son action, comme nous aurons occasion de l'expliquer plus tard.

De toutes les vertèbres, l'atloïde est la seule qui offre deux articulations diarthrodiales, c'est-à-dire permettant aux surfaces articulaires de glisser les unes sur les autres. Toutes les vertèbres suivantes,

---

souris, le chameau comme le chien, etc., n'ont que sept vertèbres cervicales. Quelle en est la raison ?

à partir de l'union de l'axoïde avec la troisième, sont articulées au moyen d'un ligament très puissant, qui fixe les surfaces articulaires l'une à l'autre. Les articulations vertébrales sont ainsi extrêmement solides, condition de première nécessité pour la conservation de la vie.

Du reste, les vertèbres sont unies l'une à l'autre de telle manière, qu'il n'y a pas de luxation possible sans rupture des ligaments ou des os; l'un et l'autre de ces accidents sont mortels, par la lésion du foyer des nerfs de la vie physique.

Les vertèbres du cou du cheval forment un long bras de levier qui supporte la tête. Aussi sont-elles fortes et garnies d'éminences, d'apophyses latérales nombreuses et bien développées, pour donner attache aux muscles nombreux et forts qui les soutiennent. Celles de l'homme ne sont que rudimentaires en comparaison : sa station verticale l'explique.

Le bœuf, qui se défend ou attaque avec sa tête, et les carnassiers, qui ont besoin d'avoir une grande force au cou pour des combats d'un autre ordre, ont les vertèbres cervicales en comparaison encore plus développées que le cheval.

La forme des vertèbres dorsales du cheval, au nombre de dix-huit, diffère des cervicales, comme le rôle qu'elles remplissent. Ici ce n'est plus la tête qui doit être supportée, c'est une longue clef de voûte qu'il faut aux côtes pour les fixer et former la cage de la poitrine, qui doit contenir et protéger les poumons, le cœur et ses dépendances. Il faut de plus, à la partie antérieure et supérieure du dos, des leviers pour aider aux puissances musculaires partant des parties postérieures du corps à enlever les antérieures pour la progression, le saut, etc. Eh bien ! les vertèbres dorsales remplissent l'une et l'autre de ces fonctions.

Les premières côtes qui se fixent au sternum servent de colonnes de support plus ou moins direct aux premières vertèbres dorsales ; celles-ci forment la clef de voûte de la poitrine, et cette même clef de voûte, supportée à la partie antérieure du dos, soutient à son tour, en arrière, les fausses côtes qui lui sont suspendues. De la disposition des organes qui forment la voûte de la poitrine résulte une admirable combinaison de solidarité, qui n'a pas d'exemple dans les arts. Cette disposition était essentielle à la colonne dorsale pour lui donner l'élasticité indispensable, afin de prévenir les déchirements des viscères importants qu'elle tient suspendus. Leurs lésions, conséquences des mouvements brusques, auraient été mortelles, si la flexibilité, ingénieusement combinée avec la solidité du dos, ne les avait empêchées.

Le corps des vertèbres dorsales est surmonté d'un long levier, qu'on nomme apophyses épineuses. Les vertèbres cervicales en sont dépourvues on n'en ont que de faibles rudiments. Ces leviers, plus longs vers les premières vertèbres qu'aux postérieures, forment la base du garrot. Nous reviendrons avec détail, en décrivant cette région du corps, sur les avantages offerts à la mécanique animale par cette disposition osseuse.

Les vertèbres lombaires, au nombre de six, diffèrent de celles du dos, en ce qu'elles ne sont plus des clefs de voûte de la poitrine. Au lieu de côtes, elles sont pourvues latéralement de longues apophyses transverses, servant de support et de point d'attache à des puissances musculaires qui concourent à communiquer l'action des régions postérieures du corps aux antérieures. Sous ce rapport, ces prolongements osseux, aplatis, continuent l'office de côtes sur lesquelles reposent aussi ces puissances musculaires. Elles protégent les organes qui sont placés sous eux, et préviennent l'affaissement brusque qui aurait nécessairement eu lieu aux flancs, si elles n'avaient point écarté les parois supérieures de l'abdomen. Sans cette précaution de la nature, la masse intestinale eût été refoulée en avant par le poids des muscles et de la peau, et aurait troublé la respiration en comprimant les poumons.

Les régions dorsale et lombaire de la colonne vertébrale ont pour fonctions, non seulement de supporter les organes contenus dans la poitrine et l'abdomen, mais encore le poids dont on charge les animaux. Il fallait donc une grande solidité à cette tige, qui doit être en même temps flexible, pour neutraliser les réactions des mouvements brusques. En traitant du dos et des reins du cheval, nous développerons les raisons de condition de beauté et de puissance de ces importantes parties du corps.

La quatrième région du rachis est représentée par le sacrum. Cet os a été formé par quatre ou cinq petites vertèbres, toujours soudées ensemble dans l'âge adulte. Il reçoit dans son canal l'extrémité de la moëlle épinière, qui fournit les nerfs aux masses musculaires de la croupe et des membres postérieurs.

Les fonctions du sacrum sont très importantes. Non seulement il protège la fin de l'expansion cérébrale qui commence au crâne, mais il sert de moyen d'union entre le train postérieur et le reste du corps. Il forme aussi la clef de voûte du bassin, en même temps que sa paroi supérieure. Cet os triangulaire offre cinq moyens puissants d'articulation. Sur les côtés, il adhère par de larges surfaces articulaires aux coxaux. En avant, il s'unit au corps de la dernière vertèbre lombaire par son centre, et à ses apophyses transverses par ses branches latérales. Enfin, son extrémité postérieure, terminée en pointe, sert de base articulaire aux coxigiens qui forment la charpente de la queue.

Si nous jetons un coup d'œil sur l'ensemble de la longue tige flexible formée par la réunion de toutes les vertèbres, nous verrons sa forme modifiée suivant l'usage de chaque région. Celle de l'encolure nous présente des os beaucoup plus gros que tous les autres. Ils sont hérissés d'éminences nombreuses latérales, pour que les muscles qui les supportent puissent s'y fixer convenablement et faire opérer tous les mouvements nécessaires au balancier qu'ils forment. Ce long bras de levier est très utile à l'animal pour les déplacements de son centre de gravité, suivant les besoins.

Du reste, ces apophyses osseuses sont disposées de manière à ne pas gêner les divers mouvements exécutés par l'encolure.

Les vertèbres du dos et des lombes diffèrent beaucoup de celles de l'encolure. Leur corps est moins volumineux, et n'offre pas ces appareils d'apophyses latérales, qui ne sont qu'une succession de petits leviers, sur lesquels agissent les muscles du cou pour ses flexions variées.

Les fonctions de ces régions, sans exiger moins de solidité par les moyens d'union des os qui les forment, n'avaient pas besoin du même degré de flexibilité pour bien remplir leur but; mais, si leur jeu a peu d'étendue, la nature a largement établi le système de compensation exigé. Nous en trouvons la preuve dans la solidité donnée à la tige vertébrale qui devait porter un grand poids, et dans l'élasticité nécessaire à ses fonctions.

Du reste, toutes les apophyses des vertèbres servant de leviers, leur plus grand développement sera toujours le premier caractère de leur bonne condition de conformation.

Les apophyses épineuses des vertèbres dorsales,

lombaires et sacrées, outre leur différence de longueur respective, ont des directions particulières qu'il n'est pas inutile de signa'er ici. Les plus longues, celles qui servent de base au garrot, sont dirigées en arrière, tandis que celles des lombes sont penchées en avant; au sacrum, elles sont inclinées en arrière. Il est facile de comprendre les avantages offerts par ces dispositions. Le poids de l'encolure et de la tête est une puissance permanente qui tend sans cesse à entraîner les premières vertèbres du dos en avant, par le ligament cervical et les muscles qui s'y fixent. Leur direction en arrière favorise la résistance qu'elles doivent opposer à ce contre-poids.

Le milieu de la tige dorso-lombaire est le point le plus flexible, comme le plus faible, parce qu'il est le plus éloigné des appuis offerts par les membres. La hauteur des apophyses des premières dorsales, et la direction en avant des lombaires, tendent, autant que possible, à obvier à cet inconvénient, au moyen des points fixes offerts par le sacrum en arrière, et le garrot en avant. En effet, toutes les apophyses épineuses, dorsales et lombaires, sont liées les unes aux autres par des ligaments inter-épineux qui s'attachent à leurs bords, et par leurs sommets au moyen des ligaments sus-épineux. Ceux-ci, fixés à l'épine sacrée, dirigée en arrière, en s'étendant sur les sommets de l'épine lombaire, dirigée en avant, la maintiennent du côté de la croupe, tandis que, descendant du point fixe du garrot, les mêmes ligaments soutiennent le milieu du dos. Il en résulte l'effet d'une corde qui, fixée à ses deux extrémités, supporte un poids suspendu à son milieu. C'est absolument le même principe que celui qui préside à la confection des ponts suspendus. Nous aurons occasion de revenir sur ce fait en traitant du garrot, du dos et des reins du cheval.

La colonne vertébrale de l'homme, qui remplit d'ailleurs les mêmes fonctions comme protecteur de la moëlle épinière, est différente par les dispositions de ses régions. Notre station verticale ne demandait ni le balancier de l'encolure du cheval, ni les apophyses qui lui étaient indispensables pour ses muscles ; elle n'avait pas besoin non plus des apophyses du garrot, ni des mêmes dispositions pour supporter les viscères de la poitrine ou de l'abdomen : placée verticalement, elle devait avoir les dispositions de toute tige qui offre les avantages d'organisation les plus favorables à la station verticale. C'est ce qui a lieu. La colonne vertébrale de l'homme est une véritable pyramide dont les corps des vertèbres forment les assises, et sont d'autant plus grands, plus larges, qu'ils sont plus près de sa base. Les apophyses des vertèbres lombaires, épineuses ou transverses, sont et devaient être les plus accentuées, pour offrir le plus d'avantage possible aux puissances qui doivent fixer et maintenir la direction de la pyramide.

Des côtes.

Les côtes sont des os aplatis, droits, allongés et plus ou moins recourbés pour former la cage pectorale, qui renferme et protége le cœur, les poumons et leurs dépendances. L'édifice qu'elles forment est bien la conception la plus ingénieuse, l'exécution la plus parfaite que l'on puisse admirer dans la nature. Chez l'homme, l'unique but des côtes est de protéger les organes pectoraux, et de concourir à la respiration en se soulevant et s'abaissant. Dans le cheval elles ont, avec ce même travail, d'autres fonctions qui ne sont pas moins importantes. Les animaux dont la position du corps est horizontale ont dû avoir un système de support solide et élastique pour soutenir le rachis qui contient la moëlle épinière. Eh bien! cet admirable système de suspension est formé par des côtes destinées à cet effet, le sternum, dont nous nous occuperons plus bas, et les sangles élastiques qui le suspendent aux colonnes formées par les membres antérieurs.

Quand on étudie les côtes sur le squelette du cheval, on voit qu'elles diffèrent de longueur, de courbure, de force et de résistance autant que de mode d'articulation aux vertèbres et au sternum. On peut les classer en trois groupes bien différents de fonctions. Les unes sont immobiles et ne servent pas à la respiration, pour être uniquement employées comme colonnes; les autres ont des fonctions mixtes, c'est-à-dire qu'elles servent à la respiration en même temps qu'elles concourent au support de la tige vertébrale; enfin les troisièmes sont exclusivement utilisées pour la respiration ou la dilatation de la poitrine. Les deux premières côtes sont courtes, droites et plus grosses; elles sont beaucoup plus fortes que les autres, et leur défaut de courbure bien marqué fait qu'elles sont presque parallèles l'une à l'autre. Cette disposition était indispensable à leurs fonctions.

En effet, elles forment les deux premières colonnes sur lesquelles repose le rachis au point où il a le plus de pesanteur. C'est ce point qui est chargé de tout le poids de l'encolure et de la tête, poids énorme quand l'animal s'en sert pour faire basculer le train postérieur, ou qu'il franchit un obstacle élevé. Tout le corps alors est supporté par les membres antérieurs. Ce sont les deux premières côtes qui reçoivent, avec une partie du poids de la masse, la plus grande quantité du contrepoids de l'encolure et de la tête. Il fallait donc que ces deux premiers barreaux de la cage pectorale eussent une grande solidité comme colonnes.

Leur mode d'articulation aux vertèbres et au sternum n'est pas moins bien en harmonie avec la nécessité commandée par leurs fonctions. Les premières vertèbres dorsales, qui leur servent en quelque sorte de chapiteau, sont pourvues de chaque côté de deux fortes apophyses transverses qui reposent sur leurs sommets ; leurs têtes, bien différentes de celles des côtes qui les suivent, s'engagent sous ces prolongements osseux. Ce mode d'articulation était essentiel au but proposé : une colonne doit toujours être placée sous le corps qu'elle supporte.

Le genre d'articulation des premières côtes avec le sternum diffère aussi de celui des suivantes ; leur cartilage de prolongement n'est qu'une espèce de coussinet intermédiaire, sans mouvement.

Les deuxièmes côtes, dont les fonctions comme colonnes sont plus indirectes, commencent à devenir mixtes : légèrement courbées, elles s'allongent et s'aplatissent davantage. Leurs têtes s'engagent moins sous le corps des vertèbres, et leurs tubérosités articulaires tendent à se dégager de dessous l'apophyse transverse qui les reçoit. Leurs cartilages de prolongement s'allongent, et forment déjà un petit angle mobile, quelque borné que soit son jeu.

Les caractères que nous venons de décrire pour les deuxièmes côtes sont encore plus tranchés dans les troisièmes et ainsi de suite graduellement, jusqu'aux dernières, qui s'articulent avec le sternum. Leurs cartilages de prolongement sont d'autant plus longs qu'ils sont placés plus postérieurement ; leur jeu est très étendu et permet un grand écartement aux barreaux de la cage pectorale. Ceux-ci, du reste, contribuent encore au soutien de la colonne vertébrale en raison inverse de l'étendue de leurs mouvements.

Les côtes asternales, ou fausses côtes, suivent les sternales. Leurs courbures sont plus marquées; elles s'articulent sur les côtés des corps des vertèbres, et ne servent plus qu'à la respiration. Du reste, elles sont fixées les unes aux autres vers leurs extrémités, au moyen de leurs prolongements cartilagineux très élastiques, et qui, unis par du tissu cellulaire, forment une espèce de cerceau très flexible qu'on a appelé le cercle cartilagineux des côtes.

On voit donc que les côtes du cheval offrent des différences bien marquées, suivant leurs fonctions mixtes ou simples. L'intérêt qu'elles présentent est d'autant plus grand pour nous, qu'elles nous serviront à apprécier les conditions de bonne conformation de la poitrine, sur laquelle on a commis bien des erreurs. Or, il est d'autant plus essentiel de savoir bien juger des bonnes qualités de cette région du cheval, qu'elle contient le foyer de vie de sa machine, la véritable chaudière de la locomotive.

Les côtes de l'homme sont bien différentes; son rachis vertical, supporté par le bassin, n'avait pas besoin de leur appui. Les barreaux de sa poitrine, uniquement destinés à protéger les viscères pectoraux et à faciliter la respiration, sont fixés en arrière aux vertèbres, et se réunissent simplement en avant au moyen du sternum, aplati d'avant en arrière. Aussi, nos premières côtes, au lieu d'être droites, sont-elles plus courbées, en proportion de leur longueur, que celles qui les suivent, pour que la poitrine soit le plus développée possible dès sa partie supérieure. On voit donc que le squelette de la poitrine de l'homme est infiniment moins intéressant à étudier sous le rapport mecanique que celui des animaux.

Du sternum.

Le sternum du cheval, formé par une réunion combinée d'os et de cartilages pour unir la solidité à un certain degré d'élasticité, est aplati d'un côté à l'autre, au lieu d'offrir cette disposition d'avant en arrière comme celui de l'homme. Sa forme et ses contours ont beaucoup d'analogie avec la carène d'un vaisseau. Les côtes s'articulent vers son bord supérieur, et l'espace qui s'étend de ce point au bord inférieur est occupé par des muscles très forts. Ils servent de sangles élastiques pour suspendre cette base des colonnes de support du rachis aux régions supérieures des membres antérieurs. Cette disposition du sternum du cheval se trouve partout où de grandes puissances musculaires agissent séparément dans un même but, ou un but opposé. Ainsi, le sternum des oiseaux nous offre une crête sternale très prononcée, pour donner attache aux muscles pectoraux qui doivent servir pour le vol. La crête sagittale des carnassiers puissants, tels que le lion, l'hyène, le loup, etc., offre la même particularité pour les muscles masticateurs. Le cheval nous fournit lui-même encore un exemple frappant de cette disposition osseuse pour des muscles antagonistes dans la crête acromienne du scapulum.

Os des membres.

Les os des membres servent à la locomotion et au support du corps. Ils sont formés par des colonnes articulées les unes aux autres, et qui sont en même temps des leviers que les puissances font agir pour les mouvements divers.

La force des individus, comme leur vitesse, dépend en grande partie de leurs dispositions mécaniques. On conçoit tout l'intérêt qu'ils présentent pour l'étude du cheval, dont les membres demandent le plus de conditions de force, de vitesse et de résistance.

Toutes les extrémités par lesquelles les os s'articulent, sont renflées pour offrir de plus larges surfaces articulaires et les rendres plus solides, ou pour détourner les cordes tendineuses et les éloigner de leur parallélisme avec les colonnes à déplacer. Ces conditions sont favorables à la puissance, comme nous le verrons plus tard ; il arrive même que, pour mieux répondre à ce but, la nature emploie des poulies de renvoi quand le renflement osseux n'est pas assez considérable.

D'un autre côté, pour alléger le poids des os et leur conserver cependant toute la solidité qui leur est nécessaire, la nature a disposé les plus allongés en colonnes creuses. Par ce moyen ils offrent, avec la même quantité de substance, la plus grande solidité possible.

Citons un exemple à l'appui de cette opinion.

Si on prend une tige de plomb de 500 grammes par exemple, disposée en cylindre plein, d'une longueur de deux décimètres, il sera facile de la courber par un faible effort. Si nous coulons la même quantité de ce métal de manière à en faire une colonnette creuse de la même longueur, elle offrira beaucoup plus de résistance à la puissance qui tendra à la courber. Prenez une feuille de tôle, roulez-la en cylindre creux, et vous verrez quelle force elle offrira en comparaison de son premier état.

Les os courts des membres, c'est-à-dire les tarsiens et les carpiens, les phalangiens, les rotules et les sésamoïdes, sont les seuls qui n'aient pas de canal médullaire, avec les cubitus et les scapulums.

Os des membres antérieurs

Les os des membres thoraciques des animaux ont, comparativement à ceux de l'homme, un volume et des dispositions de puissance très grands. L'homme, en effet, ne les emploie que pour saisir les objets; tandis que, dans les quadrupèdes en général, ils concourent à supporter le corps, alors même qu'ils servent aux mêmes fins que chez l'homme, comme dans les quadrumanes, *par exemple*. Pour le cheval, ils ne sont utiles qu'au soutien du corps et à la progres sion. Aussi sont-ils très développés, ainsi que leurs apophyses, leviers des puissances qui les font mouvoir.

Du scapulum.

Pour être solidement fixés au corps, les membres qui le supportent devaient être pourvus de moyens propres à bien remplir le but. La disposition du scapulum y répond admirablement par les larges surfaces d'attache qu'il offre aux muscles. Ce grand os plat, en forme de pelle, est favorable, non seulement aux moyens d'union, mais encore à l'élasticité de la soupente du corps, par le mouvement de bascule que facilite son inclinaison d'arrière en avant. Cette disposition est aussi avantageuse pour la vitesse des allures, comme nous le verrons en traitant de l'épaule.

A son extrémité supérieure, le scapulum est pourvu d'une large expansion cartilagineuse, qui se termine en croissant très aminci. Son élasticité prévient les accidents qui pourraient arriver, s'il n'existait pas, quand le scapulum est fortement refoulé par la réaction de l'appui des membres sur le sol. Cette réaction est très grande lorsque le corps est lancé, par la détente des membres postérieurs, pour franchir une barrière élevée, un fossé, etc. L'extrémité inférieure de cet os est pourvue d'une cavité qui reçoit la tête de l'humérus, de manière à former une articulation par genou, pour permettre des mouvements en tous sens. Cette disposition articulaire était nécessaire pour faciliter les mouvements latéraux ou obliques.

La face interne du scapulum, placée entre les côtes, donne attache à un très fort muscle, qui le fixe aux huit à neuf premières côtes par des digitations. Ce muscle simule une large et forte main, qui fixe l'épaule aux barreaux de la cage thoracique. Il concourt à la suspendre à chaque côté de la voûte que forment les scapulums en se rapprochant par leurs extrémités supérieures.

La face externe du même os est divisée en deux parties par l'acromion qui sépare les muscles fléchisseurs des extenseurs du bras.

De l'humérus.

L'humérus sert de base au bras. Son inclinaison est opposée à celle du scapulum, de manière à former avec lui un angle dont le jeu de flexion concourt beaucoup à l'élasticité de support du corps. Cet os est pourvu d'un canal médullaire, et d'éminences osseuses qui sont autant de leviers offerts aux muscles qui s'y fixent, pour lui faire exécuter les divers mouvements de flexion, d'extension ou de rotation sur son axe. Ce dernier avantage lui est facilité par son mode d'articulation avec le scapulum.

Du radius et du cubitus.

Le radius, perpendiculaire au sol, est aussi une colonnette creuse qui s'articule par charnière avec l'humérus. Il est légèrement courbé en avant vers son centre, pour mieux résister aux puissances qui tendent à le faire fléchir en arrière. Nous le verrons en traitant de la région dont il forme la base. Son extrémité inférieure repose sur les assises des os du genou.

Le cubitus, collé au radius, n'a d'importance que par son apophyse olécrane, qui sert de puissant bras de levier aux muscles qui s'y fixent. Nous en parlerons en traitant du coude.

Os du genou et du métacarpe.

Les deux assises formées par les os du carpe servent de base au genou. L'os sucarpien, qui se trouve en arrière, offre des points d'attache à des muscles pour concourir à la flexion du membre.

Du canon.

Le canon ou métacarpien principal est une petite colonne verticale, pourvue, comme les autres, de son canal médullaire. Les péronés, qui ne sont que des métacarpiens rudimentaires, sont collés à son corps ;

ils concourent supérieurement à élargir la surface articulaire qui supporte les carpiens. Le canon s'articule par charnière avec le premier phalangien, qui sert de base au paturon. Cette articulation forme le boulet, dont nous parlerons plus tard. Elle est complétée en arrière par les deux grands sésamoïdes, qui sont une véritable poulie de renvoi pour les cordes tendineuses de cette région.

Des phalangiens.

Les phalangiens comprennent trois os d'autant plus forts dans le cheval, qu'ils forment la base du doigt unique qui termine chacune de ses extrémités. Leur direction quitte la verticale pour se diriger obliquement en avant. Le premier de ces os est le plus long; il sert de base au paturon, et s'articule inférieurement avec le deuxième phalangien, appelé os de la couronne. Celui-ci est très court, dirigé dans le même sens que le précédent, et s'articule avec l'os du pied.

Ce dernier est le plus remarquable des phalangiens, par sa conformation comme par ses usages. Contenu dans le sabot du cheval, il en a toute la forme. Sa surface inférieure est élargie, et repose sur la sole qui est le plancher du pied. Sa substance est percillée d'une infinité de porosités et de trous remplis par les innombrables vaisseaux sanguins qui se rendent aux tissus qui le recouvrent et le fixent au sabot d'une manière très intime. Nous en parlerons plus tard avec détail en traitant du pied.

De tous les animaux, le cheval est celui qui a le dernier phalangien le plus développé. Cet os est obligé de supporter seul le poids qui, dans les autres espèces, est réparti sur plusieurs.

Os naviculaire.

L'os naviculaire est situé transversalement sous l'articulation des deuxième et troisième phalangiens. Il concourt à compléter l'articulation. Ce petit osselet sert de petite poulie de renvoi tendant à écarter le tendon profond qui se rend sous l'os du pied.

Os des membres postérieurs.

Les os des membres postérieurs sont généralement plus gros et plus forts que ceux des membres antérieurs. Cela devait être. Les masses musculaires qui agissent sur eux pour projeter le corps en avant sont les plus puissantes de tout le système musculaire : il leur fallait donc de forts leviers pour remplir le but proposé.

Les coxaux, qui forment la base de la croupe, sont aux membres postérieurs ce que les scapulums sont aux antérieurs. Ces grands os plats, placés au sommet des colonnes qui les supportent, s'articulent avec leur premier rayon de la même manière que l'épaule à l'humérus, mais plus solidement. La tête du fémur est fixée par un fort ligament dans la cavité, d'ailleurs plus profonde, qui le reçoit.

Du reste, les coxaux réunis l'un à l'autre, inférieurement par leur propre substance, et en haut par leur articulation au sacrum, qui leur sert de clef de voûte, forment la cavité du bassin. Ils sont inclinés de haut en bas et d'avant en arrière, irrégulièrement contournés, ce qui est nécessité par la nature de leurs fonctions. Dans le jeune âge, ils forment chacun trois os bien distincts. La principale partie, qui est la supérieure, a une forme triangulaire; elle se nomme ilium, et sert de base au sommet de la croupe par son angle interne, et à la hanche par l'externe. La partie postérieure se nomme ischium, et donne attache aux muscles de la fesse; elle forme un bras de levier très important, dont nous aurons occasion de parler avec détail en traitant de la croupe. Enfin le pubis se trouve en avant de ce dernier os.

Les coxaux représentent un levier dont les points d'appui sont au centre, et les bras de la puissance et de la résistance aux extrémités. Nous les étudierons avec attention dans les descriptions des diverses régions du corps du cheval.

Du fémur.

Le fémur est un grand os long, très fort, qui forme la base de la cuisse. Son extrémité supérieure se termine par une tête articulaire et des éminences osseuses, comme nous l'avons observé à l'humérus; mais elles sont les unes et les autres infiniment plus accentuées. Le milieu de l'os est aussi pourvu, à sa partie externe, d'une crête, véritable levier pour les muscles qui lui font opérer les mouvements de rotation sur son axe. Son extrémité inférieure se termine par plusieurs surfaces articulaires, qui s'articulent l'une en avant avec la rotule, et les autres en dessous avec le tibia, au moyen de deux condyles.

Le fémur est incliné d'arrière en avant, de manière à former un angle avec le coxal.

De la rotule.

La rotule est un os court, épais, qui glisse sur la surface articulaire antérieure de l'extrémité inférieure du fémur. Elle favorise l'action des muscles extenseurs de la jambe en éloignant leurs tendons de leur parallélisme avec les rayons osseux des membres, et en les rapprochant de la perpendiculaire à leur insertion. Cet os forme la base du grasset.

Du tibia.

Le tibia, incliné d'avant en arrière, sert de base à la jambe; il s'articule inférieurement avec la poulie du jarret d'une manière extrêmement solide. Son extrémité supérieure est très développée et très grosse, pour fournir au fémur des moyens d'union très puissants, capables de résister à tous les efforts que doit supporter l'articulation de ces deux os.

Os du tarse.

Les os du tarse servent de base au jarret. Ils sont au nombre de six à sept. Les plus importants sont l'astragale ou poulie du jarret, et le calcaneum, qui est le bras de levier de la puissance. L'étude de l'ensemble de ces os est d'une haute importance par leurs fonctions pendant la progression. Nous les étudierons attentivement en décrivant le jarret.

Les métatarsiens et les phalangiens offrent trop peu de différence avec les os correspondants des membres antérieurs pour mériter une description particulière. Ils sont plus forts, caractère qui leur est commun avec les autres os des membres abdominaux ; le canon est plus arrondi et plus puissant; il est aussi plus long, ce qui est dû aux lignes brisées formées par tous les rayons du membre qui nous occupe. Il leur fallait plus de longueur pour compenser celle que perdent les colonnes qu'ils forment par leurs brisures.

DES CARTILAGES.

Le squelette que nous venons d'examiner rapidement comprend toutes les parties de la locomotive qui demandent de la solidité, de la rigidité sans flexion, des leviers et engrenages, ou des protecteurs solides. La matière osseuse, mélange de substance minérale et animale, ses dispositions moléculaires, etc., ont parfaitement rempli le but. Mais quand il a fallu un certain degré de flexibilité, d'élasticité, ou de moelleux, la nature y a pourvu par l'addition d'une substance propre à cette fin: tels sont ce qu'on a appelé les cartilages. Prenons quelques exemples. Les côtes, qui sont exclusivement destinées à la respiration et à la protection des poumons, avaient besoin de flexibilité; la nature a pourvu leur extrémité d'un prolongement cartilagineux qui se termine en pointe, et qui est d'une grande souplesse. Pour en donner une juste idée, nous ne pouvons mieux faire que de comparer ce prolongement à celui que les pêcheurs mettent au bout de la tige du roseau dont ils se servent pour avoir l'élasticité nécessaire à leur but. Redressez une fausse côte, et vous avez une tige de ligne de pêcheur avec la baleine ou tout autre corps flexible au bout. Cette disposition ne se fait remarquer qu'aux côtes exclusivement employées à protéger les poumons et à faciliter la respiration. Celles qui servent de colonnes de support, comme nous l'avons vu, ont une tout autre disposition, dont nous avons fait mention.

Mais ce n'est pas tout. Les abouts osseux qui s'ajustent pour s'articuler avaient besoin d'un corps intermédiaire pour donner du moelleux à leur surface de frottement, et en adoucir l'action. La nature a garni toutes les surfaces articulaires diarthrodiales d'une couche de cartilage parfaitement adaptée au besoin, surtout au moyen de la synovie, qui facilite le mouvement d'une manière si admirable.

Ne voyons-nous pas opérer de même dans les arts? L'ingénieur ne garnit-il pas d'un coussinet en cuivre, moins dur que le fer ou l'acier, une embase qui reçoit un axe tournant? Les boîtes en cuivre placées dans les moyeux des roues pour recevoir le bras de l'essieu n'ont-elles pas aussi pour but d'adoucir le frottement et prévenir l'usure du fer?

Mais ce n'est pas seulement comme auxiliaires aux os que les cartilages sont employés dans la machine animale; on les retrouve partout où il faut une certaine rigidité unie à de la souplesse, à de la flexibilité, pour conserver la forme des instruments. Ainsi l'oreille, qui conserve la forme de cornet acoustique, doit cette propriété au cartilage qui lui sert de base. Les naseaux sont dilatés par des segments de cercles cartilagineux; les organes de la voix leur doivent leur vibration; tout le tube flexible qui conduit l'air aux poumons n'est qu'une succession de plaques contournées, de cerceaux cartilagineux, etc., etc.

DES LIGAMENTS.

Les os à articulations mobiles sont pourvus de ligaments qui s'attachent sur les côtés de leurs extrémités articulaires, de manière à bien les fixer sans gêner leur jeu. Ils sont d'une grande ténacité, d'une solidité extrême, malgré leur souplesse et leur flexibilité. Ils sont composés de fibres très fines, formant par leur réunion une petite corde d'une résistance telle, que les arts ne sauraient en fabriquer d'aussi fortes à volume égal, quelle que puisse être la matière employée. Cette condition était indispensable pour prévenir leur rupture, qui, en détruisant le jeu d'une articulation des membres surtout, aurait troublé les fonctions de locomotion. Un semblable accident est toujours la perte d'un cheval, qui n'est plus rien s'il n'est plus locomotive. Dans les arts, un artiste remplace immédiatement une pièce rompue par une autre de rechange ; ce moyen n'existe pas dans la nature ; elle n'a pas de pièce de rechange : raison de plus pour que toutes celles qui composent le cheval soient, les unes comme les autres, dans les meilleures conditions de fabrication possible. Cette nécessité commande l'harmonie des formes et de confection des diverses pièces, des différentes parties qui composent son corps.

DES MUSCLES.

Nous avons examiné jusqu'ici les instruments passifs de la locomotive, c'est-à-dire ses leviers, ses rouages, qui ne peuvent exécuter des mouvements qu'au moyen des puissances, des forces qui les mettent en jeu. Ces puissances sont les muscles, qui nous fournissent encore la chair des animaux destinés à la boucherie. Ce n'est que pour eux que nous élevons le bœuf, par exemple : aussi, la disposition plus ou moins favorable de ses leviers osseux est de peu d'importance, pourvu qu'il nous donne beaucoup de viande, et de bonne qualité.

Les muscles, qui enveloppent et garnissent le squelette, forment la plus grande masse du corps. Ce sont eux qui lui donnent les contours et les formes arrondies que nous remarquons dans toutes les régions en général. Ils sont composés de petites fibres, groupées en faisceau de longueur différentes, plissées en zig-zag. En s'allongeant ou se raccourcissant, ils font opérer les mouvements exigés aux leviers auxquels ils sont fixés, soit par leurs propres fibres, soit par des cordes (tendons), qui leur servent de prolongement et transmettent leur action aux parties où elles sont attachées. Par sa contraction et sa dilatation, un muscle opère exactement comme le piston d'une locomotive, qui s'allonge ou se raccourcit au moyen de la vapeur en entrant et sortant du cylindre qui le contient. La seule différence qu'on peut remarquer, c'est que, dans la locomotive inanimée, un seul piston peut représenter tout le moteur. Dans la locomotive animée, dont les mouvements sont si variés et si multipliés, au contraire, la quantité des moteurs est aussi grande que les genres de mouvements opérés en tous sens, et sur tout point du corps. Leur puissance est aussi subordonnée à la nature de la résistance, de manière à être toujours vaincue par une force relativement trop grande, pour qu'il n'y ait pas de rupture de leviers dans l'action. C'est là ce qui constitue l'admirable harmonie de toutes les pièces de la locomotive animée. La quantité de puissance à dépenser y est toujours subordonnée à la quantité de résistance à vaincre. Sans cette admirable prévoyance de la nature, la vie eût été à chaque instant troublée par des accidents qui auraient été la conséquence d'un défaut de calcul malheureux. Supposons en effet un levier qui remplit parfaitement ses fonctions avec une force comme quatre, par exemple ; si vous lui adaptez une puissance comme huit et une résistance pareille, il sera nécessairement rompu : il fallait donc que sa force fût supérieure à celle de la puissance comme à la quantité de résistance à vaincre pour agir avec succès ; eh bien, c'est ce qui arrive toujours dans l'organisation animale. La force d'un muscle est inférieure à celle de l'os ; quand la résistance est trop grande, la fracture n'est pas à craindre, parce que le jeu du levier ne peut s'opérer par suite de l'insuffisance de l'action musculaire. Si on remarque des exceptions à cette règle établie par la nature, elles sont heureusement fort rares, quand les maladies du système osseux ne les favorisent pas.

La locomotive inanimée ne peut progresser qu'en avant ou en arrière : une seule puissance y suffit ; la locomotive animée, au contraire, exécute tous les mouvements qu'elle veut : de côté, en avant, en arrière, en haut, en bas, avec tous les degrés d'obliquité nécessaires ; elle marche enfin suivant l'impulsion qu'elle se donne elle-même, et la nature des puissances qu'elle fait agir et qui varient autant en force qu'en direction d'action.

Le nombre de ces puissances est très considérable. Cependant, malgré leurs différences d'action, la complication de leurs dispositions et leur antagonisme, elles sont toujours dans la plus parfaite harmonie de contraction ou de dilatation. Cette condition était essentielle pour l'exécution des mouvements, suivant l'énergie ou l'étendue exigée. Quand les muscles extenseurs agissent, les fléchisseurs se relâchent, et le raccourcissement de ceux-ci est toujours favorisé dans son effet par l'allongement de ceux-là. C'est là ce qui établit l'admirable analogie de mouvement de va-et-vient du piston d'une locomotive avec la même action opérée par les muscles fléchisseurs et extenseurs des animaux. Leur action alternative n'est pas ce que nous devons le moins admirer dans la machine animale qui a un si grand nombre de puissances de tout ordre à son service. Pour éviter toute confusion au milieu de ce dédale de forces si variées en action, et pour arriver sans trouble au résultat obtenu et indispensable au but proposé, il faut que le gouvernement de la nature soit dirigé bien autrement que le gouvernement des hommes.

Si nous ajoutons à la supériorité de la locomotive animée la vie avec toutes ses conséquences, il nous est facile de conclure qu'elle est à la locomotive inerte, ce que Dieu est à l'homme ; et si, pour fabriquer la dernière, il faut des ingénieurs habiles et des ouvriers exercés, ne faut-il pas, à plus forte raison, des ingénieurs et des ouvriers bien autrement instruits et éclairés dans leurs spécialités, pour diriger la fabrication de la première ? C'est là, nous le dirons toujours, le point de départ de toute condition de succès en perfectionnement des races.

Mais revenons aux muscles. Comme nous l'avons vu, leur nombre est grand ; il est, chez l'homme, de trois à quatre cents : ceux du cheval ne sont guère au dessous de cette quantité. Ils ont reçu chacun un nom particulier, pour pouvoir distinguer chacune des puissances qu'ils représentent et leur action individuelle ou collective. Leurs formes comme leur volume varient suivant la force qu'ils doivent avoir pour agir et la nature des organes qu'ils sont appelés à faire fonctionner. Tantôt ils sont allongés, arrondis, en forme de fuseaux, quand leurs extrémités se terminent par des cordes tendineuses ; on les voit souvent aplatis, en forme d'éventail, carrés, ou disposés en sortes de lanières, lorsque leur action surtout doit avoir peu d'intensité, mais beaucoup d'étendue ; la condition opposée exige un muscle très gros : dans ce cas, il est souvent court. Du reste, partout où l'on voit des os très gros, on trouve de gros muscles ; ils sont minces, au contraire, quand les os sont frêles et de peu de résistance, ce qui s'explique par le principe que nous avons déjà développé. Ce fait s'observe dans les sujets des diverses races, comme dans les régions individuelles de leurs corps.

Si l'étude de la disposition des leviers et rouages du système osseux est d'un grand intérêt pour l'appréciation des qualités du cheval, le système musculaire, qui est l'agent du mouvement, ne doit pas moins attirer notre attention. Son développement en tous sens indique naturellement celui de sa puissance, de sa force, comme l'étendue de son action : nous le prouverons en décrivant les différentes régions du corps et en indiquant leurs caractères de beauté.

Les muscles dont nous venons de parler sont ceux de la locomotion. Ils sont soumis à l'empire de la volonté ; ils se contractent quand nous le voulons. Mais il en est d'autres qui fonctionnent sans que nous ayons à nous en occuper ; tels sont le cœur et tout le canal intestinal, dont nous ne commandons pas les mouvements. Leurs contractions s'opèrent sans l'ordre du *moi* : ils sont appelés *muscles de la vie végétative*. Ils sont tous placés à l'intérieur du corps, et tout à fait étrangers au système osseux par leurs relations. Les muscles que nous faisons agir à notre gré, au contraire, sont tous placés sur le squelette, et sont nommés *muscles de la vie animale*.

DES NERFS.

Que les muscles soient soumis ou non à l'empire de la volonté, ils ne vivent et ne se meuvent, comme tout le reste de l'organisme, que sous l'influence d'un principe qu'on ne saurait définir, mais dont il est impossible de nier les conséquences : nous voulons parler de l'action nerveuse. Les nerfs, partant tous du cerveau ou de son prolongement contenu dans le canal rachidien, portent l'essence de vie dont ils jouissent dans les divers organes du corps, au moyen de leurs divisions ou subdivisions. Le défaut d'action nerveuse, quelle que soit sa cause, a toujours la mort pour effet. La vie cesse partout où les nerfs ne fonctionnent plus, que ce soit à un organe ou à un appareil d'organes, ou dans tout le corps.

C'est par les nerfs que toutes les impressions sont transmises au foyer de sensation, et que tous les mouvements volontaires au involontaires s'exécutent. C'est par eux que l'impression de la lumière, de la saveur, des sons, des odeurs, du toucher, est transmise au cerveau.

« Les organes extérieurs des sens, dit Cuvier,
» sont des sortes de cribles qui ne laissent parvenir
» sur le nerf que l'espèce d'agent qui doit l'affecter
» à chaque endroit, mais qui souvent l'y accumulent
» de manière à y augmenter l'effet : la langue a des
» papilles spongieuses qui s'imbibent de dissolutions

» salines ; l'oreille, une pulpe gélatineuse qui est for-
» tement ébranlée par les vibrations sonores ; l'œil,
» des lentilles transparentes qui concentrent les rayons
» de la lumière, etc. (1). »

C'est sous l'influence nerveuse que nous digérons, que nous respirons, que tous les appareils fonctionnent chacun dans sa spécialité, et qu'ils fabriquent leurs produits divers.

Quant à ce qui regarde les mouvements volontaires des animaux, exécutés par tant de puissances à la fois et si différentes d'action, nous devons signaler un fait remarquable, sans lequel la locomotion serait impossible : c'est que les ordres sont transmis aux muscles de telle manière que, quand les fléchisseurs se contractent, les extenseurs se relâchent, *et vice versa.* On conçoit, en effet, que si tous s'étaient relâchés ou contractés ensemble, si leur action alternative avait été interrompue, la régularité de l'action des leviers eût été impossible ; il en serait résulté une anarchie, un trouble, qui aurait interverti l'ordre établi, comme cela se voit dans les cas de maladies. Le tétanos, l'épilepsie, etc., en sont des exemples frappants. Tout un appareil musculaire congénère, c'est-à-dire tendant à un même but, fonctionne, pendant que le système antagoniste, qui a une action opposée, sus-

---

(1) Introduction au *Règne animal.*

pend son travail pour le reprendre. Le mouvement est l'effet de ce travail.

Il n'a pas encore été possible de préciser le mode d'action des nerfs ; seulement on a pu constater, par des expériences concluantes, qu'il y a quelque analogie entre les éléments de leurs fonctions et le fluide électrique. Les expériences de Galvani et celles de Humboldt en ont donné des preuves qu'il n'est pas possible de nier. Si vous faites à un cheval la section du nerf pneumo-gastrique, vers le milieu de l'encolure, sa digestion se suspend comme sa respiration, et bientôt il meurt asphyxié. Si vous mettez le bout du nerf qui se rend aux poumons et à l'estomac en contact avec un courant électrique, avec celui qui est produit par une pile voltaïque, par exemple, les fonctions de ces organes continuent quelque temps encore. C'est M. de Humboldt qui le premier a constaté ce fait. Tout le monde connaît l'action de l'électricité sur nos nerfs, et les secousses que nous éprouvons aux articulations quand nous nous soumettons aux épreuves faites à ce sujet.

Cependant, malgré l'analogie du fluide électrique avec l'élément qui préside à l'action nerveuse, il n'y a pas identité parfaite. En effet, si, avec deux corps non conducteurs de l'électricité, comme la résine, le verre, etc., vous cherchez à détourner un courant électrique en entourant ou comprimant avec eux le corps qui le conduit, vous n'y réussirez pas : le fluide électrique continue sa marche. Si, au contraire, vous comprimez un nerf, comme nous l'avons fait nous-même, soit avec les doigts ou du verre, de la résine, de la soie ou tout autre corps conducteur ou non de l'électricité, vous interrompez immédiatement la marche de l'élément nerveux ; si c'est sur le pneumo-gastrique que vous agissez, la respiration et la digestion sont suspendues ; faites cesser la compression, et ces fonctions reprennent leur marche ordinaire. Nous avons bien souvent répété cette expérience sur des chevaux. L'électricité ne se conduit jamais de la même manière.

Il est reconnu aujourd'hui que le système nerveux est divisé en deux appareils bien distincts. L'un préside au mouvement, l'autre à la sensibilité; d'où il résulte qu'un membre peut opérer tous les mouvements sans être sensible, comme aussi il peut être douloureux sans mouvements : cela dépend du nerf qui a été lésé. L'expérience a détruit tout sujet de doute à cet égard. Il nous arrive à nous-même d'avoir un bras souvent engourdi par suite d'une certaine position prise pendant le sommeil; il n'est pas privé de mouvement, mais nous n'y éprouvons aucun sentiment par le toucher; au bout de quelque temps, le fluide nerveux ou l'élément nerveux, comme on voudra, a repris sa marche ordinaire, et la sensibilité revient. Ne voit-on pas des membres paralysés quelquefois, et cependant donner toutes les marques des douleurs qu'on y provoque?

C'est sur la théorie de ce fait que repose l'explication donnée sur les conséquences de la névrotomie du pied de certains chevaux boiteux, guéris en apparence de leur claudication comme par enchantement. Voici en quoi consiste cette opération, aussi ingénieuse que simple.

Un cheval boite peu ou beaucoup d'un membre, et tout moyen ordinaire de détruire sa claudication a été inutile. Cependant, après une étude sérieuse, le siége du mal a été découvert, mais il est reconnu incurable; que faut-il faire alors? Il n'y a qu'un seul moyen : c'est de couper le nerf qui se rend au point douloureux et qui est cause de sa sensibilité. La douleur détruite, la claudication disparaîtra ; l'opération faite, le cheval cesse de boiter immédiatement. Il n'a plus le sentiment de la douleur, parce que le fil conducteur qui en avertissait le foyer général, le *sensorium commune*, a été coupé et ne peut plus remplir son message. Interceptez l'action du nerf de la sensibilité partout où il y a douleur, et elle cessera toujours immédiatement.

L'effet si extraordinaire de la vapeur respirée de l'éther sulfurique n'est que la conséquence de son action momentanée sur les nerfs de la sensibilité. C'est un spécifique comme l'extrait de belladone, qui agit instantanément sur la sensibilité des nerfs du sens de de la vue; comme le seigle ergoté, qui provoque les contractions de l'utérus ; la digitale pourprée, qui calme celles du cœur, etc., etc.

Si c'est le système nerveux qui préside à l'action des muscles, à la locomotion, n'est-ce pas lui qui joue le plus grand rôle dans la locomotion, puisque c'est lui qui la commande, comme un colonel commande son régiment, un général sa division. N'est-ce pas lui qui règle la vitesse comme la lenteur des allures? N'est-ce pas lui qui fait gagner aujourd'hui un prix sur l'hippodrome à tel cheval qui le perd demain? N'est-ce pas souvent, trop souvent peut-être, à son irritabilité que tel coursier, d'une constitution frêle et délicate d'ailleurs, fait des prodiges pendant quatre ou cinq minutes? Nous le comparerons à tel homme irascible qui dépense et épuise en peu d'instants, par un excès d'efforts, toutes ses puissances morales ou physiques; son concurrent plus froid, mais plus fortement trempé, laisse tranquillement passer cette bourrasque, pour user ensuite de la victoire facile et complète qui l'attend.

« Plus la force morale est développée, dit M. Eu-
» gène Gayot (1) en parlant du cheval, moins grande
» est la puissance musculaire; plus actif, plus ardent,
» plus vite est l'animal, mais moins résistant et plus
» fragile il se montre. »

Rien n'est plus vrai que cette réflexion. Chez tous les animaux, il faut une juste harmonie entre le système nerveux qui commande et les muscles qui obéissent; il faut qu'il y ait équilibre entre eux : sans

---

(1) *Etudes hippologiques*, page 4.

cette condition essentielle, on n'obtiendra jamais l'effet voulu.

Ce sont de ces phénomènes que nous observons tous les jours; il ne s'agit que de les étudier de sang-froid, sans passion, sans enthousiasme irréfléchi, pour bien les juger et faire la part de l'erreur, souvent bien fatale à la vérité comme au progrès. Mais si on se laisse entraîner par un prestige qui nous a souvent fasciné quelques instants, la raison, la vérité, l'expérience et le temps, se chargent toujours de rectifier nos erreurs. Ce n'est, pour l'observateur froid et impassible, qu'une question de patience : le vrai finit toujours par avoir raison...

Mais revenons aux nerfs. Nous n'avons pas encore eu assez occasion d'étudier la question à fond, mais nous croyons fermement que la supériorité qu'ont les races des chevaux nobles sur les communes dépend de leur système nerveux et non du sang. La preuve est dans le développement plus considérable du crâne des races distinguées, comme dans celui de leur intelligence et de leur sensibilité. Le système nerveux du cheval, comme celui des autres animaux, n'a pas été assez étudié sous ce rapport, et nous en appelons sur ce fait aux naturalistes et aux physiologistes : c'est une mine vierge à exploiter pour l'amélioration des races de chevaux. Nous ne sommes pas seul à partager cette opinion.

M. le professeur Prince, directeur actuel de l'école vétérinaire de Toulouse, disait à la distribution so-

lennelle des prix à l'école de Lyon, en 1845 : « La
» transmission du sang par l'acte générateur est une
» idée qui répugne et que l'on n'a pas à combattre.
» Il suffirait de l'émettre pour que, sans aller plus
» loin, elle trouvât dans ses propres termes une ré-
» futation suffisante. Il y a donc autre chose dans
» l'amélioration obtenue par voie de génération, et
» les croisements demandent, pour être compris, une
» base plus rationnelle et plus sûre. »

Suivant ce professeur distingué, l'action nerveuse est le titre de la puissance de l'organisme animal, et nous partageons son opinion sans réserve. Ce n'est pas par le sang seul que le cheval noble transmet son énergie ; le germe qu'il fournit contient tous les éléments de la nouvelle organisation dont il va être l'essence, et c'est le système nerveux qui en règlera l'action, comme il présidera à son développement.

Mais ce n'est pas ici le lieu de discuter sur un sujet encore si obscur, quoique plein d'avenir, sur la question du cheval. Nous ne le signalons que pour attirer sur lui l'attention des hommes spéciaux, l'étude et les expériences des physiologistes et des agriculteurs instruits.

Deuxième Partie.

DESCRIPTION

DES DIFFÉRENTES PARTIES DU CORPS DU CHEVAL.

Les naturalistes n'ont point indiqué la véritable patrie du cheval. Elle paraît inconnue. On sait seulement qu'il est d'origine orientale, et que l'Arabie est le point du globe où il a acquis le plus de qualités, celui où il les a le mieux conservées. L'homme l'a importé presque partout où il s'est établi. Quoiqu'il ait dégénéré en beaucoup de lieux, d'heureuses combinaisons dans son élevage l'ont rendu d'une utilité indispensable aux services divers auxquels il est soumis.

Les caractères zoologiques du genre cheval sont douze incisives, dont six à chaque mâchoire, et vingt-quatre molaires : les supplémentaires, de quelque nature quelles soient, ne sont point un caractère fixe. Les mâles ont quatre crochets placés entre les intervalles qui séparent les incisives des molaires ; les extrémités se terminent par un seul doigt dont le bout est recouvert par un ongle en forme de sabot obtus et arrondi ; mamelles inguinales ; estomac unique, médiocrement développé ; intestins très longs ; cœcum d'un volume énorme.

Tels sont les caractères qui font distinguer le genre cheval. Il comprend le cheval proprement dit (*equus caballus*), le dzigguetai (*equus hemionus*), l'âne (*equus asinus*), le zèbre (*equus zebra*), le couagga (*equus quaccha*) et l'onagga ou dauw (*equus montanus*.)

Le cheval et l'âne, qui ont produit le mulet par leur mariage, sont, du genre cheval, les seuls qui ont été réduits à l'état de domesticité ; les autres vivent à l'état sauvage en Asie ou en Afrique. On a cependant assuré qu'on avait pu dompter le couagga et même le zèbre dans les environs du cap de Bonne-Espérance.

Le cheval étant l'unique sujet de notre travail, c'est de lui seul et de l'étude de ses différentes régions que nous devons nous occuper. Nous commencerons par celle de la tête.

DE LA TÊTE.

La tête est, dans le règne animal, une des parties du corps les plus intéressantes à étudier chez les vertébrés, par l'importance du rôle qu'elle remplit. C'est elle qui renferme les principaux organes des sens, et la nature a disposé son système osseux de manière à les recevoir, à les protéger, à les mettre dans les meilleures conditions possibles pour le but auquel chacun d'eux est destiné. C'est ainsi que le cerveau est muré dans une boîte close qu'on nomme le crâne, munie seulement de quelques ouvertures, souvent très petites, pour donner passage à ses vaisseaux ou aux nerfs qui en partent. Ce viscère, dont les importantes fonctions jouent un rôle si étendu sur l'ensemble des phénomènes de la vie, avait besoin d'être solidement protégé pour le remplir sans accident. L'enveloppe osseuse qui le met à l'abri de tout choc direct, de toute compression, est disposée en forme de voûte, condition qui favorise sa solidité; la substance qui la compose est plus dure que celle qui forme les autres os du corps.

Les organes internes du sens de l'ouïe, très délicats, sont renfermés dans une petite cavité particulière parfaitement appropriée, et d'une solidité remarquable. Ceux de la vue, du goût, de l'odorat, sont aussi contenus dans des ouvertures qui leur permettent d'être en rapport avec les corps extérieurs; elles sont admirablement disposées pour favoriser leur action.

La tête renferme de plus les organes de mastication, de trituration des aliments, dont l'étude est très importante pour nous dans le cheval. Nous y trouverons les indices de son âge, et par conséquent ceux de sa valeur commerciale sous ce point de vue. Nous remarquerons aussi, dans l'étude de l'ensemble de la tête, des caractères de physionomie qui nous seront aussi utiles pour l'étude des races et celle de leur sang, que pour juger de leur degré de noblesse et du caractère moral des individus dans chaque race.

Une belle tête, pour nous, sera celle dont toutes les parties seront le mieux disposées pour le but qu'elles doivent remplir, d'après de bonnes lois de conformation. Nous n'aurons donc point égard aux caprices des modes ou des amateurs, qui veulent aujourd'hui à tout prix ce qu'ils rejetteront demain de la même manière. Cela s'explique : la véritable beauté des sujets, qui ne peut avoir d'autres caractères que ceux des conditions qui favorisent le mieux toutes les fonctions de la vie, a été méconnue ; elle n'a pu servir de base pour établir un jugement sans appel, un bon choix des individus fondé sur des règles de mécanique ou de physiologie invariables, toujours les mêmes, en tout temps comme en tout lieu.

De l'oreille.

Nous allons prouver encore, en étudiant les diverses parties du corps du cheval, combien leur forme leur est indispensable.

L'oreille a pour fonctions de renvoyer le son, de le

faire converger vers la base de la conque, où se trouve l'ouverture externe du petit canal qui lui sert de conduit, pour aller produire sur les organes internes de l'ouïe l'effet qu'on nomme audition. C'est donc un véritable cornet acoustique, dont la beauté et la bonté doivent être basées sur les bonnes conditions de sa confection (1).

(1) La forme de l'oreille externe varie beaucoup dans le règne animal. Son étude faite avec détail et attention serait très intéressante, et pourrait donner souvent des indices certains sur les caractères, la forme, les mœurs, etc., des individus des différents ordres Ainsi, on voit que ceux qui n'ont d'autre moyen de défense et d'échapper à leurs ennemis que la fuite, ont un grand développement du cornet acoustique et de son appareil musculaire. Tel est le genre lièvre dans l'ordre des rongeurs, et la nombreuse famille des antilopes dans celui des ruminants. Ces animaux, servant de pâture aux carnassiers qui habitent les mêmes contrées qu'eux, en avaient besoin pour percevoir en tous sens le moindre bruit, et prendre la fuite au besoin. Les carnassiers ont aussi l'ouïe très développée, mais leur cornet acoustique a des mouvements moins étendus, ce qui est dû à sa conformation et à son appareil musculaire. Il est fixé en avant, comme pour n'entendre que du côté où les yeux sont tournés Tels sont les genres chien, chat, etc. Les animaux timides, qui ont tout à craindre, ont besoin d'entendre de tout côté, et ils ont les organes accessoires de l'ouïe disposés pour cette fin. L'éléphant, qui, par sa force musculaire prodigieuse, est à l'abri de toute attaque, a des oreilles qui

Ce cornet, placé chez le cheval sur le sommet et sur les côtés de la tête, se trouve à la partie la plus élevée du corps, pour le dominer en quelque sorte, et recevoir, les rayons sonores sans obstacle, et dans toutes les directions. Il est ouvert en dehors par une profonde échancrure, pour offrir au son la plus grande surface possible. Un appareil musculaire assez compliqué est disposé à sa base, de manière à ce que l'oreille soit portée avec facilité en avant, sur les côtés, ou en arrière, à la volonté de l'animal, et suivant la direction du bruit qu'il a entendu ou qu'il veut entendre. Ordinairement, quand le cheval est libre, il dirige ses yeux du côté où il tourne ses oreilles, il veut voir ce qu'il entend; mais quand il est sous le harnais, il se contente de placer son oreille pour écouter soit le commandement de son maître, ou tout autre bruit.

Le cornet acoustique qui forme le canevas de l'oreille, et qui détermine sa forme, est une lame de substance flexible qu'on nomme cartilage, roulée

---

ressemblent à deux larges tabliers rabattus et pendants sur les côtés de la tête et de l'encolure Elles n'ont pas la forme de cornet et leur mouvement est très borné. On dirait que leur unique but est de recouvrir le conduit auditif externe et de le protéger contre les corps qui pourraient s'y introduire. Nous nous bornons à citer ces particularités en passant, notre but n'étant pas d'en développer ici les différentes théories.

pour le but auquel elle était destinée. Sa flexibilité lui était nécessaire pour faciliter la souplesse dont la conque avait besoin pour bien remplir ses fonctions ; elle devait cependant avoir assez de résistance pour conserver sa forme de cornet toujours ouvert, et prévenir son aplatissement et sa déformation.

La plus belle oreille sera donc, pour nous, celle qui réunira les meilleures conditions d'acoustique pour bien recevoir les sons et les transmettre aux organes internes de l'ouïe. Elle les réunira toujours quand son cornet bien découpé ne sera pas déformé par des accidents ou des maladies, et qu'il aura une grande facilité de mouvements dans tous les sens.

Mais, outre les caractères essentiels de l'oreille, il en est de secondaires assez importants pour influer sur la valeur commerciale du cheval, et pour faire juger jusqu'à un certain point de son caractère et de la noblesse de son sang. Ainsi, des oreilles amincies, bien taillées, bien placées, dirigées parallèlement en haut et un peu en avant, portées avec élégance, recouvertes d'une peau fine, veinée, garnie de poils rares, et jouissant d'une grande facilité, d'une grande souplesse de mouvements, donnent au cheval un air hardi, gracieux, intelligent, quelque chose de distingué qui le fait mieux estimer, et qui appartient ordinairement aux races nobles.

L'oreille lourde, souvent pendante, recouverte d'une peau épaisse et poilue, à cornet mal découpé, flasque, dont l'action sans grâce est bornée, et exécutant mollement un mouvement de va et vient, suivant que le cheval marche ou trotte, caractérise un sujet mou, peu énergique, et de peu de distinction. Ces sortes d'oreilles donnent à la physionomie des individus un air stupide et sans expression, qui les fait déprécier. Elles appartiennent ordinairement aux races communes, aux formes empâtées, aux tissus mous et infiltrés. Jamais on ne les remarque chez les chevaux de noble origine, où les exceptions sont bien rares.

L'étude du mouvement des oreilles et de leur attitude fournit souvent les moyens de reconnaître quelques nuances du caractère moral des chevaux. On se défiera toujours, en général, de ceux qui couchent les oreilles en arrière quand on les approche ; ils veulent alors mordre ou frapper. S'ils les portent en sens divers, si on remarque en eux un air distrait, inquiet, ilspourront être ombrageux, peureux, et si on les monte, on devra y faire attention, pour être prêt à tout événement. Le cheval qui n'a pas peur, qui a confiance, porte franchement ses oreilles en avant, et regarde avec une expression de loyauté, d'abandon et de douceur, facile à saisir, si on veut l'observer.

Les oreilles d'un aveugle ont un genre de mouvement tout particulier : elles lui donnent un air de stupéfaction, d'indécision, quelque chose de caractéristique, qui lui est propre, et qu'on ne peut définir ni décrire. Elles changent tout à fait la physionomie de l'individu, à tel point qu'en le voyant, on reconnaît la cécité sans avoir examiné ses yeux. Le cheval semble vouloir suppléer au sens de la vue qu'il a perdu, par celui de l'ouïe qu'il a encore; il cherche à se servir de tous les moyens qui lui restent pour tâcher de remplacer, autant que possible, une des conditions les plus essentielles de son existence, et dont il paraîtrait comprendre toute l'importance. Aussi les chevaux aveugles sont-ils en général très attentifs et très obéissants à la voix de leur maître comme à celle de tous les aides. Cette attention soutenue donne à la position de leur tête et à celle de leurs oreilles une attitude, un indice de bonne volonté, qui change tout à fait leur physionomie. On peut dire avec raison que, si la perte de la vue change l'expression de la figure de l'homme par l'absence du rôle que remplissent les yeux, celui des oreilles du cheval qui ne voit pas n'est pas moins remarquable ni moins frappant pour les observateurs.

Le cheval qui n'a pas de bons yeux l'indique aussi par le mouvement de ses oreilles ; nous en parlerons quand nous traiterons des organes importants du sens de la vue.

La surdité est assez rare chez le cheval, et il est d'autant plus difficile de s'en convaincre dans une vente, que généralement on ne s'occupe pas de la découvrir. On ne s'en aperçoit que quand on s'est servi des individus sourds, et souvent bien long-temps après qu'on les possède. Du reste, ce vice n'a d'autre inconvénient que celui d'empêcher les chevaux qui en sont atteints d'entendre la voix de leur maître, et, par conséquent, de leur obéir. Les oreilles des chevaux sourds exécutent peu de mouvements; elles sont généralement toujours fixes et immobiles en avant, du côté où le cheval regarde, pour tâcher de percevoir quelque son.

Une mode aussi ridicule que barbare fit amputer les oreilles des chevaux. Nous n'avons qu'à la signaler pour caractériser la cause qui la détermina. ***Moineau*** ou ***Bretaudé*** étaient les noms que l'on donnait au cheval ainsi mutilé.

Les poils que l'on remarque dans l'intérieur des oreilles servent à prévenir la chute des corpuscules et l'abord des insectes; le cheval y est très sensible: c'est donc contre tout bon principe d'hygiène qu'on prive cette partie de ses protecteurs naturels en la tondant.

Quand on réforme les chevaux dans les régiments de cavalerie, on fend l'extrémité de leur oreille gauche. On y fera attention, pour ne pas avoir le désagrément d'acheter un cheval réformé. Si on remarquait à l'oreille d'un cheval une cicatrice qui serait la suite d'une suture, ce qui arrive souvent, on examinerait si on ne trouve pas à la hanche gauche les traces de la marque du régiment d'où il sort.

De la nuque.

La nuque est la région du sommet de la tête, qui a pour base l'os occipital et les parties des muscles et des ligaments qui s'y insèrent. Elle est à peu près bornée latéralement par les oreilles, en arrière par la naissance de l'encolure, en avant par celle du toupet. On s'assurera qu'elle n'est pas le siége de plaies ou de tumeurs qui pourraient être les symptômes d'une maladie assez grave à laquelle on donne le nom ridicule de *taupe*.

Cette partie de la tête offre généralement peu d'intérêt à l'étude du cheval, en ce que ses beautés ou ses défectuosités ne paraissent pas d'une grande importance. Mais, examinée dans plusieurs individus du règne animal, elle nous présentera des différences qui pourront nous conduire facilement à juger de sa bonne conformation.

La proéminence que l'on remarque au sommet de la tête des animaux est un allongement de l'os de cette partie. Il sert de levier aux puissances qui s'y fixent pour faire opérer à la tête des mouvements en avant. Ce bras de levier du premier genre est d'autant plus long, et par conséquent la nuque est d'autant plus saillante, que l'animal y a besoin de plus de force. L'homme, dont la tête repose d'aplomb sur la tige verticale qui la supporte, est dépourvu de cet allongement de l'occipital. Sa station et la nature de ses fonctions le rendraient inutile. Il est énorme chez le sanglier, parce qu'il lui était nécessaire pour fouir la terre avec son grouin, et découvrir ainsi les racines dont il se nourrit. Il forme chez lui un bras de levier très long et très puissant. Les carnivores, qui ont encore besoin d'avoir beaucoup de force à la tête, ont la protubérance occipitale très prononcée. Aussi les voit-on soutenir avec facilité dans leur gueule un poids assez lourd. Un chien d'arrêt d'une force moyenne rapporte, sans trop d'effort, un lièvre de 4 à 5 kilog., et on a vu des loups emporter ainsi un petit mouton ou un chien d'assez forte taille. On cite des faits de force prodigieuse à la tête chez le lion, le cougouard, le tigre, etc.; on assure avoir vu le premier s'enfuir emportant dans la gueule un poulain de deux ans ou un bœuf du même âge.

Nous voyons, d'après ces comparaisons, que la protubérance occipitale est un bras de levier intermobile qui varie suivant les besoins des individus, et qu'elle facilite l'action des puissances qui agissent sur elle, en raison de sa hauteur. Chez le cheval, le sommet de la tête bien détaché sera donc une beauté parce qu'il favorisera l'action des muscles chargés d'y faire opérer les mouvements nécessaires.

Du toupet.

La petite touffe de crins qui, partant de la nuque flotte sur le front, se nomme toupet. Les races nobles surtout celles d'Orient, ont les crins qui le composent rares, longs et soyeux. Quand le cheval est monté qu'il s'anime, qu'il agite la tête avec force, ces crins se déplacent, ombragent ses yeux, et lui donnent un air échevelé et sauvage qui, se combinant avec l'ouverture contractée des naseaux, l'expression de la bouche écumeuse et la fierté du regard, accuse son énergie, et caractérise la noblesse de son origine.

Du front.

Le front du cheval est la partie antérieure de la tête qui s'étend de la nuque au chanfrein, c'est-à-dire à une ligne qui se rendrait de l'angle interne d'un œil à l'autre. Nous y reconnaîtrons deux parties parfaitement distinctes : la supérieure, qui a pour base le pariétal; nous la nommerons crânienne; et l'inférieure, circonscrite par le frontal; nous lui donnerons le nom de région frontale.

La première de ces régions du front est toujours bombée. Elle contient, entre l'os et la peau, deux muscles masticateurs disposés de chaque côté. Chez les chevaux de sang surtout, ils font ordinairement une saillie bien distincte à droite et à gauche. Un V renversé, dont la pointe partirait du toupet, indique leur ligne de démarcation. Cette partie du front est en général large chez les chevaux de sang. Elle indique un plus grand développement du cerveau : aussi, dans ce cas, l'intelligence paraît-elle plus développée.

Les races abâtardies, sans type, ont les muscles masticateurs peu ou point distincts; ils sont noyés et confondus sous la peau; le crâne est plus rétréci, l'intelligence plus bornée. Cette différence de la région crânienne du front, et des facultés intellectuelles entre les chevaux de sang et les races dégénérées, est remarquée par tous les observateurs. Mille exemples la prouvent (1).

La région frontale est aplatie ; la peau repose sur l'os, sans muscles intermédiaires. Chez les races nobles cette partie du front est plane et large, tandis que les races communes l'ont quelquefois plus ou moins busquée ou étroite. Du reste, sa largeur coïncide avec celle de la région crânienne. Quand le front est large à sa partie supérieure, il l'est aussi à l'inférieure.

---

(1) Sans vouloir établir une comparaison entre l'homme moral et les animaux, il n'est pas douteux pour nous que la science de la phrénologie trouverait un champ vaste à exploiter dans l'étude du crâne des animaux. N'y a-t il pas entre leur cerveau et celui de l'homme des analogies incontestables, surtout vers les parties où l'on a cru devoir placer le siége des facultés instinctives ? Si, parmi les différentes races d'hommes, la caucasique, à laquelle nous appartenons, a été classée la première sous le rapport des facultés intellectuelles ; si la masse encéphalique des régions supérieures de la tête s'est montrée chez elle plus développée par l'ouverture de l'angle facial, ne pouvons-nous pas admettre que, dans ces diverses races d'animaux, il y a aussi des différences d'intelligence, par la différence des organes qui en sont le siége ? Les chasseurs expérimentés dans leur art, ceux même qui ne se doutent pas de la sciencede Gall, ont été conduits par l'observation à ne pas

Un beau front sera donc large et plat, parce qu'il indiquera d'abord le développement de l'encéphale, et qu'il concourt à caractériser la distinction du cheval. Les muscles masticateurs de la région crânienne devront être bien accentués, bien développés; ils seront ainsi plus aptes à remplir leurs importantes fonctions, à concourir avec plus d'avantage à la mastication des aliments.

Des salières.

On appelle salières les cavités qu'on remarque

---

négliger l'étude de la conformation du crâne et de la tête des chiens qu'ils choisissent. Quant au cheval, nous avons remarqué un fait bien positif; c'est qu'en examinant les fronts des chevaux de notre cavalerie d'Afrique, où les races ont toutes plus ou moins de distinction, on trouve les régions crâniennes du front de ces animaux plus développées en général que chez les chevaux communs de nos régiments de France. Plus d'une fois, d'ailleurs, nous avons été témoin de la supériorité d'intelligence des chevaux montés par nos cavaliers ou nos auxiliaires en Algérie. Les écuyers bons observateurs, les dresseurs de chevaux, ont bientôt établi les différences d'intelligence qu'il y a entre les chevaux de race noble et ceux des races abâtardies. Ils le peuvent par le plus ou moins de difficulté qu'ils ont à leur faire comprendre ce qu'ils leur enseignent, et, qu'on nous permette de le dire, par la supériorité du moral des uns sur celui des autres.

sur les côtés du front au dessus des yeux. Elles sont généralement très prononcées chez les sujets vieux et maigres. Les jeunes chevaux en ont aussi quelquefois. On a pensé que dans ce cas ils étaient issus de parents vieux. Quoi qu'il en soit, les salières qui ne sont creuses que par l'absence du tissu graisseux dont elles sont ordinairement remplies, ne nuisent en rien à la valeur réelle des individus; elles ne peuvent être que disgracieuses à l'œil, en ce qu'elles donnent à la tête un caractère de vieillesse.

On a jadis soufflé de l'air sous la peau des salières pour les remplir; ce procédé est abandonné avec raison.

Des tempes.

Les tempes sont la saillie qu'on voit au-dessous et en dehors des salières. Elles ont pour base l'arcade temporale, et elles paraissent d'autant plus marquées, que les salières sont plus creuses et les sujets plus maigres. Les poils qui occupent sur les tempes la place des sourcils, chez le cheval, grisonnent avec l'âge. Cette particularité n'est pas ordinaire chez les jeunes sujets, d'où l'on peut conclure qu'elle est un indice de vieillesse.

Les tempes étant la partie la plus saillante sur les côtés de la tête, les chevaux s'y font souvent des blessures quand ils ont des maladies qui les forcent à rester couchés, ou qui les font se livrer à des mouvements brusques et forcés. Il en résulte des cicatrices auxquelles il n'est pas inutile d'attacher quelque importance, pour s'assurer des causes qui les ont déterminées. Les chevaux pourraient être sujets aux coliques périodiques, à l'épilepsie ou à toute autre maladie grave.

Du chanfrein.

Le chanfrein fait suite au front et s'étend jusqu'aux naseaux ; il a pour base les os sus-naseaux, les lacrymaux, et la plus grande partie des grands sus-maxillaires. L'étude de cette région est importante, tant sous le rapport physiologique, que sous celui des caractères qu'elle offre à l'étude des races.

Nous avons vu que le front large et plat était le mieux conformé ; que, s'il était étroit et busqué, il indiquait une espèce commune. Ce fait est incontestable pour tout observateur, et surtout pour le physiologiste. La beauté du chanfrein dépend absolument des mêmes conditions, quoique soumis à un usage bien différent. Il est droit et élargi chez le cheval de race distinguée, au front développé, à la tête carrée. S'il est étroit, busqué, il caractérise une race éloignée du type. Un chanfrein large donne la mesure de la capacité des cavités nasales qui servent de passage à l'air respiré ; plus elles sont grandes, mieux elles concourent à la facilité de la respiration. Le développement est la première condition de beauté de toutes les parties du conduit aérien. Du reste, chez le cheval surtout, l'ampleur de ce conduit est toujours en harmonie avec celle de la poitrine. Nous reviendrons plus bas sur cette idée.

Un chanfrein droit et large sera donc beau, parce qu'il facilitera le passage de la colonne d'air respiré. Il sera défectueux s'il est étroit et courbe, parce qu'il sera dans des conditions opposées.

Quand la Normandie fit des chevaux avec certains étalons du Nord, à tête busquée, à front et chanfrein étroits, le cornage était commun dans cette province. La difficulté que l'air éprouvait en traversant les premières voies de la respiration pendant l'exercice, en était la cause. Depuis que des étalons de sang et de bon choix sont employés à la reproduction, les chevaux siffleurs ou corneurs sont beaucoup plus rares, ce qui n'est dû qu'à une meilleure conformation des premières parties du canal qui conduit l'air aux poumons.

Les jeunes chevaux ont le chanfrein plus arrondi de droite à gauche; ils semblent l'avoir plus large, empâté sur les côtés, en quelque sorte. Cette disposition est due à l'écartement de la lame externe des grands maxillaires par les racines des dents molaires. Avec l'âge, ces dents se raccourcissent, elles s'usent par leurs tables. Chassées en dehors, en raison de leur usure, elles causent le rétrécissement extérieur du chanfrein des vieux chevaux par le rapprochement des lames osseuses que leur présence tenait écartées.

On peut donc distinguer à cette marque l'âge approximatif des individus, et, avec de l'habitude, on y parvient facilement.

Si l'on voit des chevaux à chanfrein busqué, il y en a qui ont une conformation opposée, c'est-à-dire que chez eux cette région est légèrement déprimée. On dit alors que le cheval est camus. Cette disposition se remarque surtout chez quelques chevaux bretons ou de sang oriental. Elle leur donne un air de vivacité et d'intelligence qui plaît ; du reste, elle n'a rien de défectueux, et les races qui la présentent ont ordinairement beaucoup d'énergie. Les chevaux camus ont en général la tête bien conformée.

Des naseaux.

Les naseaux sont l'extrémité du canal qui conduit l'air aux poumons. Pour être conséquente avec elle-même, la nature a dû établir des rapports de développement entre ces ouvertures et la quantité d'air nécessaire à la capacité de tous les organes de la respiration, pour que cette importante fonction s'accomplisse le mieux possible ; c'est ce que nous allons examiner.

Les naseaux sont formés par la peau qui se replie en dedans, pour se continuer avec la membrane muqueuse qui tapisse tout le canal de l'air. Ils ont chez le cheval une grande mobilité, due à des appareils cartilagineux en forme de ressorts circulaires, et à des muscles qui les font agir. Ils peuvent ainsi opérer tous les mouvements de dilatation ou de rétrécissement nécessaires. Quand l'animal est en repos, que sa respiration est calme, les naseaux ne se dilatent pas; ils suffisent, dans leur état ordinaire, au passage de la quantité d'air nécessaire à la poitrine. Mais pendant l'exercice, quand la circulation du sang est activée par l'action musculaire, quand la respiration est agitée par de violents efforts que nécessitent les allures rapides, il faut plus d'air aux poumons, qui sont traversés par une plus grande quantité de sang dans un temps donné. Alors les flancs battent avec vitesse, et les naseaux se dilatent de toute leur étendue; du reste, cette activité des flancs et la dilatation des naseaux sont toujours en raison de la violence de l'exercice ou du travail.

Les chevaux de sang sont ceux qui ont les naseaux les plus amples et les plus dilatables. Ils sont aussi ceux qui ont le plus de fonds et de vitesse. On pourrait presque dire que ces deux conditions dépendent beaucoup de la capacité et de la dilatabilité de ces ouvertures. Si nous les rétrécissons par la pensée, nous voyons le fonds et la vitesse disparaître en même temps. Cela s'explique : les poumons sont la base fondamentale de l'action. Si, par le rétrécissement des naseaux, ils ne reçoivent pas la quantité d'air indispensable à leur travail dans les grandes allures, l'animal ne peut pas les exécuter, ou ne le fera que pendant un très court intervalle. Le sang ne sera pas élaboré comme il convient dans ce cas, à défaut de la quantité d'air nécessaire au foyer de sa vivification. Il en résultera que l'animal sera forcé de s'arrêter, ou il tombera d'asphyxie.

Pour prouver ce que nous avançons, on peut faire l'expérience suivante : que par un procédé quelconque on empêche la dilatation des naseaux d'un cheval déjà éprouvé, il n'aura ni le fonds ni la vitesse qu'on lui connaît; il les reprendra immédiatement, si on fait cesser la cause de ce changement subit.

Les naseaux les plus grands et les plus dilatables seront donc toujours les plus beaux pour nous, parce qu'ils rempliront mieux leur but ; ils donneront une juste idée de l'ampleur de la poitrine, parce qu'il y a harmonie de développement entre tous les organes de la respiration, comme il y en a entre ceux de la circulation et de toutes les fonctions vitales en général ; de plus, ils indiqueront le degré de noblesse des sujets : jamais les naseaux des chevaux communs n'auront ni la dilatation ni les dimensions de ceux des races nobles.

Mais si l'ouverture des naseaux nous conduit à juger de l'ampleur de la poitrine du cheval, il n'en est pas de même des autres animaux. Le genre cheval est le seul, à notre connaissance, qui ne puisse pas respirer par la bouche, à cause d'une disposition particulière du voile du palais et de l'épiglotte. Il en résulte, pour lui seulement, que les naseaux sont l'unique passage de l'air respiré, et qu'ils doivent être grands et dilatables en raison de la capacité des poumons.

Pour l'homme ou les autres animaux, le plus ou moins d'ouverture des naseaux est de peu d'importance, parce qu'ils peuvent respirer par la bouche, et suppléer ainsi à leur défaut de dimension ; pendant l'été, surtout, quand l'air est raréfié par la chaleur, on voit souvent le bœuf au travail, le mouton, le chien, ou le porc fatigués, ouvrir la gueule et laisser pendre la langue pour donner ainsi plus d'espace au passage de l'air. Ils respirent de la même manière si, par accident, les naseaux ou les cavités nasales sont obstrués; le cheval, au contraire, meurt asphyxié immédiatement si, par suite de quelque opération, l'air ne peut pas s'introduire dans ses poumons par d'autres voies.

On comprendra donc facilement, d'après ce court exposé, pourquoi le cheval est, de tous les animaux domestiques, le seul qui a rigoureusement besoin d'avoir les naseaux les plus grands et les plus dilatables, puisqu'il ne peut respirer que par eux.

Le mulet et l'âne ont les naseaux moins ouverts que le cheval ; aussi, leur vitesse, aux grandes allures, est-elle plus bornée, malgré leur grande résistance aux fatigues, leur sobriété, leur durée et leur rusticité.

Les naseaux sont, chez le cheval, le siége du symptôme d'une maladie qui peut être grave et très dangereuse. Nous voulons parler de la morve. Si on voit couler par ces ouvertures, d'un seul ou des deux côtés, des matières ordinairement blanchâtres, mais variant en couleur comme en quantité et en consistance, on s'empressera de consulter un homme instruit en art vétérinaire pour prescrire les mesures à prendre. Nous ne les signalons pas ici, parce qu'elles sont du ressort exclusif de la médecine. Il faut des études spéciales pour bien distinguer les caractères divers que présente le cheval morveux dont on a cité, dans ces derniers temps, des faits de contagion si terribles pour l'homme.

La pousse, comme toutes les causes qui rendent la respiration laborieuse, provoque la dilatation insolite des naseaux même pendant le repos le plus absolu. On se défiera de ce symptôme, qui, dans ce cas, décèle toujours un état maladif.

Du bout du nez.

Le bout du nez est la partie qui s'étend depuis les naseaux jusqu'à l'extrémité de la lèvre supérieure. Il jouit d'une grande mobilité dans tous les sens chez le cheval; c'est une sorte d'appendice, de trompe, dont il se sert pour ramener, avec le concours de la lèvre inférieure, l'herbe, le fourrage ou l'avoine, entre les pinces. La mobilité du bout du nez est due à plusieurs muscles de la face qui s'y donnent rendez-vous en quelque sorte par leurs tendons, et y déterminent tous les mouvements qui s'y opèrent.

Les chevaux de sang ont le bout du nez plus marqué, plus mobile ; chez eux l'appendice qu'il forme, est mieux détaché que dans les races communes. Du reste, sa structure est de peu d'importance pour l'étude de l'extérieur.

On voit assez souvent des chevaux pourvus de petites moustaches bien contournées sur les côtés du bout du nez. Ces quelques poils ne prouvent rien.

Pour maîtriser les chevaux dans quelques circonstances, on leur pince souvent le bout du nez avec des instruments imaginés pour cette fin ; on les emploie quand les chevaux manquent de docilité dans certaines opérations, et trop souvent même quand on pourrait s'en dispenser avec de la patience et de la douceur. Les douleurs vives qui en résultent, surtout pour les sujets irritables, rendent quelquefois les chevaux qui en ont souffert méchants, et toujours disposés à se défendre ; ils peuvent devenir vicieux par suite de ces mauvais traitements, qu'on leur fait subir souvent sans raison ni discernement. On le voit chez les maréchaux ferrants, qui ordinairement se servent de ces moyens de torture. Des chevaux, très dociles d'ailleurs, deviennent intraitables quand on les conduit aux forges où ils ont été ainsi maltraités en les ferrant.

Les cicatrices qui en résultent, et qu'on remarque sur le bout du nez, doivent faire tenir l'acheteur en garde, dit M. le professeur Lecoq (1) ; elles doivent l'engager à en rechercher les causes, pour savoir si le cheval est naturellement vicieux, s'il a subi quelque grave opération, ou si ces traces de lésions ne seraient pas la conséquence de quelque chute, par suite de la faiblesse.

Des joues.

Les joues, comme le front, offrent deux parties bien distinctes par leurs formes : l'une est supérieure, l'autre inférieure. La première a pour base la partie supérieure et élargie du grand maxillaire, et le puissant muscle masticateur qui s'y attache.

Cette région de la tête devra être légèrement bombée, ce qui sera dû au développement du muscle dont nous avons parlé. Elle indiquera ainsi plus de puissance, plus de force pour concourir à une bonne mastication. Les chevaux de sang, à tête carrée, bien musclés, ont ordinairement cette partie bien accentuée, bien distincte ; ce que l'on ne voit pas chez ceux qui ont le système musculaire maigre et appauvri.

On examinera si des traces de sétons, qu'on place quelquefois à cette partie de la joue, n'auraient pas

---

(1) Traité d'extérieur du cheval et des animaux domestiques.

eu la fluxion périodique des yeux pour cause de leur emploi.

La partie inférieure de la région que nous étudions s'étend depuis celle que nous venons de décrire, jusqu'à la commissure des lèvres. Les muscles qui lui servent de base ont pour but de ramener sous les dents molaires les aliments qui tendent à s'en écarter pendant leur trituration; ils remplissent au dehors les fonctions dont la langue se charge au dedans. Ces deux organes concourent à la mastication en ramenant toujours sous les mâchelières les aliments que la pression et le jeu des mâchoires tendent sans cesse à éloigner.

Quelques vieux chevaux dont les molaires sont carrées ou mal ajustées ont quelquefois les joues bosselées irrégulièrement par le séjour des aliments. Quel que soit l'âge des individus, ces tumeurs sont toujours le signe d'une mauvaise mastication, par suite d'une disposition anormale des mâchelières. On aura soin de s'en assurer. Par leur séjour dans la bouche, les aliments fermentent, déterminent une mauvaise odeur, et sont un objet de dégoût pour les chevaux. On peut encore remarquer des fistules salivaires sur le trajet du canal de la glande parotide qui vient aboutir vers le milieu de cette partie de la joue. Cet incident est toujours grave, en ce que le plus souvent il n'est pas possible d'y remédier.

De la bouche.

La bouche est dans tous les animaux l'ouverture où commence le tube digestif. Ses formes, comme la composition des organes qu'elle renferme, varient à l'infini dans tous les individus du règne animal, suivant leur degré de perfection ou leur régime, depuis le bec filiforme du colibri jusqu'à la gueule du lion. Elle renferme des organes dont les fonctions sont indispensables à l'acte de la digestion. Sous ce rapport, leur étude est très importante en histoire naturelle; c'est souvent sur quelques uns d'entre eux qu'on a fondé les méthodes les plus sûres de classification de plusieurs groupes d'animaux les plus intéressants et les plus parfaits.

Pour nous qui nous bornons à l'examen exclusif du cheval, nous allons décrire chacune des parties qui composent la bouche.

Les auteurs d'hippiatrique ont généralement attaché à cette étude beaucoup d'importance, surtout en ce qui concerne l'art de l'écuyer. Nous ne serons pas toujours de leur avis, ici comme dans les caractères généraux de toutes les parties du cheval; nous en différerons même quelquefois d'une manière diamétralement opposée, pour des motifs logiques dont nous développerons toujours les conséquences. Ce n'est pas que nous voulions faire la guerre aux auteurs recommandables qui ont écrit sur la matière;

nous respecterons toutes les opinions, toutes les convictions. Nous combattrons seulement ce qui nous paraît erroné, dans l'intérêt réel du progrès de la science du cheval, trop arriérée ; nous soumettrons sans prétention aucune nos raisonnements à nos lecteurs, en les priant d'être bien convaincus de la pureté de nos intentions. Nous allons décrire chacune des parties qui composent l'ensemble de la bouche, en commençant naturellement par celles qui s'offrent les premières à nos yeux.

Des lèvres.

Les lèvres servent généralement dans les animaux à fermer hermétiquement la bouche pour la préserver du contact de l'air, qui la dessécherait ; elles concourent à y retenir la salive, souvent à humer l'eau, et quelquefois à pincer l'herbe chez les herbivores.

Comme elles remplissent généralement bien ces fonctions diverses, elles offrent par elles-mêmes peu d'importance à l'étude du naturaliste. Mais pour nous, il n'en est pas de même. Le cheval est de tous les animaux le seul que l'homme gouverne avec un mors ; et comme, suivant les auteurs spéciaux, les lèvres peuvent avoir une influence plus ou moins marquée sur son action, nous ne devons pas manquer de nous y arrêter.

Les lèvres du cheval se distinguent en supérieure et inférieure. La première se continue et se confond à son extrémité antérieure avec le bout du nez; comme lui, elle jouit d'une grande mobilité, car elle obéit nécessairement à tous ses mouvements. La seconde est libre; son jeu est aussi très étendu, surtout d'avant en arrière.

Bourgelat, aussi célèbre écuyer que savant anatomiste et physiologiste, attache une grande importance à l'étude des lèvres, comme les auteurs qui l'ont précédé ou qui l'ont suivi. Suivant eux, si elles sont trop épaisses, trop peu fendues à leurs commissures, ou trop molles, etc., elles portent obstacle à l'action directe du mors sur les barres, soit en lui opposant trop de résistance ou en bornant son jeu, soit en s'interposant entre le canon et le point où cet instrument doit faire son appui. Dans ces cas, suivant eux, le cheval est lourd à la main; il *s'arme des lèvres*, suivant l'expression reçue.

La pratique nous porte à ne pas partager les mêmes craintes. Aujourd'hui l'art de l'éperonnier est arrivé à un point de perfection tel, qu'un écuyer intelligent a bientôt donné le modèle du mors qui convient dans les cas rares où les lèvres offriraient quelque obstacle à une embouchure régulière. Nous avons monté et embouché bien des chevaux dans notre vie, nous en avons étudié et examiné beaucoup sous tous les rapports, et nous sommes obligé d'avouer que la pratique de l'équitation trouve peu d'obstacles à une judicieuse application d'un mors d'un bon choix.

Voilà d'abord ce que nous apprend la pratique.

Examinons maintenant ce que nous enseigne la théorie, fondée sur l'anatomie et la physiologie. Dans tous les animaux, la puissance de mouvement d'une partie est toujours en raison de celle des moteurs qui président à son action. Or, quels sont les moteurs des lèvres dans le sens de la résistance qu'elles peuvent offrir au mors? Le muscle labial est le seul que nous y trouvons. Quelle est sa force, quelle résistance peuvent opposer ses fibres isolées, noyées dans du tissu cellulaire et graisseux, au milieu d'un lacis de vaisseaux, de nerfs et de follicules muqueux? Point de tissu tendineux ni aponévrotique que l'on remarque dans les muscles qui ont de la puissance. Rien n'indique là de la force. Du reste, à quoi aurait-elle été nécessaire? Le but du labial n'est que de rapprocher les lèvres de manière à remplir les fonctions générales dont nous avons parlé en commençant leur étude, et, comme on le voit, il ne fallait pas une grande puissance musculaire pour y satisfaire. Aussi, si avec le doigt vous appuyez légèrement sur le point des lèvres où repose le mors, trouvez-vous que la résistance est pour ainsi dire nulle. Comment concevoir dès lors qu'elle peut lutter avec avantage contre le puissant levier formé par les branches du mors à l'aide de la gourmette, et sur lequel agit la force musculaire du bras d'un homme. La réflexion et la raison se refusent à le croire. C'est donc à tort que les auteurs dont l'autorité est d'autant plus grande qu'ils sont à juste titre d'ailleurs plus célèbres ont signalé les lèvres comme pouvant offrir une résistance capable d'empêcher ou borner l'action du mors sur les barres.

Du reste, nous en appelons au jugement des hommes expérimentés, des écuyers intelligents. Si vous leur demandez leur opinion sur la dureté de la bouche d'un cheval, ils vous répondront : « Quand un cheval » a la bouche dure, ce ne sont pas les lèvres qui en » sont cause ; c'est la conséquence d'un vice de con- » formation de l'avant-main ou de l'encolure, ou le » plus souvent du défaut d'intelligence spéciale de » celui qui l'a monté ou dressé, etc., etc. » Nous disons intelligence spéciale, parce que, pour bien dresser et monter un cheval, il faut un tact tout particulier qui est inné, et qui ne s'apprend pas ; il ne fait que se perfectionner par l'étude de celui qui le possède. L'art de l'équitation est comme celui de la peinture, de la poésie : celui chez lequel il n'est pas instinctif pourra, par le travail, posséder la science de l'équitation, mais il ne sera jamais écuyer. Voilà la raison pour laquelle on voit des bouches dures ramenées à leur finesse naturelle par une main intelligente. Tel homme montera tous les chevaux avec le même mors, et leur fera une bonne bouche, en obtenant tous les mouvements désirés ; tel autre réussira toujours mal avec le mors le mieux approprié, comme avec la bouche la plus fine et dont toutes les parties sont le mieux en harmonie possible.

Mais si nous attachons, pour le choix d'un cheval ,

peu d'importance à l'étude de ses lèvres en ce qui est relatif à sa valeur ou à ses qualités pour l'art de l'équitation, il n'en est pas de même pour ce qui touche à l'examen de la noblesse des sujets. Des lèvres amincies, fermes, moyennement fendues, très mobiles, recouvertes d'une peau fine, aux poils courts, rares et soyeux, caractériseront toujours un cheval de sang ; jamais on ne lui verra, comme dans les races abâtardies, ces grosses lèvres roulées en forme de bourrelet, à peau épaisse, molles et sans caractère. Voyez le cheval de sang quand il est monté, et qu'il s'anime : l'action de ses lèvres, d'une grande mobilité, se met en harmonie avec l'expression de tout le reste de la face ; elles s'agitent en tous sens, elles se couvrent d'écume ; on dirait qu'elles veulent prononcer des mots. Les lèvres du cheval commun, au contraire, sont immobiles : point de jeu, point de cachet si tranché pour le cheval type. Dans celui-ci elles expriment jusqu'à la souffrance ; elles sont alors crispées, grippées, comme on le dit quelquefois pour la face de l'homme qui souffre certaines douleurs aiguës ; elles sont contractées d'une certaine manière : on le voit dans le tétanos, dans le vertige, dans les violentes coliques, dans toutes les douleurs profondes et aiguës. Elles offrent des signes certains qui ne trompent pas l'observateur sur l'acuité des souffrances éprouvées par les pauvres malades.

Certains chevaux ont quelquefois la lèvre inférieure pendante, surtout quand ils sont en repos et calmes.

Les chevaux de sang en offrent des exemples comme les chevaux communs. On a cru y voir un indice de faiblesse. Nous ne partageons pas cet avis, bien que certains auteurs aient donné ce signe comme certain. Nous avons monté de ces chevaux pleins d'énergie : ***Delphine***, fille de ***Massoud*** et de ***Selim-Mare***, mère d'***Eylau***, a la lèvre pendante, et ses produits s'en ressentent. Cependant elle est d'une énergie et d'un sang qui ont fait leurs preuves.

Des barres.

Les barres sont l'espace interdentaire qui des deux côtés de la mâchoire sépare les dents molaires des incisives dans le cheval ; c'est sur elles surtout que le mors porte et agit. Elles ont pour base les bords antérieurs des branches inférieures du grand maxillaire au commencement de leur séparation en forme de V. C'est de la sensibilité de la gencive, et de la disposition du bord de l'os qu'elle enveloppe, que peuvent dépendre quelquefois les qualités de la bouche. Mais nous répéterons ici ce que nous avons déjà dit en parlant des lèvres : la première condition de la finesse de la bouche est dans la main du cavalier ; nous pourrions même dire avec raison que le plus souvent tout est là, et nous en fournirions au besoin plus d'une preuve.

Suivant la conformation des parties du maxillaire

qui leur servent de base, les barres peuvent être très basses et arrondies, ou très élevées et tranchantes. Dans le premier cas, la langue les déborde, surtout quand elle est épaisse, et les protége contre le mors par l'appui direct qu'il fait sur elle. Dès lors on comprend que l'action de cet instrument doit être en raison de la pression qu'il exerce sur les points où il est destiné à agir. La langue, par sa nature, est peu sensible à la pression ; elle forme, dans ce cas, une sorte de coussin qui amortit avec avantage l'effet de la bride employée à réduire le cheval. Mais on sait qu'on y remédie en faisant appliquer au canon du mors une courbure graduée suivant le besoin; on la nomme *liberté de langue*. Par elle, l'appui exigé n'a plus d'obstacle.

Quand au contraire les barres sont élevées et tranchantes, et que la langue, mince, bien logée dans le canal qui la reçoit, ne les protége pas, le défaut est plus sérieux. Le remède alors est moins facile, surtout pour les jeunes chevaux qui n'ont pas encore porté le mors. Il faut dans ce cas beaucoup de précautions, beaucoup de tact pour l'emploi de la bride, toujours difficile pour une main inhabile. La sensibilité est très grande à cause de la petite surface qui se trouve entre l'os tranchant et le fer qui comprime. Nous pouvons à peu près nous en faire une idée par la douleur que nous font éprouver le plus léger appui d'un corps, la plus petite contusion sur la crête du tibia. Aussi, combien voit-on de chevaux se cabrer et se renverser par suite d'une action mal comprise sur les rênes !

Quand les barres élevées sont arrondies, on conçoit qu'elles peuvent être moins sensibles, par rapport à la plus grande surface comprimée. Dans tous cas, on fera toujours bien de se servir, pour les jeunes chevaux, de mors très doux à gros canons ; on pourra même les garnir en commençant avec du cuir, pour en adoucir l'effet. Mais nous revenons sans cesse à notre première idée : c'est toujours la main qui doit jouer le premier rôle (1).

Des barres moyennement arrondies, s'élevant à peu près au niveau de la langue et des lèvres, seraient dans les meilleurs conditions possibles, d'après l'étude qu'on peut en faire, et le jugement qui doit s'en suivre. Celles qui offriraient cette disposition seraient donc les mieux conformées, celles qu'on doit préférer. Dans tous cas, et quelle que soit leur conformation, l'emploi judicieux de la bride demande beaucoup de moelleux de la part du cavalier qui veut faire une

---

(1) Les barres des chevaux, quelle que soit leur conformation primitive, s'aplatissent par l'appui fort et constant du mors. Les vieux chevaux qui ont servi au trait ou au roulage, et auxquels le mors a aidé à supporter la tête par la fixité des rênes au collier ou à la sellette, ont les bords de l'espace intermédiaire du grand maxillaire comme refoulés, au lieu d'être tranchants ou arrondis comme ils ont dû l'être.

bonne bouche. Il faut beaucoup de patience, d'attention, point de saccades brutales ; l'usage des rênes doit toujours être gradué, calculé, suivant un tact, un discernement particuliers sans lesquels on réussit toujours mal.

Souvent la maladresse des cavaliers détermine des lésions, des blessures plus ou moins profondes sur les barres : les gencives sont déchirées, l'os est mis à découvert. Il peut en résulter des maladies graves, telles que la carie de l'os, des exfoliations, des fistules, etc. On ne manquera pas de s'en assurer dans un examen d'achat.

De la langue.

Le cheval se sert de sa langue pour humer l'eau, en lui faisant faire l'office de piston d'une pompe aspirante. Elle concourt à la mastication des aliments en les portant sous les dents chargées de les broyer, et à leur déglutition en roulant le bol alimentaire à l'aide du palais, et en le poussant vers l'arrière-bouche ; de plus, elle est le siége principal du sens du du goût. Telles sont à peu près les fonctions générales de cet important organe dans la plupart des mammifères ; chez tous, il a une partie fixe et une partie libre, très déliée, et d'une grande mobilité dans tous les sens.

Du reste, la langue remplit toujours bien ses fonctions naturelles, quelle que soit sa conformation dans chaque individu, lorsqu'un accident ou maladie n'y porte obstacle. On attache donc sous ce rapport peu d'importance à son étude. Mais comme, dans le sujet qui nous occupe, la langue joue un rôle dans l'action de la bride, nous devons en faire connaître les bonnes ou mauvaises conditions qu'on lui a supposées à tort ou à raison.

La langue est logée entre les deux branches du maxillaire qu'on est convenu d'appeler canal chez le cheval. Si son lit est assez large, et que les barres soient assez élevées de manière à être à leur niveau, alors, dit-on, elle est dans les meilleures conditions exigées. Si, trop épaisse ou trop étroitement logée, elle les déborde, on croit qu'elle nuit à l'action du mors, en bornant sa pression ou en la neutralisant. Nous avons vu, du reste, comment on y remédie par la *liberté de langue* du canon. Si, trop mince, elle est trop profondément placée entre les branches du maxillaire qui la dépassent, elle est encore défectueuse, toujours d'après l'opinion reçue, parce qu'elle ne soulage pas assez les barres, qui seules soutiennent le choc du mors. Il faut donc là un juste milieu, qu'il n'est pas facile de préciser, ni de rencontrer dans la pratique.

Pour être dans de bonnes conditions d'action, on désire que la langue soit au niveau des barres et des lèvres, de manière à concourir toutes les trois au soutien du mors. Cette opinion nous paraît raisonnable et assez bien fondée. Quant à nous, qui n'avons pas foi dans la résistance des lèvres, comme on a pu le voir, nous voudrions que la langue débordât un peu les barres ; elle les protégerait ainsi fructueusement contre la pression incessante du mors, suivant nous toujours trop intense ; elle établirait par ce moyen des intermittences d'action qui ne pourraient qu'être favorables à des organes dont on abuse trop. Du reste, la langue, assez molle par sa nature, en cédant à la moindre pression, ne nuirait pas à l'effet de la bride.

Certains chevaux laissent pendre la langue ou l'agitent dans tous les sens quand ils sont bridés. Cette manie est plus disgracieuse que nuisible. Nous ne connaissons pas de moyen de l'empêcher. Quelquefois cet organe est coupé en travers par une longe en corde passée dans la bouche, ou le mors du filet ; on l'observe surtout quand les chevaux s'échappent, et se prennent les pieds dans les rênes en courant. Si la coupure est profonde, si elle influe sur les mouvements de la langue de manière à nuire à son action dans la mastication, sa gravité est en raison de l'obstacle qu'elle apporte à cette fonction importante. Dans le cas contraire, il n'en résulte aucun inconvénient sérieux.

La perfection de la bouche dépend de la bonne harmonie de rapports entre les lèvres, les barres et la langue, suivant l'opinion vulgairement adoptée. Nous la partageons quant à tout ce qui est harmonie de rapports ; nous voudrions voir cette heureuse disposition, non seulement dans la bouche, mais dans tout l'ensemble de l'organisation, parce que c'est de cette condition que dépendent celles des phénomènes de la vie ; la santé, la vigueur, la sobriété, l'élégance, toutes les qualités désirables, en résultent. Mais, pour ce qui regarde l'action du mors, on a pu voir que nous y attachons moins d'importance ; l'expérience nous a toujours prouvé que la finesse ou la dureté de la bouche dépendaient d'autres causes, que l'étude et l'observation de l'homme habile ne tardent pas à découvrir.

Le mors est ordinairement considéré comme instrument de contrainte. Il est employé comme tel par la plus grande partie de ceux qui s'en servent pour forcer ainsi le cheval à l'obéissance. Nous voudrions, nous, qu'il ne fût, au contraire, à très peu d'exceptions près, qu'un moyen de transmettre la volonté. L'écuyer qui entend bien son métier, et qui en a le sentiment, dresse son cheval de manière à lui faire comprendre tout ce qu'il veut. Tous les mouvements sont commandés et exécutés sans contrainte, sans emploi de force brutale. Le cavalier et le cheval ne doivent faire qu'un seul individu ; ils doivent être une intelligence qui ordonne et des membres qui obéissent. Notre tâche n'est pas ici d'indiquer les moyens par lesquels on arrive à ce résultat, nous ne croyons même pas qu'ils puissent se transmettre par la plume ni la parole. Les aides, les procédés mis en usage, sont, nous l'avons déjà dit, une question de finesse, de tact, qui ne peut s'enseigner. D'ailleurs, ils doivent varier suivant la manière de sentir de ceux qui les emploient, et le naturel des chevaux dressés. Il en est du cheval comme de l'enfant qu'on élève : il faut en saisir le caractère et l'aptitude pour arriver à bonne fin. Celui qui veut les soumettre tous à l'inflexibilité de la même règle, comme on coule la matière dans le même moule pour lui donner la même forme, n'a compris, ni les lois de la raison, ni celles de l'éducation : il ne connaît pas son métier.

Les chevaux des espèces nobles, dont la sensibilité et l'intelligence sont plus développées, s'identifient plus facilement avec l'homme ; ils sont plus fins aux aides, ils leur obéissent mieux, ce qui, ajouté à leurs qualités physiques, les rend plus maniables. Ces dispositions, dans les races communes, sont plus obscures, et si on les observait bien, nous ne doutons pas qu'on trouverait leurs imperfections en raison du degré de dégénérescence des sujets.

Du canal.

L'espace intermaxillaire qui loge la langue se nomme canal. Sa largeur indiquera l'écartement des branches du maxillaire, ce qui sera une beauté ; nous dirons pourquoi en parlant de l'auge ou des ganaches. Son rétrécissement sera un vice, parce qu'il indiquera celui de l'auge. L'un est essentiellement la conséquence de l'autre, comme nous le verrons. Du reste, cette partie de la bouche n'offre rien de bien saillant pour l'étude qui nous occupe, quant à sa conformation particulière.

Du palais.

Le palais forme la voûte de la bouche : il est circonscrit en avant et latéralement par les dents incisives et les mâchelières, et en arrière par le voile du palais, qui chez le cheval est très développé. On remarque sur sa surface des sillons transversaux assez profonds, en forme de crénelures, qui concourent à retenir les aliments dans la bouche et à les empêcher de tomber. On conçoit en effet que, pressé contre ces inégalités par la langue, le bol alimentaire se trouve retenu, et soustrait à l'action de la pesanteur qui tend. à le faire descendre hors de la bouche, surtout pendant que l'animal a la tête baissée en paissant. Du reste, ces sillons se remarquent surtout chez les herbivores, qui ont la tête verticale. L'homme, dont la bouche est horizontale, n'en a pas; et ils sont moins développés chez les carnivores qui déglutissent immédiatement la viande déchirée ou incisée, sans la triturer.

La membrane muqueuse du palais, qui est d'une compacité et d'une texture remarquablement solide, s'épaissit quelquefois au point de dépasser les dents incisives chez le cheval. Pour y remédier, on fait une ou plusieurs scarifications que la pratique ne condamne pas; mais, pour qu'elles soient faites sans danger, il faut une main habile qui ne blesse pas les artères palatines disposées en anse, en arrière des incisives. Il pourrait résulter de la piqûre de ces artères une hémorrhagie grave, et difficile à arrêter.

Des gencives.

Les gencives sont la partie de la membrane buccale qui entoure les dents à leur base, et concourt à les fixer aux maxillaires. Elles servent d'autant mieux pour ce but chez les animaux, qu'ils sont plus jeunes. Dans les vieux sujets, elles s'amincissent et se retirent à tel point que les dents déchaussées ne sont plus fixes dans les alvéoles; elles deviennent mobiles et tombent souvent. Cela se remarque surtout chez l'homme, les carnivores et les ruminants. Cet incident est moins fréquent dans le cheval, ordinairement usé, ruiné, avant cette période de sa vie. Il meurt à la peine, ou il est vendu à l'équarrisseur, quand, devenu trop vieux, il ne peut plus servir.

Des dents.

Les dents, qui ont de l'analogie avec les os, sont toujours composées de deux substances. L'une, interne, d'un blanc jaunâtre, en forme le corps, et se nomme ivoire; l'autre, plus dure, d'un blanc nacré et qu'on appelle émail, enveloppe la première, à l'extérieur, par une couche d'un millimètre d'épaisseur environ. Celui-ci se replie quelquefois dans la substance des dents sous diverses formes, suivant la nature de leurs fonctions.

Les dents ont une partie libre, et une autre partie enchâssée dans les alvéoles. Elles sont toujours essentiellement comprises dans les organes de la digestion. Ce sont elles qui sont chargées d'inciser ou broyer les aliments dont se nourrissent les animaux. Quelquefois elles servent d'armes pour l'attaque ou la défense, comme on le voit surtout chez les carnivores. La mastication est leur unique but dans presque tous les herbivores. Leur étude dans le règne animal est aussi intéressante qu'instructive. Les formes variées du système dentaire indiquent quelle peut être la nature du régime des individus; quels sont leurs caractères moraux et physiques; quel est leur degré de force, de férocité ou de douceur ; quels sont les climats qu'ils habitent, les services auxquels ils peuvent être employés; c'est enfin sur les dents que les naturalistes ont basé une des conditions les plus essentielles de leur classification zoologique.

Le cheval, qui se nourrit de grains ou de fourrages, avait besoin, dans son système dentaire, de meules pour triturer, moudre ses aliments. Il lui fallait donc des dents à table élargie, dont la surface fût plane, mais raboteuse comme celle d'une lime ou d'une meule de moulin. Il fallait qu'elles fussent placées les unes à côté des autres, de manière à former un plan non interrompu. Les animaux n'ayant pas, comme les meuniers, les moyens de rhabiller leurs meules quand leurs inégalités sont usées, la nature devait y pourvoir, en composant leurs dents avec des substances de dureté différente. Les matières qui offrent moins de cohésion, s'usant rapidement par le frottement, se trouvent au dessous du niveau de celles qui ont mieux résisté par leur texture et leur densité. Il en résulte des aspérités sans cesse entretenues par le frottement lui-même. Sans cette admirable disposition de la texture des dents des herbivores, la mastication n'aurait pu s'effectuer chez ces animaux ; ils n'auraient donc pas pu exister.

Le cheval a trois espèces de dents : 1° les incisives, 2° les crochets, 3° les molaires ou mâchelières.

Les incisives, au nombre de six à chaque mâchoire dont elles garnissent et terminent les extrémités, ne triturent pas les aliments. Comme leur nom l'indique, elles servent à inciser, à pincer ou arracher l'herbe. Elles sont rangées en demi-cercle l'une à côté de l'autre, à la mâchoire inférieure comme à la supérieure. Elles se correspondent parfaitement, et s'ajustent de manière à saisir l'herbe la plus fine et la plus courte. Au moyen de cette disposition des dents, le cheval peut paître et se nourrir là où le bœuf mourrait de faim, tant les incisives de ce dernier, qui n'existent qu'à la mâchoire inférieure, diffèrent de celles du cheval. Ce caractère seul nous indiquerait que le cheval doit être originaire d'un pays chaud, sec, où l'herbe est rare, fine et substantielle. Le bœuf au contraire, avec ses quatre estomacs, est organisé pour vivre particulièrement dans des lieux où l'herbe est longue et abondante, ce que l'on observe surtout dans les èndroits bas et humides.

Nous avons dit que l'émail enveloppait toujours les dents, et se repliait quelquefois dans leur substance, suivant leurs usages ; nous allons dire pourquoi.

Les incisives, n'étant pas chargées de moudre les aliments, n'avaient pas besoin de la même disposition d'inégalités que les mâchelières, dont nous nous occuperons plus bas ; aussi leur surface est-elle différente. Elle offre seulement vers son centre, jusqu'à une certaine époque de la vie, une petite cavité formée par un repli de l'émail disposé en cornet ; nous y reviendrons quand nous traiterons de l'âge. Les bords de ce cornet, dont la profondeur et la forme varient, font saillie au centre de la table de la dent, et y déterminent une sorte d'aspérité qui s'imprime dans l'herbe pincée, et en facilite l'arrachement ou l'incision, en l'empêchant de glisser quand l'animal l'a saisie (1). L'émail fait aussi saillie autour de la

(1) On conçoit que l'émail, entourant la table des incisives et se repliant dans son milieu, doit faire saillie au dessus de l'ivoire, et les inégalités qui en résultent facilitent l'action de saisir et arracher l'herbe ou l'inciser. Ne voit-on pas là une espèce d'analogie de disposition entre les incisives ou pinces

dent ; il concourt de la même manière au même but que le cornet ; il forme de plus autour de la dent une sorte de garniture qui protége l'usure de l'ivoire en biseau, ce qui compromettrait l'harmonie d'action des incisives.

Chez les vieux chevaux, le cornet du centre de la table des incisives n'existe plus : il est usé par suite de l'usure de la dent elle-même. Aussi, ces animaux paissent-ils avec moins de facilité que les jeunes ; l'herbe fine et dure glisse plus facilement entre leurs dents, parce que les crénelures formées par l'émail du cornet n'existent plus.

Les incisives sont quelquefois mal rangées ; leur usure est irrégulière. Ces défauts, qui le plus souvent n'ont aucun inconvénient pour les chevaux nourris à l'écurie, peuvent être graves pour les poulinières comme pour les chevaux élevés aux pâturages : ils paissent difficilement alors, et se nourrissent mal. Souvent aussi, on voit des incisives usées en biseau et en dehors : l'émail a disparu. Le tic a pu en être cause ; on s'en assurera d'autant mieux que, dans ce cas, ce vice n'est plus rédhibitoire ; la loi ne le recon-

---

du cheval et les pinces dont on se sert dans les arts ? Ne pratique-t-on pas, en dedans des mâchoires de ces instruments, des inégalités sans lesquelles elles rempliraient mal le but proposé ? Telles sont les pinces à disséquer, celles des treillageurs, des cordonniers, les mâchoires des étaux, etc.

naît comme tel que quand il n'y a pas usure des dents et que l'acheteur n'a pas pu s'éclairer en les examinant.

Les crochets, au nombre de quatre, n'existent généralement que chez les mâles dans le genre cheval; les femelles en sont rarement pourvues. L'émail les recouvre en dehors sans replis à l'intérieur; leur forme est conique, et leur étude n'offre aucun intérêt majeur pour la connaissance du cheval; leur usage nous paraît nul. En traitant de l'âge, nous aurons occasion d'y revenir.

Le cheval a vingt-quatre mâchelières. Leurs fonctions sont des plus importantes, en ce que ce sont elles qui sont chargées d'un des actes les plus essentiels de la digestion; leurs tables sont plates, irrégulièrement raboteuses et carrées, pour être rangées comme des pavés l'une à côté de l'autre, sans interruption de surface. C'est dans ces sortes de dents que l'émail se replie diversement en dedans de l'ivoire. Il y forme des anses nombreuses qui descendent jusqu'aux racines, pour que les mâchelières en soient pourvues jusqu'à leur complète usure. Nous avons vu que le repli de l'émail des pinces disparaît à une certaine époque de la vie : c'est vers onze ou douze ans qu'il est usé; les mâchelières en sont pourvues, au contraire, jusqu'à leur chute, ce qui n'arrive qu'à un âge très avancé. L'animal alors ne peut plus servir : il ne peut plus se nourrir faute de meules pour moudre ses aliments.

Il est important de s'assurer de la régularité de l'usure des màchelières. Souvent le jeu des mâchoires est gêné ou borné par des dents qui dépassent le niveau des autres, ou par leur croissance irrégulière, conséquence d'une mauvaise disposition des alvéoles, ou de toute autre cause. La mastication dans ces cas est incomplète, et les digestions sont mauvaises ; les aliments peuvent aussi séjourner dans la bouche et y fermenter entre les joues et les mâchelières, par suite de leur usure anormale ou de la chute de quelques unes d'entre elles. On peut s'assurer de ces défauts par l'inspection des dents elles-mêmes, ou en examinant avec attention les chevaux pendant qu'ils mangent les fourrages : ils les laissent retomber quelquefois dans la mangeoire à demi triturés et imbibés de salive.

Ici se termine ce que nous avions à dire des dents comme étude de l'extérieur du cheval ; nous les examinerons avec plus de détail quand nous les considérerons comme indice de l'âge.

Du menton et de la barbe.

Le menton est la partie charnue qui se trouve en arrière de la lèvre ; la petite éminence qu'on remarque à son centre se nomme la houppe. Chez les chevaux de sang, elle est distincte, bien circonscrite et ferme ; les chevaux communs, au contraire, l'ont molle, confondue avec le reste du menton ; ce qui fait qu'elle est moins apparente.

Sous tout autre point de vue, le menton n'offre rien d'intéressant à étudier.

La barbe est, en arrière du menton, le point où passe la gourmette, qui l'excorie quelquefois par son appui mal calculé. Le cheval d'un bon cavalier n'a jamais la barbe ainsi blessée, quelle que soit d'ailleurs sa conformation, tranchante ou arrondie ; il est si facile de prévenir cet accident, pour peu que l'on comprenne l'action de la bride et l'usage qu'on doit en faire !

De l'auge et des ganaches.

L'auge est la cavité qui est formée par les branches du maxillaire inférieur, en dehors et en arrière de la tête.

Cette partie sera toujours belle quand elle aura le plus de largeur possible, ce qui prouvera que les organes qui y sont contenus ne seront pas comprimés par le trop grand rapprochement des ganaches. Quand l'auge est rétrécie, le larynx, qui est l'extrémité antérieure du canal qui conduit l'air aux poumons, peut être comprimé et causer le cornage. En effet, ce défaut se remarque surtout chez les chevaux à tête aplatie, ordinairement busquée, et à ganaches rapprochées. D'ailleurs, pour le physiologiste qui étudie les lois d'harmonie qui régissent la vie du cheval, le resserrement de l'auge caractérisera généralement la faiblesse de la poitrine, parce qu'il indiquera le peu de développement des premières voies de la respiration, toujours en raison de celui des poumons. Les exceptions sont bien rares. Aussi voit-on toujours des naseaux peu ouverts, un larynx peu développé, avec une auge rétrécie. En traitant des naseaux, nous avons vu quelles importantes conclusions on peut tirer de l'étude de leur conformation.

Les chevaux de sang ont l'auge élargie ; son rétrécissement se fait remarquer surtout chez les races dégradées, de peu de résistance et d'énergie.

Pendant tout le travail de la dentition des jeunes chevaux, cette région de la tête est plus ou moins engorgée, mal évidée, tandis qu'elle est nette et bien creusée chez les adultes et les vieux sujets. La maladie qu'on nomme les gourmes y détermine des engorgements; il s'y forme des abcès qui, bien traités, n'ont généralement rien de grave.

La morve, qui donne lieu tous les jours à tant de contestations, parce qu'elle n'est pas comprise ni connue de la plupart de ceux qui en parlent, détermine la formation d'une ou plusieurs glandes dures, plus ou moins fixes et adhérentes dans l'auge d'ailleurs bien évidée. On se défiera toujours de l'existence de ces glandes, surtout si les naseaux laissent couler par leurs ouvertures des matières purulentes, quelles que soient leur couleur et leur consistance. On ne manquera jamais dans ce cas, qui peut être très grave, de consulter un médecin vétérinaire pour prendre les précautions exigées.

Les ganaches sont formées par les bords postérieurs des maxillaires vers leur courbure. Leur écartement sera leur beauté, par les raisons que nous enseigne la physiologie et que nous venons de signaler. Les chevaux de sang les ont ordinairement bien accentuées et bien conformées, comme tous ceux qui ont la tête carrée. Le contraire a lieu dans les chevaux à tête aplatie et busquée, comme on le voit chez quelques races du Nord, à côtes plates et à poitrine resserrée.

De l'œil.

L'œil est, dans tous les animaux, l'instrument d'optique le mieux confectionné qu'on puisse imaginer pour le but auquel il est destiné. Il est composé de pièces et de corps différents par leur densité, leur texture, ou leur forme, pour la réfraction des rayons lumineux. Des lentilles admirablement adaptées les font converger ou diverger, suivant les besoins. On y trouve des organes propres à renfermer, à protéger ces instruments divers, à les fixer ou à les faire mouvoir; des liquides de nature variée y sont fabriqués pour entretenir leur lucidité, leur souplesse ou leur intégrité; un appareil particulier y est disposé pour modérer l'action de la lumière, et en mesurer en quelque sorte la quantité nécessaire à la vue. L'œil enfin est un assemblage admirablement conçu et très ingénieux, d'instruments de physique et de leurs accessoires. Il frappera toujours d'admiration ceux qui l'étudieront et réfléchiront sur l'ensemble des phénomènes d'optique qui s'y passent, et qui constituent le sens de la vue.

Dans l'examen rapide que nous allons faire des différentes parties de l'œil, considérées au point de vue de la connaissance extérieure du cheval, nous négligerons les détails d'anatomie, de physiologie ou d'optique, qui sortiraient de la spécialité de notre travail. Nous renvoyons ceux qui voudront en faire une étude intime aux ouvrages d'anatomie, de physiologie et de physique, qui ont traité à fond la matière.

En extérieur du cheval, on divise l'œil en deux parties bien distinctes : les unes protégent ou développent les véritables organes de la vue ; ce sont le globe de l'œil avec tous les organes qu'il contient ; elles le fixent ou le font mouvoir et prennent le nom de parties accessoires de l'œil ; les autres sont le globe lui-même et tout son contenu : elles se nomment parties constituantes. Les premières sont les sourcils, les paupières et leurs dépendances, la conjonctive, le corps clignotant, la glande lacrymale, le coussinet graisseux, l'appareil musculaire, et le cornet fibreux qui enveloppe et maintient ces derniers à leur place ; les secondes sont le globe de l'œil, et tous les instruments d'optique qu'il renferme.

Des sourcils.

Les sourcils offrent peu d'intérêt dans le cheval ; à peine sont-ils apercevables. Dans les chevaux de sang oriental qui ont les poils courts et rares autour des yeux, ceux qui se trouvent sur l'emplacement des sourcils paraissent plus longs et plus fournis. Dans les races communes, on n'y voit ordinairement aucune différence. D'après M. Lecoq, les sourcils sont très marqués et parfaitement distincts chez le fœtus du cheval et du celui bœuf avant que le corps se couvre de poils, ce qui est une preuve bien évidente de leur existence, quoiqu'on ne puisse les apercevoir à l'âge adulte.

Les sourcils grisonnent quelquefois ; quoique cette particularité ne soit pas toujours caractéristique, elle est souvent un indice de vieillesse.

La place qu'occupent les sourcils peut être excoriée ou cicatrisée comme les tempes, quand l'animal a été atteint de vertige, d'épilepsie, ou de coliques : dans ces cas il se livre à des mouvements violents ; il se frappe la tête contre les murs, ou sur le pavé s'il reste couché. On s'assurera toujours des causes de ces contusions récentes ou anciennes, pour être convaincu que le cheval n'est pas périodiquement sujet à quelque maladie grave.

Des paupières.

Les paupières offrent à notre étude une grande importance tant sous le rapport de leur texture que sous celui de leurs usages. Elles sont au nombre de deux : l'une supérieure et l'autre inférieure, et se réunissent à angle aigu à leurs extrémités interne et externe ; l'angle interne, le plus grand, se nomme nasal ; l'externe, plus petit, temporal.

Les fonctions des deux paupières sont les mêmes : toutes deux recouvrent et protégent le globe de l'œil en se rapprochant ; mais la supérieure est beaucoup plus grande, comme aussi ses mouvements sont plus étendus. Leurs bords sont garnis de cils, espèces de franges qui préservent l'œil de la chute des corpuscules en les tamisant en quelque sorte pour arrêter au moins les plus gros ; comme ils tombent ordinairement d'en haut, les cils de la paupière supérieure sont les plus longs et les plus nombreux. Cette particularité se remarque toujours dans l'homme comme dans tous les mammifères ; souvent même ils en sont presque dépourvus à la paupière inférieure.

On remarquera en dedans des cils des deux paupières et sous la peau, de petites bandelettes cartilagineuses, flexibles, courbées en arc, suivant la sphéricité du globe de l'œil, pour bien l'emboîter. Leur but est de tendre le bord des paupières pour prévenir leur froncement d'un côté à l'autre ; on les nomme cartilages tarses. C'est sur leur face interne, et aux bords des paupières, que se trouvent les points ciliaires, ou petites ouvertures des conduits des glandes de *Meibomius ;* ces glandes fournissent une humeur onctueuse qui concourt à favoriser le glissement des paupières sur le globe de l'œil, si sensible, sans l'irriter. Cette humeur forme la chassie quand elle est trop abondante, par suite de quelque altération des glandes qui la secrètent. C'est encore elle qui colle quelquefois les bords des paupières l'un contre l'autre quand elle se dessèche pendant la nuit. On le remarque souvent dans l'homme et dans le chien.

Les bords des paupières sont taillés en biseau en dedans de manière à former, quand ils sont rapprochés pendant le sommeil, un petit canal à peu près triangulaire. C'est par ce canal que coulent les larmes qui se rendent au grand angle de l'œil, où elles trouvent leur égout, lorsque quelque maladie ne trouble pas leur marche régulière. Nous en parlerons plus bas.

Les paupières sont formées par plusieurs couches superposées, unies ensemble par du tissu cellulaire. Elles se fixent par leurs bords aux cartilages tarses qui servent à les tendre toutes ensemble. La couche externe est fournie par la peau plus ou moins fine et amincie ; elle est la plus forte comme la plus résistante. En se repliant en dedans, elle forme la couche interne, fine, souple et déliée, qu'on nomme la conjonctive. La couche musculaire, au moyen de laquelle s'opèrent tous les mouvements des paupières, se trouve entre ces deux lames.

De la conjonctive.

La conjonctive est la membrane mince, rose, qui se repliant derrière les paupières, tapisse leur face intérieure, ainsi que toute la partie visible du globe de l'œil. C'est une espèce de doublure extrêmement fine, toujours humectée, recouvrant toutes les parties accessoires ou constituantes de l'œil qui glissent les unes sur les autres, et sont exposées à l'air; elle prévient leur desséchement par son humidité, et les effets du frottement, qui tendraient à en provoquer l'irritation. Du reste, comme elle tapisse la face antérieure du globe de l'œil et celle des paupières qui reposent sur lui, elle est toujours en rapport avec elle-même; on peut dire que la conjonctive est exactement aux yeux ce que le péritoine est aux intestins, la plèvre aux poumons; leur but est le même, leurs fonctions sont donc identiques.

Outre les fonctions de favoriser le glissement des paupières sur le globe de l'œil, la conjonctive sert à les unir ensemble, puisqu'elle adhère à tous; c'est de cette disposition particulière que lui vient son nom. Cette membrane est très vasculaire, extrêmement sensible et irritable. Nous pouvons nous en convaincre quand un corps étranger, si petit qu'il soit, s'introduit par hasard sous nos paupières. Il lui fallait donc une texture particulière pour ne pas s'enflammer par le frottement si souvent répété de ses surfaces, et une humidité capable d'entretenir sa souplesse. A cet effet, la nature a disposé un organe spécial qui remplit admirablement le but. Nous allons le faire connaître.

De la glande lacrymale.

La glande lacrymale fabrique l'eau, les larmes indispensables à l'humidité de l'œil. Cette source intarissable coule par des canaux qui aboutissent à la paupière supérieure, du côté de l'angle temporal. Or, comme cette partie est élevée, il en résulte naturellement que les larmes suivent la pente en arrosant les surfaces sur lesquelles elles passent. Elles se rendent ensuite aux parties les plus déclives, où elles trouvent un égout dont nous parlerons, pour les empêcher de s'écouler au dehors. La glande que nous étudions est placée au dessus du globe de l'œil, sous l'arcade orbitaire. Elle ne pouvait en effet occuper d'autre place pour bien remplir son but, qui est de prévenir l'action de l'air sur les surfaces dont l'humidité est une condition indispensable.

Outre les fonctions ordinaires d'entretenir l'humidité et la souplesse des parties qu'elles arrosent, les larmes ont aussi celles d'entraîner, de noyer en quelque sorte pour les chasser au dehors, les corpuscules qui pénètrent accidentellement dans l'œil; aussi voyons-nous alors qu'elles sont sécrétées en très grande abondance. Le même phénomène a lieu quand des corps volatils irritants sont en contact avec la conjonctive. Qui ne connaît l'effet produit sur la sécrétion des larmes par les bulbes d'ognons, le chlore à l'état de gaz, l'ammoniaque, etc.?

L'excédant des larmes qui n'est point employé, au lieu de s'écouler au dehors, se dirige, comme nous l'avons déjà dit, vers la partie la plus déclive de l'œil, qui est l'angle nasal. Là se trouve un petit mamelon quelquefois noirâtre, recouvert par la conjonctive, et qu'on nomme la caroncule lacrymale. On y remarque deux petites ouvertures toujours béantes qu'on connaît sous le nom de points lacrymaux; c'est par eux que passent les larmes pour descendre dans le sac lacrymal qui est au dessous, et se rendre dans le canal du même nom qui aboutit près de l'ouverture des naseaux; les larmes y arrivent pour s'écouler au dehors, ou se volatiliser au courant d'air de la respiration, pour humecter encore la membrane qui tapisse le canal aérien.

On voit donc qu'après avoir servi aux yeux, l'eau des larmes peut encore être utile ailleurs. La nature sait ainsi tirer parti de tous ses produits de fabrication, quand leurs éléments le permettent, et qu'ils ne doivent pas être chassés au dehors comme toutes les matières excrémentielles. Du reste, ce que nous disons ici des larmes se fait remarquer dans une infinité de fonctions animales, sous d'autres formes, mais indispensables à leur bonne harmonie comme à l'entretien de la vie.

Du corps clignotant.

Le cheval est pourvu d'une sorte de troisième paupière qu'il emploie pour nettoyer son œil et le débarrasser de quelques corps étrangers qui l'irritent. Dépourvu de mains dont l'homme se sert dans ce cas, il lui fallait un organe spécial pour remplir le même but. Cet organe est une espèce de petite palette cartilagineuse, élargie et mince à sa partie antérieure, et courbée de manière à s'adapter le mieux possible à la surface du globe de l'œil sur laquelle elle doit agir. Cette petite pelle est cachée dans le grand angle de l'œil; sa base repose contre un coussinet graisseux qui se trouve en arrière du globe. Le mécanisme de cet instrument est simple. Quand l'animal a besoin de s'en servir, il contracte les muscles de l'œil dont nous parlerons plus bas; le globe alors, tiré vers le fond de l'orbite, comprime le coussinet graisseux, qui s'aplatit, et pousse, par son déplacement forcé, le corps clignotant en avant pour remplir ses fonctions. Ce fait se remarque encore pendant le cours de quelques ophthalmies. Le cheval semble vouloir se débarrasser ainsi du mal qu'il éprouve, comme nous portons instinctivement la main aux yeux, quand nous y souffrons.

Du reste, le corps clignotant n'a pas d'autre usage que celui que nous venons d'indiquer; ce qui le prouve, dit M. C. Lecoq, « c'est le rapport inverse » qui existe constamment entre le développement » de ce corps, et la facilité qu'ont les animaux de » se frotter l'œil avec le membre antérieur. C'est » ainsi que, dans le cheval et le bœuf, dont le membre thoracique ne peut servir à cet usage, le corps » clignotant est très développé; qu'il devient plus » petit dans le chien, qui peut déjà se servir un » peu de sa patte pour le remplacer; plus petit encore dans le chat, et rudimentaire dans le singe » et dans l'homme, dont la main est parfaite (1). »

D'après la courte description que nous venons de faire des paupières et de leurs dépendances, on peut voir que ce sont de véritables rideaux à franges dont la nature a eu soin de pourvoir les organes essentiels de la vue des mammifères. Au dehors, ils sont formés d'une étoffe forte et résistante pour intercepter au besoin les rayons lumineux, et protéger l'œil; au dedans, ils sont doublés d'une étoffe satinée, de couleur rose, extrêmement fine et souple, ce qui était commandé par son usage. L'appareil qui doit servir à fermer ou ouvrir les rideaux suivant les besoins se trouve entre ces deux tissus différents. On a pu voir aussi

(1) *Traité d'extérieur*, page 209.

que ces admirables organes sont pourvus de tous les accessoires propres à favoriser leurs importantes fonctions. Du reste, on remarque toujours que la nature a mis d'autant plus de soin à bien confectionner un instrument dans la machine animale, que ses usages sont plus importants ou plus essentiels. Le règne végétal offre aussi des milliers d'exemples de ce fait.

Des muscles, du coussinet graisseux, et du cornet fibreux de l'œil.

Les dernières parties accessoires de l'œil sont les muscles qui le font mouvoir dans tous les sens, le coussinet graisseux, et le cornet fibreux qui les enveloppe. Nous avions déjà dit un mot des muscles des paupières, dont nous ne parlerons plus, pour nous occuper de ceux du globe de l'œil. Ils sont au nombre de sept, distingués sous les noms de droit postérieur, droits supérieur, inférieur, interne et externe, grand et petit oblique.

Le droit postérieur, le plus court, mais le plus fort, sert à fixer l'œil dans le fond de l'orbite ; les autres, partant tous du même point, à l'exception du petit oblique, sont de petites bandelettes charnues qui se terminent par des tendons aplatis; elles s'attachent aux parties antérieures du globe de l'œil pour lui faire opérer ses divers mouvements. Les deux muscles obliques concourent au mouvement de rotation du globe dans l'orbite ; le petit, placé sous le globe, fait rouler l'œil de dedans en dehors, tandis que le grand fait opérer l'action opposée. Ce dernier, le plus long de tous, offre une particularité fort remarquable : partant du fond de l'orbite, il se dirige en haut pour aller passer dans une poulie de renvoi placée sous l'arcade orbitaire, à côté de la glande lacrymale ; il se recourbe ensuite pour se fixer à la partie supérieure du globe, de manière à le faire rouler en dedans en se contractant. Ce muscle a à peu près la même disposition que les cordons à poulie de renvoie des croisées à bascule.

Les muscles du globe de l'œil offrent un assemblage admirable de simplicité et d'heureuses dispositions pour leurs fonctions. C'est dans l'amputation du tendon de certains d'entre eux que consiste l'opération du strabisme dans l'homme (1).

Le coussinet graisseux est une petite pelote de graisse très molle, placée dans le fond de l'orbite. Le globe de l'œil est en rapport avec elle par la face pos-

---

(1) L'œil n'est dévié que par le défaut d'harmonie de contraction de ses muscles ; en coupant celui qui entraîne le globe de son côté, on peut rétablir son équilibre, sa direction naturelle ; mais il est à craindre qu'une déviation opposée à la première soit la conséquence de l'opération, ce qui est arrivé quelquefois, par l'action du muscle qui n'a plus d'antagoniste.

térieure. La plupart des muscles dont nous venons de parler traversent sa substance; et quand ils se contractent ensemble, ils tirent le globe en arrière, de manière à le comprimer; il s'aplatit alors, et son déplacement provoque l'action du corps clignotant dont nous avons parlé.

A l'exception des paupières, de la conjonctive et de la caroncule lacrymale, la gaîne fibreuse, ou cornet fibreux, enveloppe les autres parties accessoires de l'œil, et la face postérieure de son globe. Cet organe part du fond de la cavité orbitaire, s'évase en entonnoir, et va se fixer à la face interne des bords de cette ouverture à fleur de tête; il maintient les muscles de l'œil à leur place respective, et prévient la déviation du globe, comme celui de toutes les parties qu'il contient.

Parties constituantes de l'œil.

Nous avons parlé des parties accessoires de l'œil; nous avons vu qu'elles concourent à conserver l'intégrité des organes essentiels de la vue, et à en favoriser l'action. Nous allons nous occuper de ces derniers en les décrivant rapidement, et sans entrer dans des détails anatomiques que ne comporte pas l'étude de l'extérieur du cheval. Nous nous bornerons donc à leur analyse philosophique, pour faire comprendre autant que possible les raisons de leur forme, comme celles de leur texture ou de leur couleur.

Du globe de l'œil.

Tous les instruments d'optique qui constituent l'organe du sens de la vue proprement dit sont contenus dans le globe de l'œil, qui a une forme à peu près sphérique. Il est légèrement aplati d'avant en arrière chez le cheval. Dans l'homme, c'est le contraire : son diamètre antéro-postérieur est plus grand. Sa cavité intérieure, qui contient les instruments dont nous allons nous occuper, est divisée en deux parties inégales par une sorte de cloison percée d'une petite ouverture ; il en résulte deux compartiments nommés chambres, distinguées en antérieure et postérieure, et remplies par un liquide dont nous parlerons.

De la sclérotique.

La sclérotique, ou cornée opaque, est une sorte de coque, d'enveloppe, de couleur blanchâtre, qui forme, dans le cheval comme dans l'homme, les quatre cinquièmes parties environ du globe de l'œil. Elle est composée de fibres très déliées et très résistantes, qui s'enlacent, s'entrecroisent en sens divers, et rendent son tissu feutré très dense et très solide. Aussi, le globe de l'œil peut-il supporter une pression assez forte sans se déchirer, ce qui était essentiel pour la conservation et le rapport respectif des organes délicats qu'il renferme.

La sclérotique se laisse traverser par des vaisseaux et des nerfs qui se rendent dans l'intérieur du globe, pour l'entretien des organes qui y sont contenus ; elle est plus épaisse en arrière qu'en avant. On ne peut se rendre compte de cette particularité. Sa surface externe donne attache aux muscles qui déterminent les mouvements de l'œil et le fixent dans l'orbite ; sa surface interne est en rapport avec la choroïde. Vers le centre de sa partie postérieure, se trouve le nerf optique, gros cordon arrondi qui la traverse pour concourir à former une membrane particulière dont nous nous occuperons.

La sclérotique se termine en avant par une ouverture arrondie à laquelle s'adapte d'une manière très intime la cornée lucide. Cette disposition était nécessaire pour permettre le passage des rayons lumineux dans l'intérieur du globe, siége du sens de la vue.

De la cornée lucide.

S'il fallait à l'œil une membrane de la nature de la sclérotique, pour contenir et protéger les organes constitutifs du sens de la vue, il en fallait une autre qui permît l'accès de la lumière et son action sur eux. La cornée lucide, que le vulgaire a très bien définie en la nommant *vitre de l'œil*, remplit parfaitement le but.

Cette membrane, transparente comme le corps de la diaphanéité la plus pure, se laisse traverser par la lumière sa ns l'altérer; elle dispose de plus ses rayons, pour les faire converger vers la pupille au moyen de sa convexité extérieure en forme de lentille.

La cornée lucide termine essentiellement le glob de l'œil en avant : elle en est aussi la *vitre,* dont l'intégrité est indispensable à celle de la vue. Cette membrane, beaucoup plus convexe que les autres parties du globe, dont elle forme environ la cinquième partie, fait saillie, et paraît, suivant la juste définition de Bourgelat, « *comme le segment d'une petite sphère ajouté au segment d'une sphère plus grande.* » Elle a deux faces et un bord. La face interne, concave, est en rapport avec le liquide que contient la chambre antérieure de l'œil; l'externe, convexe, est recouverte par une pellicule très fine de la conjonctive, qui est à cet endroit transparente comme la vitre elle-même. Son bord est circulaire et s'unit à la sclérotique, comme nous le verrons plus bas.

La cornée lucide est très épaisse. Elle est formée par la superposition de plusieurs lames unies ensemble par un tissu cellulaire très fin, qui permet de les détacher assez facilement l'une de l'autre.

Si, par suite de quelque accident, une ou plusieurs de ces couches perdent leur diaphanéité, la lumière ne les traverse plus; la *vitre* n'a plus sa qualité de *vitre*. Il en résulte un trouble de la vue passager ou permanent, suivant la durée ou la continuation de l'effet morbide. Si cet effet se borne à la couche superficielle, et sur un point de la cornée, comme on le voit souvent, l'art du chirurgien peut y remédier; si, au contraire, les couches profondes sont altérées, la chirurgie est impuissante, et la nature, aidée de soins hygiéniques bien entendus, peut seule produire un résultat heureux.

L'intégrité de la transparence de la cornée lucide paraît être due à l'état naturel d'un liquide albumineux qui se coagule dans l'alcool ou dans l'eau à une température élevée; une cornée qu'on y plonge cesse d'être diaphane. Cette particularité ne peut-elle pas nous expliquer le trouble apporté dans la limpidité de la *vitre* par les violentes inflammations des yeux, et l'augmentation du degré de la chaleur naturelle qui en résulte à cette partie? N'est-ce pas une sorte de coagulation de l'albumine qu'elle contient (1)? Nous

---

(1) Nous avons observé il y a quelques années chez un de nos amis, M Costerousse, grand amateur de chasse dans le Cantal, un jeune chien courant qui se laissa tomber dans une fosse pleine de chaux qu'on venait d'éteindre. La causticité de l'eau de chaux qui mouilla ses yeux détermina immédiatement l'opacité de la cornée transparente. Le beau petit chien fut privé de la vue pendant quelque temps, mais la force

posons cette question aux plus compétents que nous pour la résoudre.

La cornée lucide, qui a beaucoup d'analogie avec un verre de montre, par sa forme et ses usages, s'adapte à peu près de la même manière que lui à la sclérotique. Celle-ci lui offre, en effet, une sorte de biseau dans lequel elle s'enchâsse; elle y est fixée par des fibres très résistantes, qui se croisent, pénètrent l'une et l'autre membrane, et les font adhérer fortement ensemble.

De la choroïde.

La choroïde est une membrane fine, mince, peu résistante, qui tapisse la surface interne de la sclérotique; elle lui est unie au moyen de vaisseaux et de nerfs qui leur sont communs, et d'un tissu cellulaire peu serré. Sa surface interne est en rapport avec la rétine, et elle se termine circulairement en avant au cercle ciliaire et à l'iris.

La choroïde remplit des fonctions très importantes; c'est sur son fond, qui est en face de la pupille, que sont dirigés les rayons lumineux pour y figurer la forme des corps observés; c'est elle qui est chargée

---

de la nature l'emporta; peu à peu l'effet de la brûlure disparut sans laisser de trace.

de neutraliser, en l'absorbant, le superflu de lumière qui aurait pu troubler la vision, ou lui être inutile. Il fallait donc que cette membrane fût dans des conditions spéciales propres à remplir ce double but : c'est ce que nous allons examiner.

Quand les physiciens veulent diriger sur une surface donnée les rayons de lumière partant d'un corps dont ils veulent avoir une image bien exacte, ils se servent d'un instrument connu sous le nom de chambre noire. C'est, comme on le sait, une sorte de boîte percée d'une ouverture armée d'une lentille, pour laisser passer la lumière et la diriger convenablement. Toute sa surface intérieure est teinte d'une couche noire pour absorber les rayons lumineux inutiles au but proposé, ou qui ne se rendent pas au point disposé pour les recevoir ; ce point est toujours nécessairement en face de l'ouverture pratiquée pour laisser passer la lumière. La nature a disposé dans l'œil un appareil rigoureusement semblable, au moyen de la couleur noire qu'elle a donnée à la choroïde. Cette membrane, en effet, forme l'intérieur d'une véritable chambre noire, dont l'ouverture est la pupille, pourvue aussi d'une lentille qu'on nomme le cristallin. Au fond de cette chambre noire et en face de la pupille, se trouve, comme aux chambres noires des physiciens, le point préparé pour recevoir les rayons de lumière qui, partant de l'objet à observer, y forment son image ; ce point se nomme *tapetum*, tapis. Il n'est pas noir chez le cheval, comme les autres parties de la choroïde : chez lui, il est verdâtre ou bleuâtre. Du reste, la couleur du tapetum varie suivant les espèces d'animaux, comme on peut s'en assurer dans les genres chat, chien, etc. Dans la chambre obscure des physiciens, le tapis est représenté par la surface sur laquelle l'image de l'objet à examiner est formée; cette surface est ordinairement blanche. Elle peut être de toute autre couleur, mais jamais noire.

On voit d'après ce qui précède que la choroïde joue un grand rôle. Elle forme, par sa couleur et sa disposition, la chambre noire de l'œil pour l'accomplissement du phénomène de la vision.

Du cercle ou ligament ciliaire.

Nous avons dit que la choroïde se termine circulairement en avant en se fixant au cercle ciliaire. Cet organe, qui a la forme d'un petit cerceau, se trouve placé dans l'œil un peu en arrière du point de réunion de la cornée lucide avec la sclérotique, à laquelle il adhère comme à la choroïde, à l'iris, et aux procès ciliaires. Il sert en quelque sorte de rendez-vous à ces derniers organes, comme pour leur donner un point fixe.

De l'iris.

Pour que les organes essentiels du sens de la vue puissent opérer leurs fonctions le mieux possible, sans trouble et sans fatigue, il faut une quantité à peu près déterminée de rayons lumineux. Or, comme leur intensité varie suivant les lieux plus ou moins obscurs ou éclairés, il fallait un régulateur pour les mesurer en quelque sorte, et ne laisser pénétrer dans l'œil que ceux qui lui sont nécessaires. Il était donc essentiel que l'ouverture qui donne passage à la lumière plus ou moins rare pût s'agrandir ou diminuer suivant les besoins, comme à la fenêtre d'un appartement dont on dispose les rideaux de manière à ménager l'uniformité de clarté qu'on désire. — La nature a pourvu l'œil d'un organe propre à remplir cette fonction; on le nomme iris. Il adhère par sa grande circonférence au cercle ciliaire. Disposé en diaphragme, il divise l'intérieur du globe en deux parties inégales : l'une, comme nous l'avons déjà dit, prend le nom de chambre intérieure, l'autre celui de chambre postérieure de l'œil. Cette dernière est la chambre noire ; elle est complétée en avant par la continuation immédiate de la choroïde avec l'iris, qui lui fournit en même temps l'ouverture indispensable à son action. Le rétrécissement et l'élargissement de cette ouverture, qui est la pupille, sont déterminés, réglés, suivant l'impression de la lumière sur l'œil. C'est lui même qui juge de la quantité d'espace que doit avoir la fenêtre de sa chambre noire, afin de conserver à peu près l'uniformité de clarté qui lui est nécessaire pour bien fonctionner.

L'iris a deux circonférences : la grande sert à le

fixer, comme nous l'avons vu, au cercle ciliaire; la petite est centrale, et forme la pupille, à peu près elliptique chez le cheval. Il a aussi deux faces : l'une est postérieure, toujours noire, pour compléter la chambre noire en avant, elle a été distinguée sous le nom d'uvée; l'autre est antérieure, et détermine la couleur des yeux, le plus ordinairement noirs chez le cheval, excepté chez celui qui a les yeux dits verrons. Dans ce cas, au lieu d'être noire, cette surface est d'un blanc opalin nacré assez vif.

La couleur de la face antérieure de l'iris varie assez dans l'homme. La nuance des cheveux semble influer sur elle. Les cheveux noirs coïncident ordinairement avec les yeux noirs, tandis qu'ils sont souvent bleus avec des cheveux blonds, etc.

On voit quelquefois flotter autour de la pupille du cheval de petits flocons noirs, irréguliers; on les a nommés *grains de suie* ou *fongus*. Ces appendices, imprégnés de vernis choroïdien, comme le dit Dugès, auraient pour but, suivant ce savant physiologiste, de concourir à diminuer l'ouverture pupillaire, quand la lumière est extrêmement vive. Dans tous les cas, leur existence ne prouve rien pour ni contre l'intégrité de la vue.

Des procès ciliaires.

Les procès ciliaires offrent peu d'intérêt à l'étude de l'extérieur, parce que leurs usages ne sont pas absolument déterminés, et que d'ailleurs ils sont de peu d'importance pour la spécialité de notre étude. Ce sont des sortes de rayons noirâtres qui semblent partir de la circonférence de la choroïde à son insertion au cercle ciliaire, pour entourer les bords tranchants du cristallin, comme une châsse de lentille. On a trouvé quelque ressemblance entre les rayons de ce corps et les fleurons d'une fleur radiée, dont le cristallin serait le centre. Quelques auteurs ont pensé qu'il sert à éloigner ou rapprocher le cristallin du fond de l'œil, pour modifier, suivant le besoin, le foyer de lumière; d'autres ont cru qu'il servait à le fixer, à le soutenir. Si sa disposition semble indiquer ce dernier usage, la faiblesse de sa consistance permet à peine de partager cette opinion.

De la rétine.

La rétine est une membrane très fine, très peu consistante, et de couleur blanchâtre. Partant du fond de l'œil au point où aboutit le nerf optique, elle s'étend sur toute la surface interne de la choroïde sans y adhérer; puis elle se termine aux procès ciliaires, avec lesquels elle se continue, d'après quelques auteurs. La facilité avec laquelle elle se déchire, et sa finesse, la rendent difficile à disséquer et à bien étudier.

Suivant l'opinion des anatomistes, la rétine n'est que l'expansion de la substance du nerf optique, ou du moins une de ses dépendance. A ce titre, elle est considérée comme la partie fondamentale de la sensibilité de l'œil ; elle serait donc le siége principal du sens de la vue, le foyer de la vision chargé de transmettre au cerveau, par le nerf optique, l'impression de l'image perçue, et formée sur le *tapetum* dont nous avons parlé.

Humeurs de l'œil.

On est convenu d'appeler humeurs de l'œil du cheval les corps diaphanes plus ou moins liquides contenus dans sa coque, et disposés de manière à réfracter convenablement la lumière qui les traverse. De plus, elles concourent à entretenir la sphéricité du globe. Formé de membranes flexibles, molles, il se déformerait, s'affaisserait, s'il n'était rempli et continuellement tendu par elles, et ce dérangement entraînerait nécessairement la perte de la vue.

On distingue dans l'œil trois humeurs différentes par leur densité. La plus liquide se nomme humeur aqueuse, la seconde humeur vitrée ou corps vitré, et la troisième cristallin, à cause de sa ressemblance avec du cristal.

De l'humeur aqueuse.

L'humeur aqueuse est un liquide très limpide, légèrement visqueux, ressemblant par sa transparence à la rosée la plus pure. Elle est contenue dans les chambres antérieure et postérieure de l'œil, qu'elle remplit entièrement. Elle se trouve donc ainsi en contact avec les surfaces de l'iris, le cristallin, avec tous les corps enfin qui sont contenus dans le globe.

L'analyse des chimistes a fait découvrir dans ce liquide de la gélatine, de l'albumine, des phosphates et des lactates de chaux, dans de très légères proportions.

L'humeur aqueuse s'écoule, si la cornée est transpercée par suite de quelque accident ou d'une opération, comme celle de la cataracte, par exemple; mais elle ne tarde pas à se reproduire après la cicatrisation de la blessure. Certains anatomistes prétendent qu'une membrane spéciale est chargée de sa sécrétion. Cette opinion ne paraît pas définitivement arrêtée. Dans tout cas, elle est toujours fabriqué par un ou plusieurs des corps contenus dans le globe.

Du cristallin.

L'humeur cristalline, ou cristallin, est un corps assez solide; il l'est d'autant plus qu'on l'examine plus près de son centre. C'est une véritable lentille biconvexe, placée entre l'humeur aqueuse et le corps vitré, en arrière de la pupille; elle correspond au centre de cette ouverture pour faire converger avec le plus d'exactitude possible les rayons lumineux dans le fond de l'œil.

Le cristallin est contenu dans une enveloppe particulière très fine et transparente comme lui. Sa convexité postérieure, un peu plus marquée que l'antérieure, est logée dans une cavité, véritable chaton qui se trouve creusé dans le corps vitré contre lequel elle repose. Cette cavité porte en effet le nom de chaton, parfaitement approprié à ses fonctions.

La transparence du cristallin est aussi pure que celle des autres humeurs de l'œil. Il est composé de plusieurs couches superposées et concentriques, ce qui fait que leur forme est d'autant plus sphérique qu'elles sont plus centrales.

De l'humeur vitrée ou hyaloïde.

Le corps vitré ou hyaloïde, qui a, comme on l'a dit, beaucoup d'analogie avec le cristal en fusion, est plus consistant que l'humeur aqueuse, quoique l'analyse lui ait trouvé à peu près les mêmes principes élémentaires. Il a la même transparence, et il est placé en arrière du cristallin, dans la chambre postérieure, dont il remplit la plus grande partie.

L'humeur vitrée est enveloppée dans une membrane particulière très fine et très mince, nommée membrane hyaloïde. Celle-ci forme dans son intérieur plusieurs cloisons qui se divisent en cellules communiquant entre elles, et contiennent l'humeur hyaloïde, qui se trouve ainsi logée dans plusieurs compartiments dépendant les uns des autres.

Le corps vitré reçoit, à sa partie antérieure, le cristallin dont nous avons déjà parlé. La membrane hyaloïde se dédouble pour envelopper cette lentille en avant et en arrière, et la fixer dans son chaton pour en prévenir le déplacement. Elle est aussi fixée de manière à ce qu'elle soit toujours au centre et en face de la pupille. Le cristallin, en effet, tend par son poids à descendre dans la partie la plus déclive de l'œil. Du reste, la membrane hyaloïde nous paraît aidée dans cette importante fonction par les procès ciliaires, quelque faible que puisse être d'ailleurs leur concours.

Le degré de pesanteur spécifique des humeurs de l'œil paraît être en raison de leur densité. Ainsi elle est pour le cristallin, qui est sans comparaison le plus dense, de 1,10790 suivant *Chenevix;* de 1,0003 d'après le même auteur, pour l'humeur aqueuse, qui est la plus liquide, et, d'après Nicolas, de 1,0009 pour le corps vitré. Ce dernier est plus solide que l'humeur aqueuse, mais infiniment moins que le cristallin, qui est assez compacte.

Après avoir étudié l'œil et toutes les parties qui le composent, nous allons examiner ses beautés, les vices et les maladies dont il est le siége.

Un bel œil est toujours grand et bien ouvert. Ses

paupières garnies de long cils et de poils courts, sont minces, souples et bien fendues en amande. L'arc qu'elles forment d'un angle à l'autre doit être régulier, sans déviation anguleuse; nous en dirons la raison plus bas. La cornée lucide, comme toutes les parties que doit traverser la lumière, seront limpides comme la rosée la plus pure, sans nuage, sans trouble, sans tache de quelque nature qu'elle soit. Leur présence indique toujours une affection actuelle ou passée, locale ou générale, et d'une gravité plus ou moins grande suivant sa nature.

L'œil, qui est une des parties du cheval les plus essentielles à étudier, n'est pas la moins difficile à bien connaître dans la pratique. On doit non seulement savoir distinguer l'intégrité de chacune de ses parties; mais encore prévoir, d'après leur étude générale, les maladies auxquelles il peut être exposé. La fluxion périodique, par exemple, est la plus redoutable de toutes. Avec l'habitude que donne l'observation aidée d'une longue étude, on peut juger non seulement de la bonté actuelle des yeux, mais souvent de l'avenir qui leur est réservé.

L'intégrité de toutes les parties de l'œil ne constitue pas toujours une bonne vue; dans un instrument d'optique, il ne suffit pas que toutes les pièces s'y trouvent: il faut de plus que leur situation, leur arrangement, soient dans les conditions exigées pour la régularité de la réfraction de la lumière. La bonne disposition du foyer de ses rayons en dépend.

La myopie, la presbytie, et leurs divers degrés d'intensité, ne dépendent que d'un vice de confection dans uns ou plusieurs des instruments d'optique contenus dans l'œil, ou dans le défaut de bons rapports entre eux. Il en est absolument de même dans un télescope : si les lentilles qu'il contient n'ont pas le degré de concavité ou de convexité nécessaires à un bon résultat, la marche des rayons lumineux qui les traversent est mauvaise et remplit mal le but proposé. Le même phénomène a lieu dans l'œil des animaux. Pour l'homme, on emploie des verres qui, par leur convexité ou leur concavité variée, suivant les besoins, remédient jusqu'à un certain point aux vicieuses conditions de la vue. Il est généralement admis qu'un cheval n'est ombrageux que parce qu'il perçoit mal les corps qui l'effraient; cela nous paraît d'autant plus vrai, qu'il cesse d'avoir peur quand on l'a convaincu que sa crainte n'est pas fondée en le conduisant près des objets qui l'ont provoquée. Si on pouvait adapter aux yeux du cheval, comme à ceux de l'homme, des lentilles propres à y modifier la marche de la lumière dans de bons rapports, peut-être cesserait-il de s'effrayer de rien, ce qui est quelquefois très dangereux. Dans tous les cas, il y a certaines conformations des yeux dont on devra se défier; nous allons tâcher d'attirer sur elles l'attention qu'elles méritent.

Si on remarque, en examinant les yeux d'un cheval, que le globe de l'un est plus petit, moins saillant que celui de l'autre, on devra craindre la fluxion périodique. Presque toujours l'œil malade diminue de volume, à la suite d'accès de cette affection. Le même phénomène se remarque aux deux yeux s'ils sont tous deux fluxionnaires : il est bien rare que le cheval alors ne perde pas la vue, surtout s'il continue à vivre sous les conditions qui ont pu déterminer cette maladie incurable.

Un œil petit, enfoncé dans l'orbite, caché sous des paupières grasses, épaisses, peu mobiles, provoquera toujours des doutes sur ses qualités. Les animaux à tête charnue, grosse, lourde, sans distinction, et dans un pays où la fluxion périodique est commune, sont sujets à cette maladie. Dans tous cas, un œil ainsi conformé indiquera généralement peu de franchise. Le cheval pourra être méchant ou au moins ombrageux. Du reste, avec un peu d'habitude, on ne s'y trompe guère. Si on a dit que l'œil est le miroir de l'âme dans l'homme, il est certainement le miroir de quelque chose dans le cheval; on est toujours porté à se défier de l'air sournois et traître que donne l'œil dont nous parlons. Les baudets, les mulets, quoique généralement exempts de fluxion périodique, ont les yeux comme nous venons de les décrire ; aussi ont-ils ordinairement un mauvais regard, et on se défie avec raison de leur caractère méchant, de celui des mulets principalement.

Le regard du cheval indique généralement la nature de son moral. Si par la douceur de son œil, il commande en quelque sorte notre confiance, nous sommes toujours involontairement portés à nous éloigner de lui quand ses yeux en dessous, comme on dit, expriment la méchanceté et la perfidie. On aborde toujours sans crainte un animal qui regarde franchement et avec douceur. Toute sa physionomie semble solliciter nos caresses. Le cheval barbe est remarquable sous ce rapport ; aussi est-il d'une docilité extrême, nous ne connaissons pas de race qui en ait plus que lui.

Les chevaux de sang ont ordinairement l'œil grand. Ils sont généralement doux, si on n'a pas aigri leur caractère par de mauvais procédés.

Nous avons dit que les arcs formés par les paupières d'un angle de l'œil à l'autre devaient être réguliers et exempts de courbures anguleuses. Nous nous sommes attaché d'une manière particulière à l'étude de la fluxion périodique, et à celle des yeux qui y sont sujets. C'est dans les pays ou l'on trouve le plus de fluxionnaires, tels que l'Alsace, la plaine de Tarbes, le Limousin, l'Auvergne, la Picardie, etc., que nous les avons observés. Nons avons presque toujours remarqué que la paupière supérieure de l'œil des fluxionnaires était anguleuse au dessus de l'angle nasal, ce qui donne à l'œil une sorte de forme triangulaire, au lieu de figurer un ovale, comme on le voit dans les yeux bien organisés. Nous engageons ceux qui n'auraient pas fait attention à cette particularité à ne pas l'oublier à l'occasion ; elle nous a souvent servi pour juger de la bonne conformation des yeux et des bonnes conditions de la vue.

Dans l'homme, on sait que la myopie est la conséquence d'une trop grande convexité de la cornée lucide ou du cristallin; ils ont alors une trop grande puissance de réfraction en raison de l'éloignement du fond de l'œil. Dans le cheval, ce vice de conformation doit provoquer les mêmes effets; et ils sont d'autant plus graves qu'il n'est guère possible d'y remédier par des lunettes. Si on l'observe dans un cheval, on fera bien de le soumettre à un essai de quelque temps, pour juger de sa vue.

L'œil peut être atteint de plusieurs maladies dépendantes ou non de ses vices de conformation. La plus dangereuse comme la plus commune, dans certains pays surtout, est sans contredit la fluxion périodique. Elle se reconnaît d'abord à son type intermittent, ce qui a fait donner le nom de *lunatiques* aux chevaux qui en sont affectés; puis elle a des caractères secondaires assez tranchés pour ne pas permettre de se tromper sur les signes qui la font distinguer. Si en effet quelques uns de ses symptômes lui sont communs avec d'autres ophtalmies, elle en a qui lui sont particuliers, et qui la font reconnaître facilement. Ainsi, après les phénomènes généraux de l'inflammation, on voit dans la chambre antérieure de l'œil, quand la cornée lucide reprend sa transparence des flocons albumineux jaunâtres, qui ont l'aspect d'une feuille morte. Ces flocons se précipitent vers les parties déclives, et disparaissent peu à peu : l'œil alors reprend à peu près son état normal, jusqu'à l'invasion de nouveaux accès d'autant moins éloignés les uns des autres, qu'ils se sont renouvelés plus souvent. Dans ce cas, l'œil devient plus petit, comme nous l'avons dit, et finit par perdre la propriété de voir.

Les causes de la fluxion périodique sont loin d'être connues. Si l'on voit des pays où elle est commune, il en est d'autres où elle n'est jamais observée. On ne trouve pas de cheval lunatique en Afrique ni en Espagne. Il est rare en Normandie, dans la Camargue, tandis qu'on le rencontre dans chaque ferme sur les bords du Rhin, en Lorraine, en Auvergne, etc. ; et si elle est fréquente dans les lieux où on se trouve, on doit d'autant plus se défier de ses atteintes, et de la conformation des yeux qu'elle attaque de préférence.

On a observé des faits extraordinaires de l'action des climats sur les fluxionnaires. En partant pour l'Espagne, en 1823, le général baron Higonet acheta pour un de ses domestiques une jument auvergnate, qui avait perdu un œil par suite de la maladie dont nous parlons. Après quelque temps de séjour dans la Péninsule, un travail inflammatoire très intense s'opéra vers la tête, et à tel point qu'on croyait que la pauvre bête allait mourir, quand la santé lui revint, avec la vue à l'œil perdu. Le général vendit plus tard à un chirurgien-major cette jument avec de bons yeux et en bon état. Il est probable que, si elle rentra en France, la fluxion périodique dut se représenter. Les fluxionnaires de nos régiments de cavalerie qui entrèrent en Espagne furent généralement soustraits aux atteintes des fluxions des yeux pendant leur séjour dans ce pays ; mais ils en furent repris à leur retour dans les garnisons de France. On nous a assuré que des chevaux qui avaient eu plusieurs accès de fluxion en étaient guéris dans le territoire d'Arles ; ce fait, qui mérite confirmation, offre de l'intérêt dans le cas où des étalons précieux seraient menacés de perdre la vue. S'il est vrai que le climat de ce pays les en préserve, ils pourraient être utilement employés dans la Camargue et dans ses environs, au lieu d'être sacrifiés en pure perte ailleurs, ou réformés.

La fluxion périodique se déclare rarement sur les deux yeux à la fois. Le plus souvent ils en sont atteints l'un après l'autre, ou bien elle se borne à un seul, ce qui fait qu'il y a généralement plus de chevaux borgnes qu'aveugles, dans les lieux où elle sévit. L'âne et le mulet paraissent avoir plus de rusticité dans la vue, ils sont rarement lunatiques. On voit beaucoup de juments aveugles par suite de la fluxion livrées à la mulasse sans inconvénient, quand leurs poulains deviennent fluxionnaires par hérédité ; ce fait est généralement admis.

DE LA CATARACTE.

L'opacité du cristallin constitue la cataracte dans l'homme comme dans le cheval, et la fluxion périodique la détermine presque toujours. Elle entraîne nécessairement la perte de la vue en interceptant le passage de la lumière. Il est facile de se convaincre de son existence par la couleur ordinairement blanc-opalin que l'on remarque à la lentille cristalline. Mais quand elle commence, qu'elle est peu prononcée, il faut examiner l'œil avec beaucoup d'attention pour s'en assurer. Dans ce cas on n'observe souvent que quelques points du cristallin tachés de blanc, au lieu de voir toute la substance altérée. On se défiera toujours de ce symptôme général ou partiel.

Le cristallin cataracté n'a pas toujours la couleur blanchâtre que nous avons signalée ; il est quelquefois jaune ou verdâtre ; souvent aussi, au lieu de conserver sa position normale, il se déplace en avant, bouche l'ouverture de la pupille, et fait saillie dans la chambre antérieure de l'œil jusqu'à la cornée lucide. D'autres fois il paraît avoir diminué de volume, et l'on remarque les plis de la capsule qui le recouvre; l'œil lui-même semble alors atrophié dans le fond de l'orbite, au lieu d'être à fleur de tête, comme on le voit souvent. La coque du globe n'est plus tendue par suite de la diminution des humeurs qu'elle contient. Les paupières sont affaissées, et l'animal a perdu l'expression de sa physionomie.

Nous ne parlons pas de l'opération de la cataracte; dans le cheval elle n'a jamais eu de résultat satisfaisant. La difficulté qu'elle présente d'abord pour être bien faite, et celle de pouvoir prendre les dispositions indispensables à une bonne fin, comme chez l'homme, en sont la principale cause.

DE L'AMAUROSE.

L'amaurose ou goutte sereine est une maladie toute différente de la cataracte. Elle se déclare souvent spontanément, sans cause connue. L'œil n'à rien perdu en apparence de son état naturel, toutes ses parties paraissent saines; cependant l'animal qui en est atteint est aveugle. Cette affection consiste dans la paralysie de la rétine ou du nerf optique : c'est du moins l'opinion reçue. On reconnaît l'amaurose à la dilatation de la pupille: elle est plus grande qu'à l'état normal, parce que l'œil n'est plus sensible à la lumière. L'iris n'exerce plus aucun mouvement de dilatation ou de contraction au passage de l'obscurité à la clarté; il est facile de s'en convaincre en soumettant le cheval qu'on examine à ces deux conditions. Si dans l'un et l'autre cas la pupille conserve son même diamètre, si elle est immobile, il y a cécité.

Cette affection se déclare quelquefois lentement. Elle peut être alors la suite de quelque trouble dans les fonctions du cerveau. Mais, quelle que soit la cause qui l'a déterminée, le cheval n'en est pas moins aveugle et incurable; nous ne connaissons pas de cas de guérison.

Il est facile de se convaincre de l'existence de la goutte sereine, pour peu qu'on y fasse attention, en observant l'action de l'iris dans l'obscurité et à la lumière; mais il ne faut jamais manquer de soumettre le cheval qu'on achète à cette épreuve[1], surtout si on n'a pas une grande habitude de l'examen de l'œil.

TAIES SUR LA CORNÉE LUCIDE.

La vitre de l'œil est souvent le siége de taches blanches plus ou moins grandes, qui prennent le nom de taies. Elles n'ont souvent aucune suite fâcheuse, si elles se bornent à un point éloigné de la pupille ; mais, si elles se trouvent en face de cette ouverture, elles nuisent à la vue, en raison de leur dimension et de la quantité de lumière qu'elles interceptent. Les taies, qu'on nomme aussi albugo, sont quelquefois la conséquence d'une maladie générale de l'œil, et même de la fluxion périodique : alors toute la surface de la cornée a pu perdre sa transparence. Si ces taches viennent à la suite d'un accident, d'une contusion, d'un coup de fouet sur la vitre, elles se bornent ordinairement au point contusionné ; leurs conséquences alors sont moins à craindre. L'accident, une fois passé, ne laisse que sa trace dont il est facile d'apprécier les résultats. Du reste, une taie sur l'œil d'un cheval diminue toujours sa valeur.

Les vices de conformation des yeux, comme les différentes maladies dont ils sont atteints, demandent des études spéciales, une longue pratique et beaucoup d'esprit d'observation, pour être bien appréciés dans leurs différents degrés. L'intégrité et la solidité de la vue sont une des premières conditions de la valeur du cheval. Il n'a plus de prix, quel que soit d'ailleurs celui qu'il a coûté, s'il a de mauvais yeux ou s'il les a perdus. Nous conseillerons donc toujours à ceux qui n'ont pas étudié avec détail cette partie délicate de l'extérieur du cheval de recourir aux hommes instruits qui se sont occupés de ces matières par état. En tout cas, nous allons indiquer, autant que la théorie peut le permettre, les moyens que nous employons pour nous assurer de la bonté des yeux, de leur état de santé ou de maladie.

Après avoir jeté un coup d'œil général sur l'ensemble du cheval, pour juger de son tempérament, de la conformation de sa tête, de la forme de ses yeux, et de toutes leurs parties, il faut s'assurer de son âge; nous en donnerons les motifs plus bas. On place ensuite l'animal qu'on veut examiner dans une écurie, ou sous un hangar peu éclairé. On tourne sa tête vers une porte ou fenêtre qui donne du jour, pour bien voir ses yeux. Ainsi placés en face de la lumière qui les frappe, on s'assure facilement de la limpidité de la vitre comme de celle des humeurs. Si on aperçoit quelque nuage dans l'une des deux chambres de l'œil; si on voit un degré d'opacité partielle ou générale du cristallin, que l'on peut apercevoir facilement derrière la pupille dilatée dans l'ombre, on redouble d'attention; on examine le globe dans toutes les directions, et on finit toujours par constater l'état des parties qu'il contient. Quand la maladie se borne à un œil, on le compare à l'autre, s'il est sain, et ce type de comparaison est d'un grand secours pour porter un jugement. La pupille surtout fournit un excellent moyen pour conclure : elle est toujours plus dilatée, plus grande, à l'œil malade, parce qu'il a besoin d'une plus grande quantité de rayons lumineux; elle est plus petite à l'œil exempt de trouble et d'affection, parce que la limpidité de ses humeurs exige moins de lumière pour bien remplir ses fonctions

Quand on s'est assuré de l'état des humeurs du globe, on étudie les mouvements de l'iris. Les deux pupilles doivent être égales dans le même milieu de lumière. Elles doivent également se dilater et se resserrer en passant d'un endroit sombre dans un lieu éclairé. On ne manquera jamais de faire cette épreuve. On examinera le cheval dans une écurie. On s'assurera de l'état de dilatation des pupilles pour les comparer aux différents degrés de lumière, qu'il sera facile de se procurer en ouvrant et fermant les ouvertures des écuries. On se défiera surtout des murs blanchis, disposés à l'avance par des marchands de chevaux qui y conduisent les animaux à vendre, quand leurs yeux sont suspects : les corps blancs répercutent fortement la lumière, qui agit ainsi avec plus d'énergie pour faire resserrer les pupilles ; si elles sont immobiles, si elles conservent le même état à la lumière et dans un lieu sombre, il y a cécité par amaurose. S'il n'y en a qu'une de fixe, et que l'autre exécute ses mouvements naturels, le cheval est borgne ; sa vue est douteuse si l'action des pupilles n'est pas bien marquée d'un seul ou des deux côtés. Dans ce cas on doit s'aider de tous les signes qui peuvent faciliter les moyens de se convaincre.

Quand nous avons parlé des oreilles, nous avons dit qu'elles peuvent concourir à faire juger de l'état d'intégrité ou d'altération de la vue d'un cheval par le genre de mouvements particuliers qu'elles exécutent. Il est naturel, en effet, à un animal qui ne voit pas clair, de s'aider de tous ses moyens pour subvenir aux besoins auxquels de mauvais yeux ne satisfont pas suffisamment. Chez lui, le sens de l'ouïe vient au secours de celui de la vue. Pour cela les oreilles sont toujours prêtes à saisir les sons qui peuvent accuser l'existence d'un objet non aperçu. Leurs mouvements, leur attitude, caractérisent une permanence d'attention qu'on n'observe jamais dans le cheval dont la vue est dans de bonnes conditions. La physionomie d'un animal indique la confiance quand le sens de la vue remplit bien ses fonctions, tandis qu'elle indique la crainte et la défiance quand il les remplit mal. Le cheval aveugle se sert aussi du sens de l'odorat en même temps que de celui de l'ouïe pour se conduire, et c'est surtout quand il est livré à lui-même, sans être dirigé, qu'on peut s'en convaincre : alors il flaire tout, en allongeant la tête pour se guider, comme nous allongeons les bras, pour le même motif, lorsque nous avons les yeux bandés, ou que nous n'y voyons pas dans l'obscurité.

L'âge doit aussi être pris en considération, surtout dans le cas de prédisposition à la fluxion périodique. On n'observe guère cette affection chez les vieux chevaux. Ils ont perdu la vue alors, et s'ils ont résisté aux influences qui auraient pu les rendre lunatiques, on a généralement peu à craindre qu'ils le deviennent.

Mais dans un pays où l'ophthalmie périodique est commune, on se défiera toujours d'un animal dont les yeux, petits et couverts, offrent les caractères dont nous avons déjà parlé.

En terminant cet article, nous ne croyons pas inutile de rapporter un fait dont nous avons été témoin. Un de nos amis, qui habitait Lyon comme nous, avait besoin d'un bon cheval de voyage ; on lui en indiqua un que des marchands inconnus avaient conduit depuis quelques jours dans une auberge. Nous eûmes rendez-vous pour aller le voir ensemble. Les marchands, qui nous attendaient, avaient eu soin de le promener dans la rue, ce qu'ils avaient l'habitude de faire plusieurs fois dans la journée depuis leur arrivée. C'était un très beau cheval de huit ans, avec de belles allures ; mille francs étaient son prix. Nous allions terminer le marché, quand, plutôt par habitude que par précaution, il nous vint dans l'idée d'examiner ses yeux, si beaux d'ailleurs, que nous aurions cru inutile d'y faire attention. On avait eu le soin de tracasser le cheval à l'avance, et de l'occuper de manière à ce que sa physionomie n'indiquât rien qui pût attirer l'attention sur sa vue. Ses allures avaient été franches, sans hésitation, et on ne se serait certainement pas douté de l'amaurose dont il était atteint. Les pupilles, très dilatées au grand jour, nous firent soupçonner la cécité ; quand nous voulûmes nous en convaincre par un examen en forme, les marchands virent leur ruse découverte, et nous dirent que le cheval n'était plus à vendre.

On devra toujours se défier de la vue d'un cheval mis en vente, surtout par des marchands rouleurs et inconnus. On ne négligera aucun des moyens propres à nous faire découvrir leur mauvaise foi. Ceux dont nous parlons avaient eu la précaution de promener leur cheval plusieurs fois dans la journée, sur le même sol et dans la même direction, pour lui inspirer plus de confiance. Sa marche était plus assurée et indiquait peu la cécité, ce qui ne serait pas arrivé sur une route nouvelle pour lui. Les aveugles, en effet, marchent avec plus de franchise sur un chemin qu'ils ont souvent fait. Pour peu qu'on détourne leur attention par la voix, des appels de langue ou des claquements de fouet, ils dissimulent très bien le mauvais état de leur vue ou sa perte.

Considérations générales sur la tête.

Jusqu'ici nous avons examiné chacune des parties qui composent la tête du cheval. Nous avons parlé des formes, des conditions physiques les plus saillantes qui distinguent chaque organe, suivant les fonctions qu'il est appelé à remplir ; nous avons vu que la structure variée propre à chacun d'eux était indispensable à la spécialité de leur action, à la nature du travail qui leur est départi pour le but commun, qui est la vie. Nous allons nous occuper des inductions physiologiques qu'on peut en tirer, en général, pour l'appréciation du cheval.

La tête est la partie du corps qui offre le plus de ressources au physiologiste, pour juger non seulement du degré de noblesse des individus, mais encore de leur intelligence, de leur énergie et de leur caractère moral. Le cheval n'a-t-il pas sa physionomie? n'a-t-il pas l'expression de ses yeux, celle de sa face, la configuration générale de sa tête, pour nous guider dans l'étude que nous voulons faire de ses facultés morales ou physiques? Chaque animal n'offre-t-il pas au physionomiste un sujet d'exercer son aptitude?

L'ensemble de chaque partie de la tête n'est pas comme celui de chaque partie du corps. Dans celui-ci il peut y avoir des régions d'une conformation parfaite, tandis que d'autres sont dans une très mauvaise condition d'action. On peut voir, par exemple, dans tous les chevaux de sang ou autres, un très beau jarret et une mauvaise hanche, une belle épaule avec une croupe mal disposée; on trouve un beau garrot avec un mauvais rein, une poitrine étroite avec un membre bien articulé, bien établi. On verra enfin le plus souvent des défauts d'harmonie entre toutes les régions du corps. Ce cas est infiniment plus rare dans la tête. Ses différentes parties, dans les chevaux de sang comme dans tous les autres, ont des rapports de confection qui semblent se commander en quelque sorte. Ainsi presque toujours un front large coïncidera avec un bel œil, l'écartement des mâchoires, la dilatation des naseaux; tandis qu'au contraire le crâne rétréci se remarque chez le cheval à l'œil petit et couvert, aux naseaux étroits et peu mobiles, aux ganaches resserrées. La finesse des oreilles douées de la liberté de mouvement que nous leur désirons se rencontrera ordinairement avec les mêmes qualités dans les paupières, avec l'amincissement des lèvres bien dessinées, bien faites. Une tête à muscles bien distincts, bien accentués, à l'œil grand et vif, sera ordinairement carrée, ses naseaux seront bien ouverts, et l'ensemble de ses parties exprimera la vigueur, la force, l'intelligence.

Celle dont les muscles sont noyés au contraire, confondus sous la peau épaisse et poilue, aura l'œil petit et morne, les cavités nasales rétrécies, les lèvres grosses; elle caractérisera la faiblesse et la stupidité par toutes ses parties.

La physiologie nous explique facilement les raisons de ces coïncidences. Des naseaux grands indiquent le développement des organes de la respiration. Le larynx sera donc gros, et la nature aura disposé les os des mâchoires pour pouvoir le loger convenablement; sans cela elle eût été inconséquente avec elle-même. D'un autre côté, le front sera large, parce que la largeur de sa base commande l'écartement des mâchoires qui s'articulent sur ses côtés.

Les chevaux dégradés ont le crâne rétréci, les organes respiratoires peu développés; donc leurs naseaux sont petits, les maxillaires resserrés.

Les chevaux de sang ont généralement de beaux yeux, à paupières fines et très mobiles. On conçoit que leurs oreilles et leurs lèvres soient belles aussi, puisqu'elles caractérisent les races nobles. Le contraire ne se remarque que chez les races dégradées; leur mauvaise conformation est généralement en raison de leur degré d'abâtardissement.

C'est pour le même motif que la tête carrée comportera les beautés que nous lui avons reconnues en décrivant ses parties. Elles caractérisent les races de sang qui ont la vigueur, l'intelligence, les qualités enfin qu'on ne saurait trouver chez le cheval le plus éloigné de son type, dans les espèces abâtardies.

D'après le principe que nous émettons, et qui s'applique à toute la tête, la bonne ou mauvaise conformation d'une partie entraîne naturellement la bonne ou mauvaise disposition d'une autre. La beauté du front ne peut s'associer avec le rétrécissement du chanfrein, celle des naseaux avec le resserrement des maxillaires, l'air intelligent d'un bel œil avec la stupidité indiquée par tout le reste de la face.

On peut en conclure que l'étude physiologique d'une seule région de la tête peut faire porter un jugement presque toujours vrai sur les conditions de toutes les autres. Il est impossible d'appliquer le même principe aux régions du corps qui ne se commandent pas rigoureusement, et qui sont indépendantes les unes des autres.

Sous le point de vue physique, comme sous celui des facultés intellectuelles, la tête du cheval nous offre des comparaisons à établir avec celle de l'homme et des autres animaux.

Le développement de l'intelligence est généralement en raison du rapport qui existe entre le crâne et la face des individus dans les vertébrés, et principalement dans les mammifères qu'on a eu la facilité de mieux étudier. La face, en effet, est la partie de la tête qui contient les organes de mastication et de l'odorat, et ces appareils paraissent être développés en raison de la prédominance des facultés instinctives sur les facultés morales. Ainsi, dans l'homme, la race caucasique, qui est reconnue par l'observation des faits pour être la plus intelligente, a le crâne très développé comparativement aux os de la face. Ses maxillaires sont courts, comme refoulés en arrière, et les incisives se rapprochent en ligne droite, c'est-à-dire en formant des angles droits avec l'horizontale. Chez la race nègre, dont l'intelligence est obtuse et les facultés instinctives si tranchées, les maxillaires s'allongent, tendent à dessiner le museau, et agrandissent la face. Les incisives, obliques, forment, en se rapprochant, une courbe en avant, comme dans les singes. Le front du nègre est déprimé; sa voûte crânienne, formée par le coronal et les pariétaux, est affaissée et comprimée circulairement ou latéralement, ce qui fait paraître sa tête pyramidale en quelque sorte.

On voit des têtes de nègres et de Hottentots dont la conformation a plus de ressemblance avec la tête d'un singe du genre orang qu'avec celle d'un homme de la race caucasique. On peut s'en assurer au cabinet d'anatomie comparée comme par l'examen des sujets vivants. Ce fait incontestable est la conséquence d'une loi de la nature, qui ne procède que par gradation dans la descente de l'échelle des êtres, dont l'homme occupe le sommet. Du point où il est aux rangs inférieurs il n'y a pas de transition brusque, saccadée. Le dernier homme, en s'éloignant graduellement de son type, se rapproche du premier animal qui le suit, et qui descend graduellement aussi vers celui qui est au dessous. Dans l'ordre nombreux et varié des quadrumanes, quelques sujets du genre orang se rapprochent beaucoup de certaines races humaines, par les rapports de leur crâne avec leur face. Ils s'éloignent au contraire brusquement des singes cynocéphales, parce que les mâchoires de ceux-ci sont très allongées, et que leur cerveau est très petit en comparaison. La configuration de la tête des cynocéphales a la plus grande analogie avec celle des carnivores qui les suivent. Aussi quelle différence d'intelligence entrè ces deux variétés de singes! On pourrait peut-être dire qu'elle est dans les mêmes rapports que l'on observe entre l'intelligence d'un homme supérieur de la race caucasique et celle du dernier des nègres ou des Hottentots.

Le principe sur lequel on s'est fondé pour dire que la stupidité ou la férocité des animaux paraissent être en raison du développement des mâchoires, comparé à celui du cerveau, a été appuyé par l'autorité de Cuvier. Il fut sans doute le point de départ de Camper, quand il imagina de mesurer le degré d'intelligence des races, et même des individus, par l'ouverture de leur angle facial. Cet angle, en effet, se ferme d'autant plus, que les animaux s'éloignent davantage du type, qui est l'homme, et se rapprochent de ceux qui occupent les derniers degrés de l'échelle animale. On voit des animaux dont la tête ne semble formée que par deux mâchoires horizontales ; ils paraissent ne pas avoir de crâne : le crocodile nous en fournit un exemple dans les reptiles, et le brochet dans les poissons.

L'intelligence est en raison de l'étendue de la région crânienne comparée à celle de la face, dans les mammifères en général, et dans les races en particulier. Ne trouvons-nous pas dans ce principe les motifs pour lesquels nous estimons la tête courte et carrée du cheval arabe? Il a le front large, le crâne développé, la physionomie intelligente, les yeux grands, vifs et placés bas. Le cheval abâtardi, au contraire, a le front étroit, le crâne rétréci, l'œil petit et haut placé, les maxillaires rapprochés et allongés, ce qui lui fait paraître la tête longue. Et si nous admettons ce principe, que devient la règle établie par Bourgelat? il veut que la tête ait une longueur déterminée par la hauteur du cheval, du sommet du garrot à terre (1).

Nous venons de parler de la position de l'œil. On n'y a pas assez fait attention dans le cheval : nous devons une explication sur ce point.

Dans les mammifères, l'œil se trouve vers la partie du crâne qui est la plus déclive chez les individus dont la position de la tête se rapproche plus ou

(1) Nous reviendrons plus loin sur les erreurs des proportions de Bourgelat, qu'on a regardées comme l'arche sainte de l'extérieur du cheval.

moins de la verticale. Il doit donc paraître placé d'autant plus haut, que la face est plus allongée, et le cerveau plus petit. Ainsi chez les enfants, dont la face est courte, par exemple, parce que les molaires ne sont pas développées tandis que le cerveau et le front le sont beaucoup, les yeux semblent placés au milieu du visage; ils paraissent naturellement être plus bas que chez l'adulte. Dans le nègre, qui a peu de front, les yeux sont plus près du sommet de la tête. Nous pouvons donc dire, en général, que les yeux sont d'autant plus haut, que le cerveau est plus petit et la face plus allongée. Eh bien! dans les animaux, cette différence de la position des yeux influe beaucoup, non seulement sur l'expression de la physionomie, mais sur le jugement que nous pouvons porter sur leur intelligence. Le cheval, le bœuf, etc., qui ont les yeux trop rapprochés de la nuque, ont dans l'expression de leur face quelque chose d'hébété. Les oiseaux qui ont le bec très allongé, et qui paraissent par conséquent avoir les yeux placés très en arrière ou très haut, ont un air de stupidité que n'ont pas les autres. Tels sont l'ibis, la bécasse, la cigogne, etc., comparés aux passereaux, aux gallinacés, etc. Ce que nous disons ici semblera peut-être hors de notre sujet, mais nous avions besoin de le signaler pour appuyer nos opinions, qui ne seront peut-être pas contestées pour le cheval.

Du reste, la conformation générale de la tête, qui dépend spécialement de la forme et de la structure des qui en forment la charpente, varie suivant les races et chez les individus de même race. Le type de sa beauté, comme de celle de toutes ses régions, se trouve dans le cheval oriental, et surtout l'arabe : chez lui elle est carrée, comme nous l'avons dit, c'est-à-dire qu'elle affecte en quelque sorte la forme d'un prisme quadrilatère, vers ses parties supérieures surtout. Toutes les régions de ces sortes de têtes sont généralement d'une bonne conformation. Le front alors est large, et sur une ligne droite avec le chanfrein, bien développé ; les ganaches sont écartées et fortes ; les naseaux bien ouverts, les yeux grands ; les muscles sont bien accentués sous une peau fine, et tous ces caractères enfin indiquent la noblesse, la force, la vigueur, l'énergie.

La tête est appelée busquée, moutonnée, quand sa face antérieure est courbée en avant. Elle est alors ordinairement allongée, aplatie d'un côté à l'autre. Cette tête caractérise quelques races du nord à naseaux étroits, à poitrine resserrée, aux membres grêles et longs, aux muscles flasques, à la physionomie stupide, etc. On tend à combattre cet abâtardissement, par les croisements avec les chevaux de sang.

La tête camuse offre une légère courbe opposée à celle de la tête busquée ; elle n'a pas le même inconvénient. Quelques chevaux bretons et même arabes nous fournissent des exemples de cette conformation. Elle n'a rien de contraire aux bonnes conditions exigées par la science.

On a trouvé des têtes trop longues, trop courtes, trop grosses, trop grasses ou trop maigres, ou desséchées; d'où sont venues les singulières dénominations de tête de vieille, décharnée, sèche, etc., etc. Ces définitions ne rendent pas l'idée que nous devons nous faire sur telle ou telle disposition de la tête, et nous ne les adopterons pas. Une tête est bien ou mal conformée, suivant les lois de l'anatomie et de la physiologie. Elle sera estimée si elle est conforme aux principes qu'elles ont posés, dédaignée dans le cas contraire. Or, qu'une tête soit courte ou longue, grosse ou mince, etc., ses qualités ne dépendent pas rigoureusement de ces conditions. Il s'agit de savoir si chacune de ses parties est dans de bons rapports d'action. Partant de cette base qui nous paraît la plus naturelle comme la plus conforme à la raison, il doit en résulter qu'il y a des têtes longues sans cependant cesser d'être dans de bonnes proportions de conformation, cela dépend des rapports du crâne avec la face; d'autres paraissent courtes, et peuvent être défectueuses par les mêmes motifs. Nous en dirons autant des têtes dont la charpente est plus ou moins développée, ainsi que les muscles, le tissu cellulaire ou la peau qui les recouvre. Ceci rentre dans la question des races, ou dans le domaine du goût, de la mode ou du caprice. Nous n'avons pas à nous occuper de ce dernier cas; nous l'abandonnons au choix des amateurs. Nous renvoyons donc le lecteur qui veut faire une étude détaillée de la tête et fixer ses idées, aux descriptions que nous avons faites de ses diverses parties. Nous le prenons volontiers pour juge des principes que nous avons adoptés. Ils nous ont dirigé, en fait de beautés et de défectuosités, dans l'appréciation de l'intéressante partie du corps qui nous occupe.

Quant aux têtes grosses ou longues, que l'on dit être lourdes à la main du cavalier, parce qu'elles pèsent trop, nous n'y croyons pas. La nature a donné à l'encolure assez de puissance pour supporter leur poids sans le soutien d'une bride. Il y a là une autre cause qui tient au dressage, à un vice de conformation de l'avant-main, ou à l'espèce du cheval. La preuve, c'est que vous chargeriez vainement une tête légère à la main d'un ou deux kilogrammes, elle n'en serait pas plus lourde pour le cavalier; cellequi pèse, au contraire, pèsera toujours, surchargée ou non.

La position de la tête du cheval varie quand il est monté. Bourgelat veut qu'elle soit verticale; les barres alors, sont mieux disposées pour l'action du mors. Mais cette attitude est peu favorable aux allures rapides que nous demandons aujourd'hui. L'angle formé par la direction de la tête verticale, avec la trachée-artère, offre un obstacle à la colonne d'air qui se rend aux poumons. Il y a là, une sorte de choc qui est contraire à la facilité de la respiration. Cet inconvénient est d'autant plus grand, que la tête se rapproche plus de l'encolure, que le cheval s'encapuchonne davantage. Une semblable disposition de tête ne sera jamais observée chez un animal de grande vitesse, ou pendant de grandes allures. Il y a pour cela plusieurs raisons. La première est celle dont nous venons de parler; la seconde est que l'encolure, se trouvant rouée dans ce cas et portée en haut, fait refluer le centre de gravité en arrière. Les chevaux qui sont conformés de manière à avoir la tête ainsi placée, s'enlèvent au galop, et perdent inutilement à soulever le corps, la force qu'ils devraient employer à le porter en avant. Tels sont, par exemple, les chevaux espagnols et tous ceux qui sont construits comme eux. Ceux au contraire qui portent au vent, suivant l'expression reçue, forment pour ainsi dire une ligne droite avec leur encolure, portée horizontalement, et leur tête tendue. Le canal aérien alors est sans courbure trop marquée, et la colonne d'air y circule sans choc, sans obstacle. D'autre part, le centre de gravité est déplacé en avant, et l'arrière-main, ainsi soulagée, chasse énergiquement le corps horizontalement.

Les animaux aux allures lentes ont la tête verticale, même quand ils veulent courir : tels sont le bœuf, l'éléphant, l'âne, etc.; ceux de grande vitesse l'ont horizontale, surtout pendant la course : tels sont le cheval, le cerf, le lévrier, etc.

On est généralement convenu que la direction qui tient la moyenne entre l'horizontale et la verticale, c'est-à-dire qui forme un angle de 45 degrés avec l'horizon, est la plus favorable à la position de la tête du cheval de selle. Cette opinion nous paraît d'autant plus rationnelle, que les chevaux disposent ainsi leur tête naturellement, quand ils ne sont pas forcés de faire autrement. Ce terme moyen permet assez de facilité de respiration pour les allures ordinaires, et le mors peut agir et produire convenablement l'effet désiré.

La position de la tête placée à l'extrémité de l'encolure, est d'une grande importance pour l'art de l'équitation; elle joue un puissant rôle dans les mouvements qu'on veut faire exécuter au cheval. On conçoit, en effet, que, portée en avant ou en arrière, de gauche à droite ou de bas en haut, elle modifie beaucoup le foyer du centre de gravité, qui doit rayonner, changer de siége, suivant la direction du déplacement de ce long balancier. Pour en être convaincu, on n'a qu'à observer avec attention un cheval en liberté, quand il joue et qu'il se livre à des mouvements variés : la tête et l'encolure sont toujours les premières à les accuser; pour peu qu'on ait d'esprit d'observation et d'habitude, on peut prévoir l'action du corps par celle de la tête et de l'encolure qui la précède toujours. Nous reviendrons sur ce sujet en parlant de l'encolure.

D'après ce que nous avons dit sur la tête en général, et sur chacune de ses parties en particulier, on peut juger de l'importance de son étude : elle fournit seule les caractères qui peuvent guider sur l'appréciation des qualités morales du cheval; c'est sur elle que nous trouvons les principaux signes de noblesse ou de dégénérescence. Son expression, le développement ou les dispositions de certaines de ses parties, nous donnent presque la mesure de l'énergie des animaux; celle de la puissance de leurs poumons, de leur système musculaire, de leur tempérament, jusqu'aux moyens de juger de leur valeur commerciale par l'indication de l'âge. Nous l'étudierons plus tard. La tête enfin offre à elle seule plus de moyens d'appréciation du cheval, au naturaliste, que toutes les autres parties de son corps réunies.

De l'encolure.

Pour nous, l'encolure du cheval n'est pas seulement le cou, qui sert à supporter la tête chez tous les animaux, mais encore un puissant balancier qui concourt à l'exécution de tous les mouvements. Suivant qu'elle se déplace, l'encolure allége telle partie du corps pour charger telle autre, d'où résulte plus de facilité pour l'action, de quelque nature qu'elle soit. Aussi, la direction que donne le cheval à ce balancier pour changer son centre de gravité, est-elle différente, suivant qu'il veut ruer ou se cabrer, se porter à droite ou à gauche, se coucher ou se lever, au galop de course ou de manége.

Si le cheval avait l'encolure fixe et inflexible, comme quand il est atteint du tétanos, par exemple, s'il ne pouvait pas s'en servir pour modifier le centre de gravité de son corps, il perdrait au moins les dix-neuf vingtièmes de ses moyens d'action.

Quand on observe un cheval monté par un écuyer habile, qui l'a bien dressé à tous les airs de manége, on peut voir, aux mouvements de la tête et de l'encolure, de quelle importance est ce long balancier. Son déplacement précède toujours le mouvement commandé; c'est à le provoquer d'abord que l'écuyer s'attache quand, au moyen de la bride, il communique sa volonté au cheval, qui la comprend toujours, s'il est bien dressé et bien conduit. C'est là, suivant nous, le véritable usage des rênes et du mors de la bride : ils ne doivent être que des instruments de communication de la pensée de l'homme au cheval.

C'est sur cette théorie qu'est basée la méthode dite d'*assouplissement de l'encolure*, tour à tour prônée et contestée. Ce n'est pas ici le lieu de la blâmer ou de la défendre; nous nous bornerons donc à dire que l'écuyer qui s'occupe d'abord, par une sorte de gymnastique de l'encolure, de la préparer à exécuter avec facilité les mouvements qu'en en exigera, opère suivant les principes de la raison. Pour faire un bon danseur, on commence par lui dresser les jambes; un artiste exerce ses doigts pour jouer d'un instrument, comme il exerce son larynx pour bien chanter. Il est donc naturel et raisonnable de ne pas négliger de dresser l'encolure d'un cheval, puisqu'elle joue un rôle si important dans l'usage qu'on en fait. C'est principalement pour le cheval de guerre que cette méthode nous paraît d'une haute importance ; dans une mêlée surtout, le cheval et l'homme ne doivent faire qu'un dans tous les mouvements exigés pour se défendre. Sans cela, que devient le cavalier ?

Nous avons dit comment nous envisageons l'encolure chez le cheval ; voyons maintenant quelles sont les conditions qui la rendent le plus apte à remplir le but proposé, quels sont les véritables caractètes de sa beauté.

L'encolure dans le cheval, comme dans tous les mammifères, a pour base ses vertèbres, les muscles qui la font mouvoir en tous sens, et le ligament cervical qui la soutient, en prenant son point fixe au garrot. Elle a un bord supérieur et l'autre inférieur, deux faces latérales, une extrémité antérieure et une postérieure.

C'est sur le bord supérieur que se trouve la crinière, dont les crins sont d'autant plus fins et rares que le cheval est de race plus noble. Chez les chevaux d'Orient, ces crins sont très longs et lourds à la main. Quand le cheval animé agite vivement sa tête, la crinière qui l'ombrage, et qu'on ne saurait mieux comparer qu'à la chevelure d'une femme, lui donne un air de distinction et d'énergie qu'on ne voit jamais dans les races communes.

Le bord supérieur de l'encolure, qui a le ligament cervical pour base, doit être aminci ; s'il est épais et renversé d'un côté, comme cela s'observe quelquefois, il le doit à la présence d'un tissu graisseux inutile, qui ne fait que charger l'encolure de son poids et la fatiguer en pure perte.

On s'assurera que cette région de l'encolure est exempte de crevasses ou de maladies cutanées. Chez quelques vieux chevaux entiers, elles sont assez difficiles à faire disparaître.

Le bord inférieur est arrondi d'un côté à l'autre; il a presque pour base la trachée-artère, canal qui conduit l'air aux poumons. Les chevaux à vaste poitrine, à naseaux grands, ont ce bord de l'encolure large, parce que chez eux la trachée-artère est grosse et en harmonie avec les organes de la respiration. Les chevaux à côtes plates, au contraire, à naseaux étroits, ont la trachée mince; par conséquent la région qu'elle occupe est rétrécie.

On conçoit, d'après ce qui précède, que la largeur du bord inférieur de l'encolure est sa beauté pour nous.

Lorsque les voies aériennes sont obstruées vers la tête, et que l'animal est menacé d'être asphyxié, on pratique dans le milieu de cette région de l'encolure une ouverture qu'on nomme trachéotomie. On s'assurera que les conséquences de l'affection qui l'a nécessitée n'ont rien de sérieux. Lorsque la cicatrisation de la trachée-artère s'est opérée dans de bonnes conditions pour la respiration, l'opération a été bien faite ; on doit être sans crainte.

Les faces latérales de l'encolure nous offrent peu de chose à dire quant à leur beauté. On examinera s'il n'y a pas des traces d'anciens sétons, et si la jugulaire logée dans la gouttière qui se trouve en arrière et sur chacun des côtés de la trachée-artère n'est point oblitérée, ce qui arrive quelquefois. Il est facile de s'en convaincre en faisant fluctuer le sang dans ce large vaisseau par une pression saccadée, comme pour pratiquer une saignée. La jugulaire alors, remplie par le sang, est apparente ; ce qui n'a pas lieu quand il ne circule pas dans son intérieur.

L'oblitération de l'une des jugulaires, que nous avons eu occasion d'observer quelquefois, est toujours grave, surtout quand on doit se servir d'un cheval aux vives allures ; elle peut causer une congestion cérébrale et une apoplexie. Lorsque la circulation est très activée, une seule jugulaire ne saurait suffire pour le transport du sang de la tête au cœur. Cette oblitération est la conséquence de quelque maladie de la veine à la suite d'une saignée ou de toute autre blessure, d'un trombus, etc.

L'extrémité antérieure de l'encolure s'unit à la tête. Cette attache doit être bien distincte, c'est-à-dire que la tête et l'encolure ne doivent pas se souder de manière à ne pas bien reconnaître le point de leur réunion. La gouttière qu'on remarque en arrière de la glande parotide, située sous l'oreille, doit être bien marquée, ce que l'on voit chez les chevaux de sang qui ont la tête carrée, les ganaches fortes et bien écartées. Cette ligne de démarcation entre la tête et l'encolure est souvent peu tranchée dans les races communes, quelquefois même elle n'existe pas du tout : il en résulte que ces deux parties du corps semblent se confondre l'une avec l'autre. Les têtes ainsi attachées sont dites plaquées ; expression reçue, quoique insignifiante.

Cette disposition d'attache de la tête n'a pas de grands inconvénients par elle-même ; mais elle est ordinairement le caractère d'une race commune, à poitrine étroite : les ganaches alors sont peu écartées, et par conséquent les organes de la respiration peu développés. Une tête carrée dont les mâchoires sont bien disposées, bien accentuées, n'est jamais plaquée. Ce fait est toujours la conséquence du principe d'harmonie que nous avons reconnu généralement dans toutes les parties de la tête, et qui n'existe point ailleurs.

L'extrémité postérieure de l'encolure se termine au garrot à sa partie supérieure, aux épaules sur ses côtés, et au poitrail inférieurement. Elle doit s'ajuster à ces diverses parties de manière à ce qu'il n'y ait pas de transition brusque et désagréable à l'œil. La ligne de démarcation qui doit faire distinguer sa naissance doit être presque insensible. Du reste, il n'y a pas de raison physiologique qui le commande ; ce n'est qu'une question de goût, d'harmonie de fusion que l'on aime dans l'étude des diverses parties des corps animés que l'on étudie, quand des motifs bien fondés ne s'y opposent pas.

Quelle est maintenant la plus belle encolure suivant le principe que nous avons adopté ? Ce doit être nécessairement celle qui remplit le mieux son rôle de balancier. Mais la puissance de cet instrument sera en raison du poids du corps sur lequel il est appelé à agir ; il devra modifier son centre de gravité dans de bonnes conditions, pour les déplacements, les mouvements nécessités. Dans ce cas, qui pour nous est le seul conforme à la raison, nous nous trouvons bien embarrassé pour déterminer les proportions de la longueur ou de la grosseur de l'encolure. Bourgelat a arrêté comme règle, que la longueur de l'encolure doit être graduée sur la longueur de la tête ; mais c'est une erreur matérielle que le raisonnement ne peut admettre.

Nous voyons tous les jours des chevaux de même poids avoir, l'un la tête très longue, et l'autre très courte ; il en résulterait que ces deux chevaux, d'ailleurs destinés au même usage, pourraient être, d'après le créateur des écoles vétérinaires, dans de bonnes proportions d'encolure. Ce principe doit être erroné, puisqu'en bonnes lois mécaniques, la longueur d'un balancier est toujours subordonnée à la quantité du contrepoids qui en nécessite l'action. Nous dira-t-on qu'on peut retrouver le type de longueur de l'encolure dans la hauteur du cheval du garrot au sol ? Mais nous répondrons que le poids du cheval n'est pas toujours en raison de sa taille ; et comme la longueur du balancier doit essentiellement être en harmonie avec le poids du corps sur lequel il agit, la hauteur du cheval, pas plus que sa tête, ne peuvent nous fournir de base métrique pour déterminer la longueur du levier que nous étudions.

La longueur de l'encolure devra être en harmonie avec le reste du corps. L'œil exercé et le raisonnement peuvent seuls la déterminer ; nous ne connaissons aucune partie de l'animal qui puisse nous servir de base pour régler les dimensions de telle ou telle région du corps. Nous ne trouvons la vérité que dans l'étude des lois mécaniques qui gouvernent l'action, partielle ou générale, de toute la machine animale.

Nous n'avons jamais vu d'encolure trop longue, et s'il en existe, nous n'y trouvons pas grand inconvénient, si d'ailleurs elle est bien musclée, et que le garrot soit bien sorti. Plus tard nous dirons pourquoi. Une encolure allongée, en effet, quand elle est bien portée, n'a rien de disgracieux. Nous lui trouvons le double avantage de la souplesse, et d'une grande puissance comme balancier.

Les encolures courtes, au contraire, sont raides, parce que leurs vertèbres sont plus courtes et les muscles plus développés en général, ce qui les fait paraître ordinairement plus grosses et moins flexibles. Ces encolures ont le double inconvénient d'avoir des mouvements moins étendus, et d'offrir moins de secours au cheval pour ses déplacements, parce que ce balancier est trop court.

On trouve que les chevaux de selle qui ont l'encolure courte et grosse sont moins maniables, qu'ils ont moins de moyens au manége; rien n'est plus vrai : notre théorie en donne la raison incontestable ; c'est une question de mécanique facile à comprendre.

Mais l'encolure courte ne peut avoir d'inconvénient que pour le cheval de selle, auquel on demande beaucoup de souplesse, de facilité de mouvement et de déplacement en tous sens, surtout dans l'armée et au manége. Pour le cheval de trait, dont les qualités ne résident que dans beaucoup de force de traction et de résistance, une encolure épaisse et courte a peu d'inconvénient.

Le cheval d'attelage de luxe ne doit pas avoir l'encolure courte : il n'aurait pas l'élégance, le gracieux qu'on exige de son avant-main sous les harnais; le port de sa tête ne serait pas digne de tout le reste de l'équipage, et du but proposé.

L'encolure varie de direction : elle est quelquefois droite du garrot à la nuque ; souvent elle décrit une courbe plus ou moins marquée, ce qui lui fait donner le nom d'encolure rouée. Les chevaux andalous l'ont presque tous ainsi disposée, de même que quelques chevaux barbes ; les chevaux de course anglais l'ont droite, comme presque toutes les races de sang et de vitesse.

Au lieu d'être droite ou rouée, l'encolure offre quelquefois une dépression en avant du garrot : on l'a appelée *coup de hache*. L'encolure du cheval dans ce cas se rapproche un peu de la configuration de celle du cerf ; on dit alors qu'elle est *renversée*. Cette dénomination des auteurs est due sans doute à ce que cette encolure paraît rouée en dessous au lieu de l'être en dessus. Dans tout cas, l'encolure de cerf ne se remarque le plus souvent que chez des chevaux de sang et de vitesse, comme l'encolure droite.

On voit quelquefois des encolures renversées à leur base se rouer à leur partie supérieure. On les nomme encolures de cygne, parce qu'on a trouvé de l'analogie entre ses contours et ceux du cou de cet oiseau.

Les chevaux qui ont ce genre d'encolure, se font souvent remarquer par leur énergie. Il est facile de l'expliquer. Ils ont tous de la noblesse de sang, et sont ordinairement d'origine orientale plus ou moins éloignée. Nous n'avons jamais vu de cheval abâtardi, dégradé, avec l'encolure de cygne, qui à nos yeux est un caractère de distinction de race.

Nous ne voyons dans la partie du corps que nous étudions qu'un levier, qu'un balancier au moyen duquel le cheval exécute avec plus de facilité les mouvements qu'on lui commande. Nous dirons donc que la direction droite est celle qui lui convient le mieux, comme à tous les leviers possibles. Toute déviation dans un balancier est plus ou moins nuisible, parce qu'elle décompose son action directe. L'encolure devra être bien musclée, exempte de tissu graisseux, qui ne fait qu'en augmenter le poids sans rien ajouter aux bonnes conditions de son action. Si les muscles sont bien disposés, elle formera une sorte de pyramide tronquée, qui aura pour base le garrot, les épaules et le poitrail, et se terminera à la tête. Celle-ci formera en quelque sorte l'extrémité renflée du balancier: elle sera alors portée avec élégance et facilité, parce que les muscles formant la puissance qui agit à la base du levier seront dans de bons rapports d'action avec le poids de son extrémité, si d'ailleurs la disposition du garrot n'y porte obstacle. Cette partie du corps en effet exerce sur le port de l'encolure et de la tête une grande influence, comme nous le verrons.

Du garrot.

Le garrot, qui a pour base les apophyses épineuses des premières vertèbres dorsales, est borné par l'encolure en avant, et par le dos en arrière. Cette région du corps du cheval est une des plus importantes à étudier, tant sous le rapport de l'usage qui lui est spécial, que sous celui de l'influence qu'elle exerce sur le port de l'encolure et de la tête. Jetons un coup d'œil sur ce dernier point de vue.

Les muscles servent peu à supporter l'encolure; seuls, ils n'y suffiraient pas. Leur but est surtout de lui faire opérer ses divers mouvements. C'est le ligament cervical qui est principalement chargé du soutien de l'encolure et de la tête (1). Il est facile d'en

(1) On nous objectera peut-être que le ligament cervical

faire l'épreuve sur le cadavre. Nous avons disposé un cheval mort de manière à être placé sur le ventre, le garrot en haut. Nous lui avons enlevé tous les muscles de l'encolure en laissant le ligament cervical intact. Cet organe a suffi seul pour soutenir la charpente de la tête et de l'encolure à peu près dans son état normal. Sur un autre sujet, placé de la même manière, nous avons coupé le ligament cervical sans

---

n'a pas assez de puissance de rétractilité pour suffire, sans le secours des muscles, aux fonctions que nous lui assignons; et la preuve, c'est que dans le cadavre la tête et l'encolure s'affaissent. Nous répondrons qu'en effet le ligament ne saurait soutenir le poids de la masse musculaire morte, ajouté à celui de la charpente osseuse; mais pendant la vie, la masse musculaire se supporte au moins elle-même par sa contraction. Nous ne nions pas d'ailleurs l'action des muscles quand l'animal veut s'en servir pour lever la tête; mais cela ne détruit pas notre principe, que seuls ils ne suffiraient pas, et que le rôle spécial du soutien de la tête appartient au ligament cervical. Le cheval, qui dort debout, porte sa tête à peu près horizontale; la contraction musculaire doit être bien faible alors. Dans l'homme, qui a le cou si court en comparaison, mais qui n'a qu'un rudiment de ligament cervical, la tête n'est point soutenue; les muscles la laissent incliner suivant le sens de sa pesanteur pendant le sommeil, quoiqu'elle soit placée verticalement sur le sommet de la colonne vertébrale, dont la direction est verticale, ce qui en facilite le port sans ligament spécial.

toucher aux muscles : alors la tête, privée de ce soutien spécial, a perdu sa position naturelle, ainsi que l'encolure. Nous avons vu, il y a long-temps déjà, une jument de bât qui avait subi au garrot une grave opération, une partie du ligament cervical avait été détruite : depuis cette époque, elle porta toujours la tête très basse, il fut impossible de la lui faire relever comme avant l'opération.

Ce principe démontré et adopté, voyons comment le garrot peut concourir à la facilité et à l'élégance du port de l'encolure et de la tête, et les rendre légères à la main du cavalier.

Lorsqu'un muscle ou une corde tendineuse soutient et déplace une tige, une colonne qui lui est parallèle, on voit que ce parallélisme tend à être modifié par des poulies de renvoi ou des éminences osseuses. Ces moyens, dont la nature se sert, sont généralement dans des conditions d'autant plus avantageuses que les races sont plus distinguées ; de là la hauteur du garrot, les formes anguleuses, l'écartement des tendons des espèces de sang. La nature tend donc à écarter les puissances agissant sur les résistances qui leur sont parallèles, pour les rapprocher de la ligne qui est perpendiculaire au point où elles s'insèrent. Or nous savons, comme la dynamique nous l'apprend, que la perpendiculaire est, dans ces cas, la plus favorable à l'action.

D'après cette loi, voyons ce qui se passe :

Le ligament cervical, considéré comme puissance

de soutien, agira avec d'autant plus d'avantage sur la tige formée par les vertèbres de l'encolure, qu'il s'y insérera de manière à se rapprocher le plus de la ligne perpendiculaire, et s'éloignera davantage de la parallèle de cette tige articulée. Eh bien! examinez la direction de l'encolure de bas en haut et d'arrière en avant; puis élevez sur elle par la pensée, et sur tel point que vous voudrez, une perpendiculaire; tirez une seconde ligne de ce même point au sommet du garrot, et vous verrez que celle-ci se rapprochera d'autant plus de celle-là que le garrot sera plus élevé, que les apophyses osseuses qui en forment la base seront plus longues. Le contraire aura lieu si le garrot est bas.

Un garrot élevé concourt donc à la facilité du support de la tête et de l'encolure, et à l'élégance de leur attitude.

Mais ce n'est pas là l'unique avantage de la hauteur de la région qui nous occupe.

On sait qu'un levier est d'autant plus énergique que le bras qu'il offre à la puissance est plus long. Or, chaque apophyse épineuse des vertèbres qui concourent à former le garrot est un bras de levier sur lequel agissent des puissances (les ilio-spinaux) qui ont leur point fixe à la croupe, soit pour le cabrer, le saut ou le galop. Aussi, les chevaux qui ont le garrot très proéminent exécutent-ils ces divers mouvements avec plus de facilité et moins d'effort. C'est à cause de cette heureuse disposition que le cheval de sang est un des animaux qui galopent avec le plus d'élégance et de légèreté. Voyez le galop de l'âne ou du mulet, qui ont le garrot plus bas. Examinez cette allure chez le porc, qui n'a pas trace de cette région. Cela s'explique d'après le principe de mécanique que nous avons signalé, joint à la disposition de la colonne vertébrale. Nous n'avons jamais vu d'âne, et surtout de porc, se cabrer et marcher avec ses seuls membres postérieurs comme le cheval. Le bœuf ne nous en fournit pas d'exemple non plus.

D'un autre côté, la hauteur du garrot concourt à la facilité des mouvements de l'épaule, par les muscles qui s'y fixent (cervico et dorso-acromien et dorso-sous-scapulaire). On conçoit en effet que la longueur de ces puissances doit être en raison de celle des apophyses épineuses des vertèbres, et avoir par conséquent une plus grande étendue de contraction et de relâchement.

On a dit que le garrot devait être élevé, sec et tranchant, au lieu d'être charnu et arrondi. Nous n'avons jamais vu de garrot élevé, charnu ni arrondi. Cette particularité ne peut s'observer que dans les garrots bas; en voici la raison. Que les apophyses épineuses du dos soient longues ou courtes, elles n'en servent pas moins d'origine ou d'insertion à la même quantité de muscles ou de ligaments; or, plus ces apophyses sont courtes, et plus les muscles ou ligaments qui y aboutissent ou en partent sont groupés, amoncelés en quelque sorte, ce qui détermine la grosseur, la forme arrondie du garrot. Un autre fait digne de remarque, c'est que les chevaux communs, qui sont d'ordinaire ceux qui ont le garrot bas, ont précisément les muscles et les ligaments plus gros : cette particularité est due à une moins grande densité de texture de leurs fibres, à une plus grande quantité de tissu cellulaire interfibrillaire. On sait que tous les tissus des races communes sont infiniment moins denses que ceux des races nobles, et que leurs éminences osseuses sont moins accentuées. C'est à ces deux raisons que l'on doit attribuer chez elles la grosseur et l'affaissement du garrot mal conformé.

Ces deux conditions réunies expliquent les causes du garrot sec, tranchant et élevé, du cheval de sang, comme celles du garrot bas et charnu du cheval commun, et les motifs des beautés de l'un et des défectuosités de l'autre.

Outre la condition d'être bien tranchée, la hauteur du garrot doit se prolonger en diminuant insensiblement jusque vers le milieu du dos, au lieu de cesser brusquement, comme cela s'observe quelquefois. On en comprendra les motifs par la théorie des leviers, à laquelle nous avons déjà eu recours pour légitimer nos principes. On conçoit en effet que plus la longueur des apophyses des premières vertèbres dorsales se continue en arrière dans chacune d'elles, plus les bras de leviers offerts aux puissances sont allongés et leur sont favorables. Cet avantage disparaît quand ils se raccourcissent brusquement pour prendre le niveau des apophyses épineuses des dernières vertèbres dorsales ou des premières lombaires. Il est donc nécessaire que, du point le plus culminant du garrot jusqu'au milieu du dos, l'inclinaison soit bien graduée suivant une ligne à peu près droite ou peu incurvée.

On a avancé qu'un garrot élevé concourait à maintenir la selle dans sa position naturelle. C'est vrai pour tous les chevaux qui ne sont pas bas du devant ; mais chez ceux qui offrent cette dernière disposition, peu favorable au cheval de manége et de cavalerie, il n'en est pas de même : la selle, qui se trouve sur un plan incliné par la trop grande élévation relative de l'arrière-main, tend sans cesse à se porter en avant sous le poids du cavalier, quelle que soit d'ailleurs la hauteur du garrot. Cette particularité existe surtout chez les chevaux de course ; on la remarque ordinairement dans les chevaux anglais. Chez eux, elle favorise la vitesse par la longueur des membres postérieurs, qui, comme chez le lièvre, se portent fortement en avant, et outrepassent d'autant plus la piste des membres antérieurs, qu'ils sont plus longs. Dans ce cas, ils embrassent une plus grande quantité de terrain, ce qui leur donne un grand avantage pour un tour d'hippodrome, sans pour cela leur donner plus d'énergie.

On s'est souvent bien abusé, en fait de vigueur, sur les conséquences d'une vitesse de quatre ou cinq minutes! Que de célébrités, que de vainqueurs auraient été battus par des vaincus, si, au lieu d'un ou deux tours d'hippodrome, on en avait fait quinze ou vingt, et par de mauvais chemins!

Les courses de fond sont les seules qui puissent servir de base pour bien juger de la véritable valeur d'un coursier; les autres ne sont qu'un jeu de hasard, où la bonne foi est loin d'avoir toujours gain de cause, quels que soient ses droits. La victoire de l'hippodrome, telle qu'elle est comprise aujourd'hui, dépend plus souvent de la loyauté des entraîneurs et des jockeys que de la valeur réelle du cheval et de sa supériorité sur ses concurrents.

La hauteur du garrot, qui dépend de l'allongement d'éminences osseuses, comme nous l'avons dit, se remarque le plus souvent chez les chevaux à formes anguleuses et fortement accusées. Cette disposition de la charpente osseuse des animaux est toujours favorable aux puissances musculaires; les chevaux de race noble ainsi conformés ont beaucoup de moyens et des allures très étendues, ce que l'on ne voit pas chez les individus à formes potelées et arrondies. Ce fait est la conséquence essentielle du principe de dynamique que nous avons invoqué pour prouver les avantages de la hauteur du garrot. Il est applicable à toutes les éminences osseuses qui servent de point d'attache à des muscles ou à des ligaments.

La beauté du garrot, qui est généralement un indice de noblesse et de distinction, semble ainsi commander l'existence d'autres qualités. Cette région du corps a, sous ce rapport, quelque analogie avec la tête ; comme elle, en effet, le garrot peut, par l'étude de sa conformation, guider l'homme qui possède bien la science du cheval dans l'appréciation de son degré de noblesse, comme dans celle de sa valeur. Il est rare qu'un beau garrot ne soit pas accompagné d'une belle épaule, d'une poitrine profonde, de la finesse des crins et des poils, d'un bon pied, de tous les caractères enfin qui font distinguer les races de sang; un garrot bas, charnu et arrondi, coexiste avec les formes lourdes et empâtées des races dégénérées. Les exceptions sont bien rares.

Les maladies du garrot, qui sont le plus souvent la conséquence de blessures faites par la selle ou des contusions, sont toujours plus ou moins sérieuses. L'importance du jeu de cette région, et la nature des tissus qui en forment la base, nous expliquent toute la gravité des conséquences d'un mal de garrot profond. On attachera donc à l'examen de cette partie du corps tout l'intérêt qu'elle mérite, tant sous le rapport de son intégrité que sous celui de sa conformation.

Du dos.

En extérieur, le dos n'a pas de borne bien tranchée ; en avant, il commence où finit le garrot. Mais ce point n'est pas caractérisé ; il peut varier même, suivant que la hauteur du garrot se continue et se prolonge en arrière. Il se termine où commence le rein, et où finissent les côtes.

Pour ceux qui ont étudié l'anatomie, il nous est facile de déterminer d'une manière absolue la base du dos. Puisqu'on a admis que les six premières vertèbres dorsales sont la base du garrot, et que le rein est formé par les six vertèbres lombaires, il en résulte nécessairement que les douze vertèbres qui précèdent ces dernières servent de base au dos. De l'encolure au sacrum on compte vingt-quatre vertèbres : le garrot et les reins ont donc chacun six vertèbres pour base, et le dos douze. C'est sur cette région du corps que la selle est placée, c'est elle qui supporte le cavalier; elle doit donc réunir les conditions de résistance que commandent ses fonctions. Pour être bien conformé, le dos doit être droit, court, large et bien musclé.

C'est au moyen de la colonne vertébro-dorsale, composée, comme nous l'avons dit, de vingt-quatre pièces articulées ensemble, et par des muscles qui agissent sur cette tige flexible, que l'action des puissances de l'arrière-main se transmet à l'avant-main pour la progression. Si cette tige est droite, elle sera dans les meilleures conditions possibles pour remplir le but de transmission d'action; si, au contraire, elle est déviée, il y aura décomposition de force, trouble dans le résultat de sa puissance. Les chevaux qui ont le dos creux, c'est-à-dire qui sont ensellés, ne sont donc pas dans de bonnes conditions mécaniques.

Une tige appuyée horizontalement sur deux points d'appui à ses extrémités, et chargée d'un poids donné, est d'autant plus flexible et plus faible qu'elle est plus longue. Le dos du cheval n'est pas autre chose qu'une tige dans ces conditions. Les colonnes angulaires formées par les membres antérieurs et postérieurs forment les points d'appui indirects, en avant et en arrière de la tige vertébro-dorsale, et sa faiblesse sera en raison de sa longueur.

Le dos devra donc être droit et court pour être fort et dans de bonnes conditions d'action; s'il est long, il sera flexible. Cette qualité est souvent recherchée par ceux qui ne demandent au cheval ni résistance ni force, et ne veulent que la souplesse, la douceur des réactions pour la promenade.

Au lieu d'être fléchi dans le sens de la pesanteur de sa charge, le dos est quelquefois voûté, c'est-à-dire qu'il est courbé en haut au lieu de l'être en bas. Cette conformation se remarque chez l'âne et le mulet, d'où vient le nom de *dos de mulet.* Cette disposition, vicieuse suivant notre théorie de transmission d'action de l'arrière-main, est une qualité pour les bêtes de somme: par sa disposition en voûte il offre plus de résistance. Si le mulet ne peut lutter de vitesse avec le cheval, il est plus fort que lui pour transporter des fardeaux; aussi est-il très utilement employé à cet usage, surtout dans les chemins difficiles.

Le dos large indique une bonne disposition musculaire de cette région, et de plus une poitrine vaste par la direction et la courbure des côtes; nous en parlerons plus tard.

Les qualités que nous venons d'examiner ne sont pas les seules qui concourent à un bon soutien de la ligne du dos. Il y a là, comme nous l'avons dit dans les *Généralités*, une disposition particulière à laquelle nous trouvons de l'analogie avec le système de suspension employé pour le soutien des ponts suspendus. En effet, le garrot, plus élevé que le milieu du dos, sert de point fixe à une des grandes digitations des muscles grands ilio-spinaux situés de chaque côté de toute la colonne vertébro-dorsale; l'autre point fixe est au bord qui s'étend d'un angle à l'autre des iliums; ils anticipent même un peu sur les fosses iliales, ce qui sert à consolider leur insertion. On conçoit dès lors que ces longs muscles, ayant des points fixes au garrot et au coxal, points plus élevés que le centre de la colonnne vértébrale, surtout pour les chevaux ensellés, soutiennent le dos par leur tension, qui a toujours lieu pendant que le cheval est en action. Singulière coïncidence! cette disposition est d'autant plus efficace que le dos est plus ensellé, et que par conséquent il en a plus besoin parce qu'il est plus faible; elle n'est d'aucune utilité quand le dos est voûté comme celui du mulet ou de l'âne, et que son milieu est plus élevé que le point d'insertion musculaire dont nous avons parlé, elle n'existe même pas alors. Le dos voûté, comme nous l'avons dit, est plus fort par sa disposition en voûte, et n'a pas besoin d'agent accessoire pour être soutenu.

Le milieu de la ligne du dos est quelquefois noyé dans les muscles qui font saillie sur les côtés; d'autres fois elle est saillante, ce qui rend le dos tranchant. Les races de sang offrent cette dernière disposition, parce qu'elles ont les apophyses épineuses des vertèbres plus longues. Le cheval qui a le garrot élevé et les formes anguleuses a toujours le dos plus ou moins tranchant, suivant son état d'embonpoint. Les races communes, à garrot bas et à formes arrondies, n'offrent pas les mêmes caractères.

Le dos devra donc être droit. Il sera alors dans les meilleures conditions pour transmettre au corps et à l'avant-main l'action des puissances musculaires de l'arrière-main. Il sera court, large et bien musclé, pour avoir plus de force, et soutenir plus facilement le poids dont il est chargé.

Tels sont les véritables caractères de beauté de cette région. Des considérations exceptionnelles seules pourront faire rechercher de préférence d'autres conditions. La souplesse, par exemple, la douceur des réactions, exige un dos allongé pour le cheval de promenade; pour les bêtes de somme, on desire un dos de mulet; l'expérience a démontré que le dos voûté est plus résistant à la charge; s'il est long et un peu ensellé, il est plus faible, mais plus flexible, et par conséquent moins dur pour le cavalier.

Du rein et des flancs.

Nous décrirons le rein et les flancs en même temps, parce que la beauté du premier commande celle des seconds, *et vice versa*.

Les conditions de bonne conformation du rein du cheval sont absolument les mêmes que celles de la beauté de son dos. Il est facile de l'expliquer.

Nous avons dit que l'action des puissances de l'arrière-main se transmettait au corps et à l'avant-main par les muscles qui agissent sur la tige vertébro-dorsale. Nous avons démontré aussi que ce résultat était d'autant plus satisfaisant que cette colonne était plus droite et dans les meilleures conditions de force : conséquence de sa brièveté et du développement des apophyses osseuses qu'on y remarque. Suivant notre théorie, le rein, pour être bien conformé, devra donc être droit, court et large : s'il est droit, l'action des muscles de la croupe sera plus directe ; s'il est court et large, il sera plus fort pour supporter le poids dont il peut être chargé.

Les six vertèbres qui forment la charpente des reins diffèrent de celles du dos. Au lieu de recevoir les côtes, comme ces dernières, elles ont, sur les côtés, des prolongements dont la longueur détermine la largeur du rein : on les nomme *apophyses transverses*.

Le rein commence où finit le dos ; il se termine à

la croupe, avec laquelle il s'unit au moyen de la forte articulation de sa dernière vertèbre avec le sacrum et les coxaux. La fusion de ces deux régions du corps doit être inapercevable à l'œil; elles seront confondues ensemble de manière à paraître n'en former qu'une seule, et c'est ce que l'on remarque toujours quand le rein est court, large et bien musclé; s'il est long, étroit et maigre, on aperçoit une sorte de ligne de démarcation où finit l'un et où commence l'autre : la croupe paraît un peu plus élevée que le rein, ce qui indique que celui-ci est mal attaché. Presque tous les reins longs, étroits et faibles, offrent cette particularité.

Nous avons remarqué ce vice de conformation chez presque tous les chevaux d'un détachement de remonte du dépôt d'Agen. Nous serions étonné s'ils rendaient à l'armée de bons services en campagne.

Le rein long, étroit, flexible, et par conséquent faible, est sujet à la maladie qu'on nomme vulgairement *tour de bateau* ou *effort de rein.* Elle est, en effet, la conséquence d'un effort qui réagit sur les ligaments articulaires de cette région, et y cause une douleur plus ou moins aiguë, toujours lente à disparaître, alors même qu'elle est combattue avec succès. La démarche de l'animal est pénible; sa croupe se berce d'un côté à l'autre; à chaque pas elle *flageolle;* le rein est faible, douloureux, et l'animal est toujours impropre à un bon service, il ne peut ni traîner un fardeau ni le porter. On se défiera donc de tout cheval dont la croupe se bercera, soit au pas ou au trot, et de celui qui a des traces du feu employé comme moyen curatif sur le rein. Nous n'avons jamais vu de cheval bien guéri de l'affection dont nous parlons ; il en résulte toujours une prédisposition qui détermine des rechutes à la moindre occasion. Un cheval dans ce cas est sans valeur ; une jument peut être employée sans inconvénient à la reproduction, si d'ailleurs elle réunit les conditions de bonne poulinière.

La sensibilité et la souplesse du rein, dont il ne faut pas négliger de s'assurer en le pinçant, servent quelquefois à indiquer l'état de santé ou de maladie du cheval. Un rein inflexible peut caractérissr un état de maladie plus ou moins grave, une ankylose partielle ou complète des os de cette partie. Dans l'un comme dans l'autre cas, on fera bien de prendre conseil d'un homme instruit en médecine, pour statuer.

Nous bornons ici ce que nous avions à dire sur les conditions de beauté ou de défectuosité du rein ; comme elles sont à peu près les mêmes que celles du dos, dont il partage les fonctions, nous y renvoyons le lecteur.

Les flancs sont situés à chaque côté du rein, en arrière des côtes et en avant des hanches ; ils ont pour base un muscle qui, partant de l'angle externe de la croupe, se prolonge sous le ventre, et concourt ainsi à former le suspensoir général qui supporte la masse intestinale. Une de ses qualités principales est d'être court. Il ne remplit pas mieux ses fonctions avec cette condition, comme nous l'avons vu pour le dos et le rein, mais il indique une des plus importantes raisons de beauté de ce dernier. Généralement les flancs courts réunissent les autres qualités qu'on exige d'eux. D'un autre côté, ils concourent à caractériser une forte poitrine, comme nous le verrons.

Les flancs doivent être uniformément cylindrés de haut en bas, sans irrégularité, ni enfoncement ni bosselure. Le flanc est dit creux quand, à sa partie supérieure, il est concave comme celui d'une vache à jeun. Presque toujours, dans ce cas, le cheval a le ventre volumineux, il a *le ventre de vache* (expression reçue). Ce vice de conformation indique nécessairement que le flanc est cordé, c'est-à-dire que la corde du muscle dont nous avons parlé, et qui lui sert de base, semble tiraillée ; sa tension alors détermine, sous la peau, cette proéminence que l'on voit s'étendre de l'angle de la croupe au bas de la dernière côte. Si le flanc cordé n'est pas une conséquence de l'état de sa conformation naturelle, il peut être celle de quelque ancienne maladie du cheval. Presque tous les chevaux qui ont long-temps souffert offrent cette mauvaise disposition du flanc, ils sont *efflanqués*. Mais il ne faut pas confondre un flanc naturellement cordé, avec un autre qui l'est par suite d'un état maladif : dans le premier, que l'on observe chez les races communes, l'animal a d'ailleurs l'apparence d'une bonne santé ; dans le deuxième, au contraire, il est ordinairement amaigri ; son poil est sec et terne, sa peau manque de souplesse, son état général indique le résultat d'une longue maladie, de travaux excessifs, de privations, de toutes les misères enfin. C'est surtout à Paris, et principalement aux voitures qu'on nomme *coucous*, qu'on observe ces pauvres animaux.

Les flancs sont dits retroussés ou levrettés quand ils se rapprochent de la conformation de ceux du lévrier; presque toujours ils sont cordés. Souvent ce vice de structure est naturel chez des chevaux qui se nourrissent mal, qui ne digèrent pas bien leurs aliments. Il peuvent avoir beaucoup d'ardeur, mais ils n'ont pas de fond ; ils ne soutiennent pas long-temps l'action dont ils font preuve au début du travail, et qui n'est *qu'un feu de paille.*

Sauf les cas de maladie ou de souffrance, il est rare que les vices de conformation dont nous venons de parler s'observent chez les chevaux à flancs courts. Ils coexistent presque toujours, au contraire, avec les flancs longs, ce qui indique le plus souvent la faiblesse et une constitution délicate.

Nous avons dit plus haut que la bonne conformation des flancs concourt à caractériser une forte poitrine. La physiologie et l'anatomie nous l'expliquent. Le développement des poumons est en raison de la capacité de la poitrine, représentée par la dimension et l'étendue des côtes ; il en résulte que, plus celles-ci se prolongent en arrière et gagnent de l'espace sur les flancs, plus elles tendent à étendre la capacité de la cage pectorale. D'un autre côté, plus elles sont arrondies en forme de cylindre, plus elles offrent d'espace aux poumons; c'est le contraire quand elles sont aplaties, ce qui caractérise une poitrine serrée d'un côté à l'autre. Eh bien! les côtes plates en général s'étendent peu en arrière, et coexistent, par conséquent, avec des flancs et un rein longs, ce qui indique la faiblesse de l'animal. Presque toujours, au contraire, les côtes bien cylindrées, se prolongeant fortement en arrière, se remarquent avec des flancs et un rein courts, indices de force et de vigueur. Nous n'avons jamais vu des côtes plates avec des flancs courts et d'une bonne conformation; et non seulement l'observation journalière nous le prouve, mais encore l'étude anatomique des parties nous le démontre évidemment. Un flanc est court en raison du peu de distance de la dernière côte à l'angle externe de l'ilium; or, la dernière côte tend d'autant plus à s'éloigner de ce point, toutes choses égales d'ailleurs, qu'elle s'affaisse davantage, et que, par conséquent, elle est plus aplatie. Le contraire a lieu quand elle a une bonne direction, et qu'elle s'élève à la hauteur des apophyses transverses des vertèbres lombaires; elle se courbe ensuite régulièrement, et concourt à former le beau cylindre de la partie postérieure de la poitrine : alors les flancs suivent la même direction, et sont dans les conditions de beauté exigées.

On voit encore ici que souvent les beautés d'une région commandent celles d'une autre, et que leurs conséquences sont rigoureusement liées les unes aux autres. Nous voyons une forte poitrine exister avec un flanc court et un rein ayant nécessairement la même qualité, trois conditions de force et de vigueur. Un poitrine étroite et faible, au contraire, accompagne des flancs longs, cordés, mal conformés, et un rein long, trois conditions de faiblesse.

Avec un peu d'esprit d'observation et beaucoup de réflexion et d'étude, on trouverait cette coïncidence dans presque tout le règne animal. On peut pour ainsi dire considérer les exceptions comme des anomalies. Les bonnes conditions d'une partie commandent, ou plutôt entraînent les bonnes dispositions de l'autre. Sans cela la nature n'aurait pas été conséquente avec elle-même. Le squelette du lion, depuis sa tête jusqu'à ses ongles, est partout une expression de force et de puissance musculaire ; celui du mouton offrira à l'observateur un contraste frappant ; l'aigle, comparé à la cigogne, nous fournira les mêmes preuves. Tout se lie dans la nature ; on n'a qu'à l'étudier dans ses détails, on n'a qu'à méditer sur leurs combinaisons, pour découvrir le nœud auquel tout se rattache pour la fin commune.

Si l'étude des flancs nous a conduits à découvrir les qualités de la poitrine à l'état normal, elle offre des ressources bien autrement importantes pour s'assurer de l'intégrité ou des maladies des organes essentiels contenus dans cette cavité. Ce n'est pas sans vérité qu'on a dit *que les flancs sont le miroir de la poitrine.* La régularité de leur mouvement est un signe de santé, le défaut contraire est un caractère de maladie ou de trouble plus ou moins grave dans l'acte de la respiration, quelle que soit la cause qui le provoque ; mais ce n'est point ici le lieu de traiter cette question, qui est du ressort de la pathologie, et non de l'extérieur que nous étudions. Du reste, l'appréciation des mouvements des flancs ne peut se faire que par suite de l'observation pratique des maladies qui les altèrent, et qui varient de manière à exiger beaucoup d'attention et d'esprit d'observation. Ce ne sera jamais dans les livres seulement que l'on pourra donner une juste idée des ressources que les flancs offrent au médecin pour le diriger dans son diagnostic ; il ne pourra jamais le baser, quoi qu'il fasse, sans l'étude soutenue des faits.

Des côtes et de la poitrine.

Les côtes forment la cage qui contient et protége tous les organes renfermés dans la cavité de la poitrine. Leur étude est d'un grand intérêt. Ce sont elles qui nous donnent la mesure de la capacité des poumons, premier foyer de force et de santé. Les bonnes conditions et l'intégrité de la poitrine du cheval sont les éléments les plus essentiels de sa valeur. Tous les ressorts de la machine animale leur sont subordonnés : ils fonctionnent toujours mal, quelles que soient d'ailleurs leurs perfections, quand le foyer manque de puissance. Ce foyer est la véritable chaudière de la locomotive, qui laisse languir tout l'appareil locomoteur s'il *brûle* mal, si la *combustion* ne se fait pas suivant les lois de la force exigée.

Les côtes du cheval, étudiées individuellement, varient de forme : elles varient donc, par conséquent, d'usage. Ici, nous sommes obligé d'entrer dans le domaine de l'ostéologie et de l'anatomie comparée, pour développer notre idée, et l'appuyer sur l'étude de la mécanique.

L'homme, dont la station verticale n'exige pas l'appui des membres thoraciques sur le sol pour la progression, a toutes ses côtes plus ou moins contournées, depuis la première jusqu'à la dernière. Chez lui, elles n'ont pas d'autre fonction que de concourir à la respiration par leurs mouvements, et de protéger les organes qu'elles renferment par leur disposition. Chez le cheval, comme chez tous les mammifères qui se servent de leurs quatre membres pour la progression, au contraire, les premières côtes surtout ont une troisième fonction : celle de servir de colonne de support, comme nous l'avons vu dans les généralités. En effet, prenant leur point d'appui sur le sternum, soutenu lui-même par des muscles qui lui servent de véritables suspensoirs, les côtes supportent tout le poids de la colonne vertébrale. Aussi, les deux premières côtes, uniquement réservées à l'usage dont nous parlons, sont-elles presque droites, courtes et très fortes; leur mouvement est pour ainsi dire nul; leur tête n'est pas séparée du corps de l'os par un col plus ou moins allongé, comme on l'observe dans les dernières côtes; tout, en un mot, indique les fonctions de colonne de support dans les deux os qui nous occupent.

Les deux côtes qui suivent commencent à s'éloigner de ce type; elles tendent à se courber, et leur mode d'articulation annonce plus d'étendue de mouvement. Ces caractères sont plus tranchés dans les troisièmes côtes, plus encore dans les quatrièmes, etc. C'est ainsi que graduellement, jusqu'aux dernières, le type de colonne de support s'efface complétement, pour être remplacé par celui des côtes de l'homme, qui, depuis la première jusqu'à la dernière, ne servent que d'instruments de protection et de respiration.

Ces détails, que nous avons développés avec plus d'étendue dans la généralité, nous étaient indispensables pour parler des poumons, et combattre des erreurs accréditées sur la conformation et les qualités d'une bonne poitrine.

Le développement des poumons est en raison de celui de la cavité formée par les côtes. Examinons à quels caractères nous en reconnaîtrons les bonnes conditions.

Si, comme nous venons de le dire, les premières côtes sont droites chez le cheval, elles doivent laisser, et laissent en effet entre elles, peu d'intervalle : elles ne sont guère séparées l'une de l'autre que de six à huit centimètres environ. Elles forment l'extrémité aplatie du cône qu'affecte la cage pectorale. Aussi, cette partie de la poitrine offre-t-elle peu d'espace aux poumons : elle ne loge que leurs lobes antérieurs, très peu développés, comme on le sait, et la partie du tube qui conduit l'air aux poumons. Le développement en largeur de cette partie du thorax est, à très peu de chose près, le même dans tous les chevaux d'une même taille ; on n'y trouve de différence bien marquée que dans la hauteur, ce qui dépend du plus ou moins de longueur des premières côtes. Que devient donc alors l'idée généralement reçue qu'un large poitrail indique une large poitrine ? Rien n'est pourtant plus erroné ! Disséquez deux chevaux, l'un à large poitrail, l'autre à poitrail étroit : vous ne trouverez pas plus d'écartement dans les premières côtes de l'un que de l'autre, ou la différence sera bien peu sensible. Cette largeur de poitrail, que beaucoup de prétendus connaisseurs prennent pour mesure de capacité de la poitrine, n'est due qu'au développement des muscles pectoraux ; elle n'a rien de commun avec celui des poumons.

Le même principe nous servira à combattre une autre erreur. On croit vulgairement que la hauteur de la poitrine indique le développement des poumons. On se trompe : la hauteur de la poitrine, comme on l'entend, n'est due qu'à la longueur des premières côtes, et à la hauteur du garrot. Or, ces deux conditions peuvent exister avec un thorax très peu développé. Les premières côtes, dont les mouvements de dilatation sont d'ailleurs très bornés, ne renferment que les lobes antérieurs des poumons, qui ne sont qu'un petit fragment de ces organes : ce n'est donc pas à la largeur du poitrail, pas plus qu'à la longueur des premières côtes, qu'on peut juger de la capacité des poumons.

Le corps des poumons, la masse pulmonaire, est dans les lobes postérieurs, logés dans l'espace formé par les côtes postérieures, en arrière des épaules, en avant des flancs. C'est là que se trouve la base du cône formé par la poitrine, comme aussi celle des poumons ; et c'est surtout du développement de cette région que dépend celui de ces viscères importants. Or, la capacité de cette région dépend de la courbure des côtes : plus elles sont courbes, arrondies, plus l'espace intercostal est grand, plus, par conséquent, la poitrine est développée ; plus, au contraire, elles sont droites, aplaties, moins les côtes de droite sont écartées de celles de gauche, plus la poitrine est serrée et étroite.

On voit donc que la largeur du poitrail, pas plus que la hauteur de la partie antérieure de la poitrine, n'ont rien de commun avec la véritable capacité du thorax. Les poumons, au contraire, peuvent être très développés sans ces conditions.

On peut donc voir un poitrail large et une poitrine

haute avec de petits poumons; une vaste poitrine, au contraire, avec le peu de hauteur de sa région antérieure, et un poitrail étroit.

Cependant, si nous n'attachons aucune importance à la disposition du poitrail pour l'étude du thorax, il n'en est pas de même pour ce qui regarde la hauteur de la partie antérieure de cette région du corps, bien que la capacité de la poitrine en soit à la rigueur indépendante. Si les premières côtes sont longues, celles qui les suivent auront en général le même caractère; et si alors, au lieu d'être droites, elles se courbent postérieurement de manière à bien former le cylindre, la poitrine réunira les plus belles conditions de beauté qu'on puisse exiger : hauteur et largeur, qualités qu'on ne trouve guère réunies que dans les races de choix de sang noble.

Nous pouvons conclure, d'après ce qui précède, que, si les côtes sont aplaties, serrées en arrière des épaules, la poitrine sera étroite, les poumons seront peu développés. Un cheval dans ce cas ne sera jamais capable de faire un bon service; il ne sera jamais un cheval de fond, quels que soient son sang et sa conformation : il manquera par le foyer, par le principe qui préside à toutes les fonctions de sa vie; il ne sera, d'un autre côté, qu'un mauvais reproducteur, malgré la noblesse de son origine.

Pour qu'une poitrine soit bien conformée et forte, il faudra donc qu'elle soit arrondie et qu'elle se prolonge en arrière de manière à empiéter le plus possible sur les flancs. Si cette heureuse disposition de la cavité pectorale s'allie à sa hauteur dépendante de la longueur des côtes, elle ne laissera rien à désirer à l'observateur.

Du ventre.

Le ventre fait suite aux flancs et à la poitrine; il commence où finissent ces régions. Il a pour base les muscles dont l'admirable disposition forme le suspensoir qui contient et supporte la masse intestinale. Le cheval, quoique herbivore comme les ruminants, diffère cependant de ces animaux par la disposition de son système dentaire et celle de son estomac. D'après l'étude de ces organes et celle de leurs fonctions, on voit qu'il est destiné à consommer des végétaux très riches en principes nutritifs, avec le moins de volume possible. S'il est essentiellement herbivore dans les contrées qui lui fournissent une herbe fine et très substantielle, on voit qu'il doit être nécessairement granivore dans les pays ou les végétaux sont aqueux, grossiers et peu nutritifs. Aussi, si dans les régions qui ont le plus d'analogie avec sa patrie originaire on peut l'élever sans grain avec quelque avantage, cela devient impossible dans les pays froids et humides; sous cette dernière condition il faut de l'avoine, et il n'est bon qu'à ce prix. Sans cet aliment, tout bon cheval devient une rosse, quelle que soit d'ailleurs la noblesse de son origine.

Partant de ce principe, il nous sera facile de juger de la bonne ou mauvaise conformation du ventre.

En effet, si, par l'étude de son appareil digestif et celle des faits, il nous est démontré que le cheval est organisé pour se nourrir de végétaux très nutritifs sous le plus petit volume possible, la raison nous oblige à conclure qu'il ne doit pas avoir le ventre volumineux, comme le bœuf, par exemple. Quand on examine ce dernier dans tous les détails de son organisation, on voit qu'il peut se nourrir de toutes sortes de végétaux fins ou grossiers, sans dégénérer. La nature l'a pourvu d'instruments perfectionnés, propres à porphyriser en quelque sorte tous les aliments de quelque genre qu'ils soient, et à en extraire ce qu'ils ont d'assimilable. Nourrissez un bœuf et un cheval avec les mêmes végétaux; comparez ensuite leurs excréments, et vous verrez la différence du travail qui a eu lieu. Si vous êtes chimiste, analysez ces matières, et vous serez convaincu que le ruminant trouverait encore de la nourriture dans les déjections du cheval, s'il était possible de les lui faire consommer (1).

---

(1) Ne trouverions-nous pas là des raisons pour lesquelles les éleveurs de cent endroits divers trouvent que le bœuf leur paie mieux la nourriture que le cheval, et préfèrent l'élevage de l'espèce bovine? Par l'heureuse organisation de ses appareils de digestion, elle peut, en effet, non seulement con-

Pour être dans de bonnes conditions de conformation, le ventre du cheval ne sera donc point volumineux comme celui du bœuf. Les races communes, élevées dans des pâturages où les végétaux sont grossiers et peu nutritifs relativement au volume, ont un ventre gros et lourd; ce qui indique ou une mauvaise origine, ou un mauvais mode d'élevage. « Le » ventre de vache, dit avec raison M. Lecoq dans son » excellent *Traité de l'extérieur du cheval*, indique » un cheval mou, grand mangeur, et peu propre » aux allures rapides à cause de sa masse et de son » peu d'haleine. En effet, les côtes, s'élevant à chaque mouvement respiratoire, doivent soulever la » masse intestinale qu'elles supportent par leurs extrémités, et le mouvement d'élévation devient » d'autant plus pénible à exécuter, que le ventre » plus développé oppose une grande résistance. »

Rien n'est plus judicieux que cette observation du professeur de Lyon; rien n'est plus juste que ce qu'il dit à ce sujet sur l'entraînement qui a pour but non seulement le développement de la puissance musculaire des individus, mais la diminution de tout poids inutile. Un entraînement raisonné doit développer le plus possible le système locomoteur d'une organisation

---

sommer les végétaux les plus grossiers, mais s'assimiler les plus minimes parcelles de leurs éléments nutritifs, faculté que le cheval est loin d'avoir à un si haut degré.

donnée, et diminuer le poids de tout ce qui tend à la surcharger. Aussi les chevaux en condition de course ont-ils le ventre levretté, sans parler des autres caractères qui leurs sont particuliers, et que nous ne décrirons pas ici.

Mais si, d'après les raisons que nous avons données, le ventre du cheval ne doit pas être volumineux, il ne doit pas non plus être déprimé, *levretté :* il pourrait caractériser souvent un sujet qui se nourrit mal, ou qui souffre de quelque vieille maladie. Du reste, nous renvoyons le lecteur à ce que nous avons dit à ce sujet en parlant des flancs retroussés.

Il faut donc chercher pour les proportions du ventre une moyenne qui se traduit en pratique par la forme cylindrique qu'il doit présenter avec les côtes et les flancs. Sans avoir une base de mesure absolue, l'expérience paraît avoir démontré que le cheval dont la région postérieure de la poitrine et le ventre offrent la forme d'un cylindre est celui qui réunit les meilleures conditions de bonté. C'est un fait acquis à l'esprit d'observation, et qui n'est point contesté.

La région du ventre est le siége de maladies plus ou moins graves ; elles résultent souvent de la déchirure de la peau ou des muscles abdominaux : telles sont les éventrations, les hernies, etc. Ces maladies étant du ressort de la chirurgie ou de la médecine, nous ne les signalons ici que pour mémoire. On consultera les hommes ou les ouvrages spéciaux pour des détails que ne comporte pas notre publication.

Du poitrail.

Le poitrail, borné supérieurement par l'encolure, et latéralement par la pointe des épaules et les bras, a pour base la partie antérieure du sternum, et les muscles qui en partent pour se rendre aux bras et aux épaules. C'est donc au développement de ces muscles ou à leur amaigrissement qu'on doit attribuer la largeur ou le rétrécissement de cette partie du corps. Elle n'a rien de commun avec la capacité des poumons, comme nous l'avons démontré en traitant de la poitrine. Les chevaux de gros trait, pourvus de grosses masses musculaires, ont le poitrail large; ceux qui sont chétifs et amaigris, au contraire, ont cette région étroite. Ces sortes de chevaux à muscles grêles et émaciés sont généralement faibles, sans fonds et sans énergie. On a pu en conclure qu'un poitrail étroit indiquait une faiblesse de la poitrine, ce qui est erroné.

Il est impossible de déterminer d'une manière absolue quelles doivent être les dimensions du poitrail; elles sont toujours en raison de l'état du système musculaire des sujets. Dans tous les cas, cette région devra être bien musclée; sa largeur sera subordonnée à la nature des individus et à leur taille.

L'œil du praticien ne s'y trompera pas. Le poitrail est de toutes les parties du corps une des moins difficiles à juger, même pour le vulgaire : aussi bornons-nous à ces quelques lignes ce que nous avons à dire sur sa conformation.

Ars et inter-ars, et passage des sangles.

L'ars et l'inter-ars, que nous confondons ensemble pour plus de simplicité, est la partie qui s'étend d'un bras à l'autre en arrière du poitrail; c'est dans cet espace, situé entre les deux membres antérieurs, que l'on place des sétons ou des cautères pour combattre certaines maladies. Cette partie du corps n'offre rien de remarquable à signaler.

Le passage des sangles qui se remarque en arrière des inter-ars nous présente plus d'intérêt. Ses parties latérales devront être arrondies, bien cylindrées en arrière des coudes, au lieu d'être aplaties ou déprimées, comme on le voit assez souvent. Cette dernière conformation indiquerait l'aplatissement des côtes ou leur retrait, ce qui prouverait un rétrécissement de la poitrine à cette région. Ce vice de conformation du passage des sangles se remarque assez ordinairement avec les côtes plates et les poumons délicats; on y trouve souvent des traces de vésicatoires ou de sétons, par suite de maladies de poitrine.

Des parties génitales du mâle.

Elles se composent des testicules, du fourreau et de la verge.

Les premiers descendent dans les bourses qui les contiennent, de six mois à un an. Ils devront être libres de toute adhérence, égaux entre eux, et exempts d'engorgements ou de tuméfaction partielle ou générale. On trouve des chevaux qui n'ont qu'un testicule dans ses enveloppes; le second peut n'être pas descendu par suite de trop de rétrécissement de l'anneau inguinal, ce qui n'empêche pas les sujets de se reproduire. Dans ce cas, la castration devient impossible. Un cheval qui conserve un testicule dans l'abdomen sera toujours entier. Il paraît même qu'on a remarqué des chevaux dont les testicules ne sont jamais descendus ; nous n'avons pas eu occasion d'observer ce fait.

Les bourses doivent être souples, minces, et sans adhérences aux testicules. Des tuméfactions dans cette région peuvent être la conséquence de sarcocèles ou d'hydrocèles. Ces affections, plus ou moins graves, nécessitent toujours les soins de la médecine ou de la chirurgie.

Le fourreau enveloppe et protége la verge. Cet organe doit entrer et sortir librement pour uriner. Le rétrécissement de cette gaîne, qui ne s'observe que chez les chevaux hongres, peut avoir des inconvénients plus ou moins graves. Ce cas est assez rare.

La verge des étalons devra être lisse, unie, exempte de verrues plus ou moins volumineuses.

Les mamelles de la jument se trouvent dans la région des organes génitaux du mâle; elles n'offrent rien de grave à examiner. Elles ne sont apercevables que chez les poulinières ; on n'y fait aucune attention pour les juments qui n'ont jamais produit.

Des membres.

Les membres du cheval sont exclusivement destinés à la progression et au support du tronc ; ils servent aussi quelquefois d'instruments de défense. Ce sont des colonnes formées de leviers différents, articulés les uns aux autres à angles plus ou moins ouverts, suivant les besoins. Cette disposition facilite admirablement la progression et la vitesse.

Si les membres sont formés de leviers, il est facile de concevoir que leur beauté doit dépendre des bonnes conditions mécaniques de ces instruments, comme de la disposition et de la force des puissances qui les font mouvoir. Nous consulterons donc les lois de mécanique et de dynamique pour bien nous rendre compte des beautés de ces parties du corps.

Nous avons eu occasion de dire que le cheval était le seul animal qui fût employé comme moteur : sa valeur dépend, par conséquent, de la bonne confection des rouages de sa machine. Parmi ces rouages, nous n'hésiterons pas à mettre les membres au premier rang, parce que c'est par eux seuls que s'exerce la locomotion ; c'est par eux que la locomotive se déplace et peut bien fonctionner. On comprend donc de quelle importance doit être pour nous leur étude. Nous commencerons par celle de l'épaule.

De l'épaule.

Cette partie des membres est une des plus intéressantes à étudier par le rôle qu'elle joue dans la rapidité des allures. Sa position, ses dimensions et son jeu ont la plus grande influence sur la vitesse, condition si justement appréciée aujourd'hui.

Les épaules, qui ont pour base les os plats qu'on nomme *scapulum*, sont placées obliquement sur les côtés de la région antérieure de la poitrine; elles y sont fixées par de forts muscles qui leur permettent les mouvements nécessaires pour la progression. C'est par elles que les membres antérieurs sont attachés au tronc. Elles contribuent donc puissamment à la liberté d'action et à l'étendue de déplacement de ces colonnes, par les bonnes conditions de leur conformation et de leur direction.

La beauté de l'épaule exige deux conditions indispensables : la longueur et l'obliquité. La longueur nous donnera naturellement la mesure de l'étendue de ses muscles, qui agissent sur le bras, soit pour l'étendre, soit pour le fléchir. Or, comme la quantité d'extension ou de rétraction d'un muscle se traduit par celle de sa longueur, on conçoit que le jeu du bras sur l'épaule sera d'autant plus grand, que les muscles qui le font mouvoir, et l'épaule elle-même, seront plus longs. Donc l'angle formé par l'épaule et le bras se fermera et s'ouvrira davantage, condition *sine qua non* de grande liberté du membre antérieur.

Mais la bonne direction de l'épaule ajoute singulièrement à l'heureuse condition que nous venons de signaler. En effet, si l'épaule est oblique, si sa pointe est dirigée en avant, on comprend que l'angle qu'elle forme avec le bras a plus de facilité pour s'ouvrir largement. Le membre a donc plus de latitude pour s'étendre dans la direction de l'épaule, et embrasse plus de terrain. Voyez les animaux de grande vitesse, le lévrier, le lièvre, le cheval de course : leurs membres antérieurs, pendant l'action, touchent presque à leur encolure horizontale. Cet avantage, si favorable à la vitesse, est en raison de l'obliquité de l'épaule ; la nature de son articulation avec le bras ne pourrait le permettre, si elle était droite : les bornes de son action en avant s'y opposeraient. Nous pouvons donc tirer cette conséquence que, plus une épaule s'approche de l'horizontale, plus elle permet au membre de se porter en avant ; plus, au contraire, elle se rapproche de la verticale, plus le jeu du membre est borné, raccourci.

Du reste, si la théorie explique mathématiquement ce que nous venons de dire, l'esprit d'observation le confirme : on peut s'en convaincre tous les jours.

L'épaule longue et oblique réunira donc les conditions de beauté exigées ; l'épaule courte et droite sera défectueuse pour le cheval de vitesse.

Cependant cette beauté ne convient pas à tous les services; elle peut devenir inutile, sinon nuisible, au cheval de gros trait, auquel on ne demande que de la force sans vitesse. En effet, la plus belle épaule, dans ce dernier cas, doit être celle qui offre la plus grande surface possible à l'appui du collier. Or, plus l'épaule sera oblique, plus sa pointe sera portée en avant, moins sa surface d'appui au collier sera grande. Cet appui se fera surtout sur l'articulation anguleuse de l'épaule et du bras, ce qui est un grand défaut, avec la méthode vicieuse de placer le crochet d'attelage vers le niveau de cette partie : non seulement alors le cheval peut être blessé, mais la douleur qu'il éprouve nécessairement par cette pression, sur un point aussi sensible, lui empêche de faire usage de toute sa force.

On voit donc ici, ce que nous n'avons pas eu souvent l'occasion de signaler, que deux services distincts exigent du cheval deux conformations différentes d'une même région; ce qui est une beauté dans un cas est presque un défaut dans l'autre. Cette circonstance, du reste, est fort rare dans l'étude générale que nous faisons de la conformation du cheval.

L'épaule, longue et oblique, devra être bien musclée pour être puissante, et jouir de la plus grande somme de mouvement possible. Quand son jeu est borné, l'allure du cheval doit naturellement être moins rapide, puisque ses membres antérieurs n'ont pas toute la liberté d'action exigée pour embrasser la plus grande étendue de terrain. D'un autre côté, ses réactions doivent être plus dures, les sommets de ses colonnes antérieures de support n'ont pas et ne peuvent avoir l'élasticité désirable, à défaut d'étendue de mouvements suffisants.

Du reste, nous croyons que l'exercice est le seul comme le meilleur moyen de développer le jeu des épaules, et celui de toutes les articulations, de toutes les parties du corps. Outre les raisons physiologiques qui viennent à l'appui de notre opinion, nous en trouvons la preuve incontestable dans la souplesse, l'agilité et l'étendue d'action de toutes les articulations de l'homme exercé à la gymnastique. Mazurier le *phthisique*, comme le nomme Dugès, Auriol, et tous ces hommes qui nous étonnent par leur agilité et leurs tours de force, ne doivent la souplesse extraordinaire de leur squelette, qu'à l'exercice continuel auquel ils se livrent. Jamais les hommes qui ne s'exercent pas à leurs jeux ne pourront les égaler. Un cheval brut n'aura pas le liant, la souplesse et l'étendue de jeu des articulations de celui qui aura été bien assoupli, bien dressé aux exercices qu'on en exige. L'entraînement pour la vitesse, les travaux du manége, les tours de force faits par Franconi au Cirque avec les chevaux, n'en sont-ils pas une preuve incontestable (1)?

---

(1) On peut voir, d'après ces principes, que l'élevage en

La longueur et l'obliquité de l'épaule sont non seulement une condition de beauté pour le cheval de vitesse, mais encore elles caractérisent la noblesse du sang. La hauteur de la poitrine, la bonne conformation du garrot, que l'on remarque chez les chevaux de bonne origine, coexistent presque toujours avec une belle épaule. Du reste, comme nous avons déjà eu occasion de le dire, il est rare que la distinction d'une partie du corps du cheval ne commande pas la distinction de l'autre, sauf pour les races mal croisées, *manquées*, ou les espèces abâtardies.

Du bras.

Le bras s'articule avec l'épaule de manière à opérer des mouvements dans tous les sens, comme celui de l'homme. La seule différence est dans l'étendue du jeu de l'articulation, infiniment plus grand chez nous. L'usage que nous faisons de nos bras l'explique facilement, si nous établissons une comparaison entre l'un et l'autre cas.

---

liberté est le plus conforme aux lois de la physiologie comme à celles de la raison : l'expérience d'ailleurs le prouve chaque jour. Ceux qui prétendent qu'on peut élever avec succès les animaux de service entre quatre planches, et les rendre forts, souples, vigoureux et bien portants, sont dans l'erreur sur tous points. Ce moyen est tout au plus bon pour les porcs ou les oies à l'engrais.

La direction du bras du cheval est opposée à celle de son épaule, de manière à former un angle qui s'ouvre ou se ferme pendant l'action de progression. L'ouverture de cet angle est d'autant plus petite que l'épaule est plus inclinée, d'autant plus grande qu'elle est plus droite. Comme le coude est placé à peu près vers le même point du corps du cheval dans l'un et l'autre cas, il en résulte que, dans le premier, le jeu du bras est plus étendu, puisque nous avons prouvé qu'il se porte plus en avant, quoique plus incliné en arrière. Cette disposition, heureuse pour la vitesse, rend le cheval plus bas du devant. Le bras est fortement incliné vers l'épaule, le compas que forment ces deux régions est plus fermé, ce qui explique le raccourcissement du membre, quoique les rayons qui le composent ne soient pas plus courts. Aussi, chez les chevaux dont l'épaule est très oblique, les coudes semblent-ils placés plus haut, et la poitrine plus descendue au passage des sangles. Nous avons eu plus d'une fois occasion d'observer ce fait dans les chevaux de sang, comparés à ceux des races communes (1).

---

(1) On pourrait nous objecter que, si le compas formé par le scapulum et l'humérus est plus favorable à la vitesse et à la douceur des réactions, il doit l'être moins à la force, et fléchir plus facilement sous le poids qu'il supporte. On le voit, par exemple, aux paturons longs et anguleux, qui sont très souples, très doux aux réactions, mais bientôt fatigués et

La beauté du bras résultera donc de son inclinaison, qui indiquera l'étendue de son jeu. Du reste, en partie caché dans les muscles qui l'entourent, il est presque confondu avec l'épaule, et les auteurs les plus recommandables n'ont même pas cru devoir en faire une description particulière.

De l'avant-bras.

Nous avons vu que l'épaule et le bras, articulés ensemble, ont une inclinaison opposée, d'où résulte un angle, un véritable compas destiné à s'ouvrir et à se fermer pendant la progression. Nous avons pu nous convaincre que le jeu de cet angle est d'autant

---

usés. Leur élasticité, comme leur faiblesse, est en raison de leur longueur et de leur degré d'inclinaison. Nous répondrons que, s'il y a en effet similitude de disposition entre ces parties sous le rapport de l'élasticité et de la souplesse, la construction anatomique en est bien différente. La nature a pourvu le compas scapulo-huméral d'un organe d'une puissance telle, que son jeu ne saurait le fatiguer, quelle que soit son étendue. Nous en appelons aux anatomistes qui ont étudié le scapulo-huméral et son action : en examinant la force que doit avoir ce muscle d'après sa structure, on est convaincu que, quelles que soient la longueur et l'inclinaison des rayons qui nous occupent, la faiblesse et l'usure ne sont point à craindre. Modifiez la nature de cette puissance, amoindrissez ou détruisez ses forces, et l'objection sera dans toute sa valeur.

plus favorable à la vitesse, qu'il est plus étendu, que les branches du compas s'ouvrent et se ferment davantage, conséquence de leur plus grande inclinaison normale.

Examinons maintenant l'avant-bras.

Cette région du corps est verticale, au lieu d'être inclinée comme les précédentes; son inclinaison ne saurait donc être un indice de beauté. Quand elle existe, si minime qu'elle soit, en avant ou en arrière, elle est la conséquence d'un vice de conformation naturel ou accidentel, comme nous le verrons en traitant du genou. Un bel avant-bras devra être long et bien musclé ; sa longueur sera favorable à la vitesse en général. Examinez en effet, l'avant-bras au moment où il est fléchi sur le bras pendant le trot: son extrémité sera portée d'autant plus en avant, qu'il sera plus long. Le genou aura le même avantage, il sera plus éloigné du coude , et le pied gagnera naturellement du terrain en raison de la longueur du rayon qui en aura mesuré l'étendue. Voyez maintenant un avant-bras court dans les mêmes conditions d'action : le genou sera plus près du coude, l'espace mesuré

Les régions supérieures du membre, alors, comme les régions inférieures, soumises aux mêmes causes, subiront les mêmes effets ; mais ces conséquences ne sont point à craindre pour l'épaule. Que de paturons ruinés on voit, avec les épaules les plus belles et les mieux conservées ! On peut facilement s'en rendre compte d'après ce que nous venons de dire.

sera plus court, et quand le pied posera sur le sol, il perdra nécessairement le terrain qui n'aura point été gagné par le radius.

On nous dira peut-être que la différence de la longueur des avant-bras de deux individus est souvent si peu de chose, que notre théorie n'est pas d'une grande importance dans beaucoup de cas. Nous l'avouons; mais elle n'en est pas moins vraie. D'ailleurs, si petite que soit la différence de longueur d'un avant-bras, ne ferait-elle gagner qu'un centimètre par foulée, ce n'est pas moins d'un mètre par cent pas du cheval. Il nous est bien permis d'en tenir compte, quand, sur un hippodrome, une demi-longueur de tête peut décider de la célébrité d'un cheval qui a parcouru une distance de deux ou quatre kilomètres.

L'avant-bras, avons-nous dit, sera bien musclé. Deux hautes considérations se rattachent à cette condition: la première, c'est que, en thèse générale, une région pourvue de puissances musculaires bien développées et énergiques remplit toujours convenablement le but désiré; la seconde est aussi facile à comprendre. On sait que la nature est toujours conséquente avec elle-même; les exceptions sont très rares. Or, suivant ce principe, un fort muscle comporte toujours un fort tendon. Les cordes tendineuses jouent un rôle si important dans ces membres, que leur force et leur résistance sont de la plus haute importance; elles doivent résister, non seulement au poids du corps, mais aux violents efforts musculaires des animaux, pendant la progression, la traction, etc. (1)

Un avant-bras bien musclé offre donc la double garantie de bien remplir ses fonctions d'abord; il fournit ensuite des tendons bien développés et puissants, capables de supporter les tiraillements de toute nature auxquels ils sont sans cesse soumis. Ils résistent mieux à l'usure. Aussi voit-on toujours les tendons d'un cheval dont l'avant-bras est grêle et maigre bientôt fatigués et douloureux par suite d'un travail qu'ils ne peuvent supporter. On remarque tous les jours des animaux, d'une conformation d'ailleurs admirable, et pleins de force et d'énergie, usés des membres antérieurs seulement, par suite du défaut que nous venons de signaler. La nature des fonctions des tendons fléchisseurs de ces parties l'explique facilement.

Du coude.

Le coude a pour base le cubitus soudé à l'os de l'avant-bras, et forme corps avec lui. Il sert en mê—

(1) La puissance musculaire, qui est en raison du nombre des fibres composant les muscles, et, par conséquent, en raison du développement des muscles eux-mêmes, est énorme dans certains cas de contraction. On est souvent surpris de la force employée par des hommes en colère ou des animaux excités par un sentiment de fureur ou toute autre cause. On

me temps de levier puissant. Comme tel, il a la plus haute influence sur la force d'action du membre, et il en règle en quelque sorte la direction.

Examinons quelles sont les conditions les plus favorables à ce double but ; les conclusions sur sa beauté et sa bonne conformation seront ensuite faciles à déduire.

Nous disons que le coude est une sorte de régulateur de la direction du membre. En effet, il se trouve placé au sommet de l'avant-bras, et en dehors de son axe. Il forme ainsi un levier qui complète à sa base l'articulation par charnière du bras et de l'avant-bras, et concourt au jeu de cette articulation par l'action des puissances qui agissent sur son sommet. Si sa direction s'éloigne de celle de l'axe du corps, en dedans ou en dehors, le membre sera tourné vers l'un ou l'autre de ces sens. En effet, tournez le coude en dehors, et vous faites pivoter le membre en dedans, et *vice versa*. Si donc le coude est en dehors, le cheval sera cagneux ; il sera panard si cette partie est en dedans et trop rapprochée des côtes. Pour que la progression se fasse avec le plus d'avantage possible, il faut que les membres, sans déviations dans leur action, se portent en avant suivant

---

a vu dans ces cas des tendons rompus, des os brisés, ce qui indique un emploi de force dont la somme est difficile à déterminer comme à prévoir.

un plan parallèle à l'axe du corps. La direction du coude en arrière doit donc suivre la même ligne. Ce fait est trop clair pour être contesté.

Voyons maintenant comment il peut avoir une si grande influence sur l'action du membre.

L'action d'un levier est toujours d'autant plus énergique, la somme de sa force est d'autant plus grande, que le bras de sa puissance est plus long. Or, comme l'olécrane qui forme le coude est un véritable levier qui sert à étendre l'avant-bras sur le bras, il en résultera naturellement que plus il sera allongé, proéminent, plus il offrira d'avantage aux puissants muscles qui agissent sur lui. Il ne suffira donc pas que le coude soit dans la direction la plus favorable au but proposé, mais encore qu'il soit le plus proéminent possible. L'olécrane le plus long sera toujours le plus beau, parce qu'il formera le coude le plus saillant.

Les coudes remplissent exactement, et d'après les mêmes théories de mécanique, les mêmes fonctions aux membres antérieurs que les jarrets aux membres postérieurs. C'est sur eux que se fixent les plus puissants muscles des membres antérieurs, comme aux jarrets les plus forts des membres postérieurs. Nous ajouterons de plus que, si la longueur des calcanéums détermine la largeur des jarrets, ce qui est une condition de leur beauté, celle des olécranes concourt à régler la largeur des avant-bras, par des muscles qui s'y attachent.

Le rôle du coude est si puissant et d'une si haute importance pour la progression, que la nature a disposé le radius de manière à résister le mieux possible à ce levier qui tend à le fléchir en arrière par son action.

Examinez cet os en effet, et vous verrez qu'il est légèrement courbé en avant pour mieux résister aux efforts des puissances qui tendent naturellement à le courber en arrière. Il sera facile à l'anatomiste de se rendre compte de notre théorie, par l'étude des conditions et du jeu du levier qui nous occupe, et celle de la résistance qu'il doit nécessairement avoir.

Le coude, qui est chez l'homme d'une importance comparative si minime, parce qu'il ne sert qu'à étendre l'avant-bras, est un des principaux instruments de locomotion chez le cheval. Sa disposition devait donc être bien différente. Réduisez par la pensée l'olécrane du cheval aux proportions de celui de l'homme et même du singe, et vous lui supprimez toute sa force; la locomotive perd le plus puissant agent de progression de son avant-train. Détruisez ensuite le calcanéum, qui est le levier, *la cheville ouvrière* du train postérieur, et la locomotive s'arrête; elle ne peut plus marcher. C'est un oiseau auquel on a coupé les ailes et les pattes.

L'étude du coude, sur laquelle les auteurs ne se sont point assez arrêtés, mérite donc toute l'attention du physiologiste.

Du genou.

Le genou correspond au poignet de l'homme. Il est formé de deux rangées d'osselets superposés et étroitement liés ensemble par de forts ligaments. Cette articulation exige une grande solidité à cause de sa complication. Pour juger de sa beauté, examinons d'abord quelles sont ses fonctions.

Quand une articulation résulte de la rencontre de deux os plus ou moins inclinés l'un sur l'autre, son travail est beaucoup allégé par l'élasticité qui en est la conséquence. Les réactions sont infiniment moins dures. Aussi, lorsque le cheval trotte ou galope par exemple, la pression qui s'exerce sur l'articulation de l'épaule avec le bras, et sur celle du bras avec l'avant-bras, est modifiée, adoucie par les angles mobiles qu'elles forment. La ligne brisée amortit le choc, et prévient par conséquent les accidents qui pourraient altérer les abouts osseux contigus.

Examinons ce qui se passe chez l'homme dans des cas analogues.

Quand nous sautons d'une certaine hauteur, nous sommes toujours instinctivement déterminés à fléchir les genoux et à étendre les pieds; nous prévenons ainsi les violentes secousses des organes contenus dans les grandes cavités splanchniques, et nous modifions le choc qui résulterait de notre chute sur le sol, pour les articulations de la cuisse, du genou et du pied, si nos jambes conservaient leur ligne ordinaire. Nous faisons enfin de notre corps, qui forme une ligne droite, une ligne brisée, partout où cela est possible, au coude-pied, au genou, au bassin, et dans le haut du corps incliné en arc en avant. Par ce moyen nous prévenons les accidents aux organes splanchniques comme aux articulations.

Le cheval ne peut pas fléchir le genou pour le rendre élastique; s'il le courbait, il tomberait toujours. Les appareils musculaires et osseux de cette partie nous l'expliquent clairement. Il faut donc qu'il se raidisse au contraire, et que la ligne droite formée par sa jambe se redresse toujours, quand le pied pose sur le sol, si elle se courbe quand il est en l'air. Là, point d'élasticité par angle. Le genou doit recevoir et reçoit brusquement l'effet de toutes les réactions musculaires et de tout le poids du corps. Il fallait donc que l'articulation qu'il forme fût d'abord d'une extrême solidité; il était essentiel aussi qu'elle fût organisée de manière à ce que le choc reçu fût supporté par la plus grande quantité de surface possible, pour être moins fatiguée.

Voyons si la nature y a pourvu.

Toutes les articulations du corps, à l'exception de celles qui ont un coussinet fibro-cartilagineux intermédiaire, dont nous ne devons pas nous occuper ici, n'ont que deux surfaces articulaires. Le jarret et le genou seuls sont exceptés. Ce dernier offre, au moyen de deux rangées d'osselets superposés, six surfaces articulaires (1), quatre de plus que les autres. Chacune de ces surfaces a naturellement ses cartilages d'incrustation d'une élasticité bien remarquable, ses membranes synoviales, et sa synovie. Comme chaque cartilage d'incrustation a son élasticité qui tend à amortir les chocs, quelles que soient ses bornes, il en résulte que le genou a six surfaces élastiques, au lieu de deux, pour mieux résister à son rude travail.

Cette théorie ne concourt-elle pas à expliquer la nécessité de la complication de l'articulation du genou?

D'un autre côté, on conçoit que plus une surface est grande, plus elle doit avoir de résistance pour supporter un poids donné, toutes choses égales d'ailleurs. Eh bien! le genou du cheval est renflé, comme refoulé en quelque sorte, pour que les nombreuses surfaces articulaires soient plus étendues, plus aptes à leurs importantes fonctions. Il en résulte que plus il sera développé, régulièrement grossi en olive, plus

(1) La double rangée des osselets du genou rend la flexion du genou complète, par la multiplicité de l'action; quand l'animal se couche, le canon peut toucher à l'avant-bras et lui devenir parallèle dans toute sa longueur. Il en est de même du bœuf et de tous les animaux auxquels les membres antérieurs servent de colonne de support et de progression. L'homme n'offre pas la même particularité, aussi sa main ne peut-elle pas se fléchir sur l'avant-bras, comme le canon des animaux sur le radius.

il réunira les bonnes conditions d'action, plus il sera beau.

Le genou devra être disposé de manière à réunir l'avant-bras et le bras en ligne droite. En voici la raison.

Une colonne est d'autant plus apte à supporter le poids dont elle est chargée, qu'elle est plus droite et sans déviation. Or, si l'avant-bras et le canon ne forment pas une ligne droite, si elle est brisée à quelque degré que ce soit, elle remplira plus ou moins mal son but. Tout genou qui, sortant de la ligne d'aplomb, sera porté en avant, en arrière, en dedans ou en dehors, sera donc mal articulé, et par conséquent défectueux.

Il est cependant des distinctions à établir dans les cas de déviations dont nous parlons. Si le genou est porté en avant par suite de conformation naturelle, ce qui arrive quelquefois, le défaut est moins grave. Le cheval est dit alors *brassicourt*. Le membre dans ce cas n'a aucune apparence de fatigue ou d'usure. Si au contraire la déviation qui nous occupe est la conséquence d'excès de travail et du raccourcissement des tendons ou ligaments malades, elle est plus ou moins dangereuse. Le cheval sera sujet à s'abattre, et il en aura probablement les marques aux genoux. Ils seront souvent tuméfiés, blessés, *couronnés* ou cicatrisés, et chancelants. Le membre alors est dit *arqué*.

Le défaut opposé, c'est-à-dire le genou *creux* est

toujours la conséquence d'une mauvaise conformation. On voit que ce vice est un contre-sens de la nature, quand on étudie les dispositions du *radius*, organisé de manière à résister aux efforts qui tendent à le courber en arrière. Nous l'avons dit en traitant de l'avant-bras. La courbure naturelle du genou en avant peut ne pas être un grand défaut si nous nous en rapportons aux lois de mécanique auxquelles le membre doit obéir; mais la courbure en arrière est toujours grave, suivant le même principe. Une pareille conformation est contraire aux bonnes conditions mécaniques du membre, et par conséquent vicieuse. Toutes conditions égales d'ailleurs, il est impossible qu'un cheval qui a le genou *creux* ou effacé résiste à la fatigue comme s'il l'avait bien placé, ou même naturellement porté en avant.

Outre le vice d'affaiblir la résistance de la colonne, les déviations du genou en dedans ou en dehors sont nuisibles à la progression. Le membre n'étant pas droit, sa flexion et le jeu de ses extrémités ne peuvent pas s'exécuter dans la ligne d'aplomb exigée. Il flageole alors. Il y a décomposition de force, et perte de puissance musculaire, effet d'autant plus nuisible que ses causes sont plus intenses.

Le genou dans de bonnes conditions d'organisation devra être exempt de blessures, de tumeurs dures ou molles. Il sera sec, légèrement arrondi d'un côté à l'autre; sa surface antérieure sera lisse, unie, et sans inégalités. Il devra être placé bas, ce qui est un caractère de vitesse. Les forts trotteurs ont le genou près de terre, *ils rasent le tapis* comme on dit, et ils emploient leurs moyens à gagner du terrain en avant. Tout cheval qui a l'avant-bras court, et par conséquent le genou haut et le canon long, est nécessairement un mauvais trotteur. S'il satisfait à cette allure, c'est par exception ou par compensation d'autres avantages moraux ou physiques. Ce genre de conformation fait perdre, pour trousser le membre, une partie de la puissance qui doit être uniquement employée à le porter en avant.

Maintenant que nous connaissons les fonctions du genou, il nous est facile de conclure : 1° qu'il doit être dans la ligne d'aplomb du membre ; 2° fort, bien développé, et sans tares qui peuvent borner son jeu ; 3° exempt de blessures ou cicatrices, qui sont quelquefois un caractère de faiblesse ; 4° il doit être enfin près de terre, suivant la théorie que nous avons développée en traitant de l'avant-bras.

Du canon, des tendons et des ligaments suspenseurs des boulets.

Le canon suit le genou ; le métacarpien principal et les deux autres petits métacarpiens, nommés péronés, lui servent de base. Ces deux derniers petits os, soudés en arrière et sur les côtés du canon, sont renflés à leur partie supérieure de manière à agrandir la surface articulaire sur laquelle reposent les osselets du genou ; ils ne sont donc point inutiles.

Suivant ce que nous avons dit, le canon sera court pour être beau ; nous ne trouvons aucun inconvénient à ce qu'il soit mince : nous sommes loin d'être sur ce point de l'opinion de Bourgelat et des autres auteurs qui l'ont partagée avec lui (1) ; nous pensons au contraire qu'il n'en sera que plus compacte. Les chevaux de sang ont le canon, comme les autres os, fins et très durs ; leur pesanteur spécifique est plus grande, et leur résistance plus forte. Les chevaux communs ont les os plus volumineux sans en être plus solides. Ils sont plus poreux, plus légers ; leurs canons sont gros, signe de manque de sang.

Les canons devront être lisses et exempts des bosselures irrégulières qu'on nomme suros. Ces tumeurs osseuses, arrondies ou allongées, peuvent n'avoir aucun inconvénient quand elles ne sont pas sur le passage des tendons ; dans le cas contraire, elles sont une cause de boiterie, par l'irritation plus ou moins grave que cause le frottement des cordes tendineuses contre ces inégalités.

---

(1) Nous n'avons jamais vu de canon manquer par ce prétendu défaut. Nous ne croyons même pas que jamais on ait été fondé à le signaler comme un vice réel, par la pratique pas plus que par une théorie sagement comprise. Si jamais ce cas s'était présenté, il serait bien exceptionnel.

Les tendons des muscles de l'avant-bras passent en avan tdes canons pour étendre la jambe, et en arrière pour la fléchir et concourir à supporter le poids du corps. L'importance du rôle de ceux de la région postérieure du membre mérite une étude toute particulière que nous devons faire.

La corde tendineuse que l'on remarque en arrière du canon, et dont le développement est en raison de celui des muscles dont elle émane, devra être forte et dure, ce qui dépend de sa densité. Elle sera exempte de tumeurs partielles ou d'engorgements généraux, et écartée le plus possible du rayon qui lui est parallèle.

En traitant du garrot, nous avons vu, page 194 et suivantes, que le parallélisme des muscles ou de leurs tendons avec les leviers sur lesquels ils agissent tend à diminuer la puissance de leur action. La nature emploie dans ce cas des éminences osseuses, ou des poulies de renvoi, pour les écarter et les rapprocher de la perpendiculaire, qui est la plus favorable au but proposé. Ce cas se présente ici de la manière la mieux tranchée. La nature a placé au point où le tendon se courbe, pour se rendre sous le paturon et ensuite sous le pied, deux os sésamoïdes qui par leur réunion forment une poulie de renvoi. Les fonctions de cette poulie sont d'autant plus avantageuses qu'elle est plus développée, qu'elle écarte mieux la corde tendineuse, que par conséquent elle la rapproche plus de la ligne perpendiculaire à son insertion.

Voilà pour les avantages fournis par la poulie de renvoi que nous examinons. Mais son action ne se borne pas là. Considérant la corde tendineuse comme concourant à supporter le poids du corps avec les ligaments suspenseurs du boulet, les sésamoïdes sont un véritable levier de puissance, d'autant plus favorable qu'il est plus long. Or, comme la longueur de ce levier dépend du développement de ces os, de cette poulie de renvoi, il en résulte un double avantage favorable à une double action (1).

Partant de ce principe, la corde tendineuse du canon ne saurait donc jamais être assez écartée de cet os, et laisser un assez grand espace entre elle et lui.

Quand cet écartement est peu sensible, l'action du tendon est d'autant moins favorisée, que ce défaut est plus marqué. Dans ce cas, la nature nous a paru avoir cherché à y remédier, autant que possible, par un développement plus grand des ligaments suspenseurs des boulets. Nous avons cru remarquer, en effet, que ces organes sont plus apparents et plus forts quand

---

(1) Les sésamoïdes, fixés par de forts ligaments au premier phalangien et au canon, sont, outre leurs fonctions de poulie de renvoi, un levier qui sert à supporter le poids du corps. Ce poids agit sur l'articulation métacarpo-phalangienne, et tend sans cesse à fléchir en avant le paturon sur la jambe. Ce levier concourt à prévenir cet accident.

la corde tendineuse est faible et rapprochée du canon. Nous tâcherons de bien vérifier ce fait, pour pouvoir l'assurer plus tard, s'il mérite confirmation.

Mais, pour être dans les bonnes conditions d'action, il ne suffit pas que le tendon soit fortement écarté du canon à sa partie inférieure ; il faut encore qu'il le soit à sa sortie du pli du genou. Il arrive, en effet, assez souvent que le tendon, au lieu de descendre perpendiculairement de l'avant-bras au boulet, se courbe derrière le genou. Il en part obliquement, pour reprendre l'écartement commandé par le développement des sésamoïdes en bas du canon. Cette disposition vicieuse lui fait donner le nom de *tendon failli*. La corde, dans ce cas, déviée de la ligne droite, est privée de l'action directe qu'elle doit avoir en partant des muscles. Sa courbure détermine une décomposition de force, une perte de puissance musculaire, par le frottement de l'obstacle qui commande sa déviation anormale ; il y a donc vice de conformation (1).

La corde tendineuse devra donc être sans courbure, et agir directement pour avoir toute sa force. Elle devra être fortement écartée du canon par sa poulie

(1) Une corde tendue est déviée de sa ligne naturelle, qui est la droite, si la loi de sa pesanteur ne s'y oppose pas, elle perd une quantité de force d'action qui peut se calculer par celle de sa déviation, quel que soit l'obstacle qui a déterminé sa courbe.

de renvoi du boulet. De plus, elle sera bien développée, dure] et sans inégalités ni engorgements. Avec toutes ces conditions, elle supportera facilement les efforts de toute nature qui tendent à altérer son tissu. Dans le cas contraire, si elle est courbée derrière le genou, si elle est peu détachée du canon, mince, d'un tissu mou, peu dense, elle ne pourra résister à son travail; elle sera sujette aux distensions (nerf-ferrure), aux engorgements douloureux, à l'usure enfin. Le cheval alors, quelle que soit la supériorité de ses qualités, de son origine, quelles que soient sa santé et sa bonne organisation, sera sans valeur; il ne pourra rendre aucun service. Ce sera un beau vaisseau sans cordages.

Entre le canon et le tendon dont nous venons de parler, on voit de chaque côté une petite baguette plus ou moins distincte sous la peau; elle part du haut du canon à sa partie postérieure, suit sa direction, et se rend au boulet, où elle se perd. C'est le ligament suspenseur du boulet. Sa fonction est de prévenir la flexion anormale des phalanges, et de concourir ainsi au support du poids du corps avec les tendons fléchisseurs. Ces ligaments sont très distincts chez les chevaux de sang. Ils sont souvent noyés et inappréciables dans les races communes.

On remarque souvent, au voisinage du tendon et du ligament suspenseur, de petites tumeurs molles plus ou moins volumineuses. Elles prennent le nom de molettes, et peuvent être la conséquence de la fatigue ou de l'usure. On fera bien de consulter un homme versé dans la pratique de la médecine vétérinaire, pour juger de leur nature ; il n'est pas toujours facile de s'assurer si elles sont la conséquence d'une surabondance simple de synovie, ou d'une affection réelle (1).

Du boulet et du fanon.

Le boulet est formé par les renflements articulaires des os qui le composent, par les sésamoïdes, et les ligaments ou tendons qui servent à solidifier cette importante articulation. Quoiqu'elle supporte naturellement le même poids que le genou, on peut remarquer qu'elle est moins volumineuse; elle a besoin de moins de résistance en effet, par rapport à la flexion dont elle jouit. L'action du poids qu'elle soutient, au lieu d'être directe et saccadée comme au genou, est décomposée par la ligne brisée que forme la direction du paturon. Le choc se trouve adouci par l'élasticité qui en résulte au boulet, et dans toutes les articulations qui jouissent du même avantage par les angles

(1) On voit souvent de jeunes chevaux avoir des molettes qui n'ont aucun inconvénient. Elles finissent par disparaître sans laisser la moindre trace, ce qui est bien différent pour les animaux fatigués.

qu'elles forment dans l'homme comme dans les animaux.

On remarque de plus qu'au lieu d'être aplati d'avant en arrière comme le genou à sa face antérieure, le boulet est au contraire légèrement déprimé d'un côté à l'autre ; son diamètre latéral est plus petit que l'antéro-postérieur. Cette disposition est d'autant plus tranchée, que la poulie de renvoi des tendons est plus développée. Nous avons signalé les avantages offerts par cette heureuse condition. Plus les tendons sont détachés, plus le boulet semble aplati d'un côté à l'autre. Plus au contraire ces cordes sont près du canon, plus le boulet est arrondi, moins il est proéminent en arrière.

Il est facile, d'après cela, de conclure de la beauté du boulet. Elle consiste surtout dans le plus grand développement possible de la région des sésamoïdes. L'articulation est alors plus solide, et la poulie de renvoi des cordes tendineuses est dans de meilleures conditions (1).

---

(1) Nous devons signaler ici une disposition toute particulière qui rend l'articulation du boulet d'une grande solidité. Protégée en avant par la disposition oblique de l'os de paturon, en arrière par les sésamoïdes, ses déviations d'un côté à l'autre sont rendues impossibles par un tenon ménagé à la facette articulaire du canon. Ce tenon est reçu par une mortaise de la facette correspondante du premier phalangien. Cet admirable

Du reste, le boulet devra être exempt de molettes, de tumeurs osseuses qui peuvent gêner son jeu, borner l'étendue de ses mouvements. On devra s'assurer si la face interne n'offre pas de traces de blessures qui seraient la conséquence d'un vice de conformation des membres, du défaut d'aplomb ou de toute autre cause souvent difficile à combattre.

La position du boulet est très importante à étudier; comme elle dépend toujours de la direction du paturon, nous nous en occuperons en traitant de cette partie.

La région postérieure du boulet est pourvue d'un fanon, touffe de poils plus ou moins longs et nombreux. Quand il est très développé, il caractérise toujours les races communes. Les chevaux de trait, élevés dans des prés marécageux, ont le fanon très poilu. Il se prolonge même sur les côtés du boulet et tout le long du canon jusqu'au genou; dans les races de sang, au contraire, il se réduit à un très léger bouquet de poils rares, courts et soyeux; à peine cachent ils *l'ergot*, petite production cornée qui se trouve dans son centre, et qui est de la nature de la châtaigne. Comme elle, ce bouton est d'une texture molle, et d'autant plus volumineux, que le système pileux est lui-même plus dévelop-

---

engrènement, en permettant toute l'étendue des mouvements d'avant en arrière, empêche tout glissement d'un côté à l'autre.

pé et plus grossier. On peut s'en convaincre dans les chevaux communs.

Du paturon.

Le paturon a pour base le premier phalangien. Ce rayon oblique se rend du boulet à la couronne, et brise la ligne droite formée par l'avant-bras et le canon. L'étude de sa longueur et de sa direction, dépendant souvent l'une de l'autre, est très importante. Elle fournit les moyens de juger avec certitude, non seulement de la force ou de la douceur des réactions, mais encore du degré d'usure des membres du cheval, de sa durée en service, et par conséquent de sa valeur.

Pour appuyer cette opinion, examinons d'abord quelles sont les fonctions de cette région.

Nous avons vu que les sésamoïdes forment un bras de levier de puissance. Le paturon est le bras du levier qui lui est opposé ; il sera donc d'autant plus défavorable aux puissances, qu'il sera plus long ; d'autant plus favorable, au contraire, qu'il sera plus court (1).

---

(1) La résistance, ou le point d'appui, comme on voudra, peu nous importe ici, sont représentés par l'extrémité du canon. Or, le centre d'action du poids soutenu se trouve placé entre le bras du levier sésamoïdien, qui sert à suspendre d'un

Nous pouvons donc conclure avec certitude que plus le paturon sera court et les sésamoïdes développées en proportion, plus les puissances seront favorisées et plus le cheval aura de force. Les conditions opposées produiront l'effet tout contraire. Dans ce dernier cas, le paturon *long-jointé*, comme on dit, fléchira davantage sous le poids du corps ; il sera plus élastique, plus souple ; les réactions seront plus douces. Dans le premier, au contraire, les puissances résisteront avec plus d'énergie, elles céderont moins sous le poids ; les réactions seront plus dures ; mais alors le cheval *court-jointé* durera long-temps. Ses membres pourront être parfaitement sains, quand le *long-jointé* sera fatigué, ruiné.

Il nous sera facile d'expliquer maintenant comment le degré d'inclinaison naturelle du paturon peut varier suivant sa longueur, suivant la flexibilité qui

---

côté, et le paturon, qui supporte de l'autre, en formant son point d'appui sur le sabot. Les avantages de chacun de ces leviers étant en raison de leur longueur respective, on comprendra facilement que plus le paturon sera long, plus il servira à fatiguer les puissances auxquelles son action est opposée. La résistance, en définitive, est ici un poids inerte qui ne se lasse pas par son action. La puissance au contraire représentée par le ligament suspenseur du boulet et la corde tendineuse se fatigue, s'use d'autant plus vite, que son travail est plus soutenu et plus intense.

en dépend. On voit des paturons longs, tellement inclinés, que le boulet touche presque le sol au moment de l'appui, tant les puissancces qui le soutiennent sont affaiblies par son excès de longueur.

Nous avons vu des poulains qu'on a été obligé d'abattre, parce qu'ils marchaient sur le boulet par suite de l'étendue démesurée des phalangiens. Quant ces os sont courts, au contraire, leur obliquité est infiniment moins marquée, et plus favorable au soutien du corps. Mais entre les deux extrêmes, on doit désirer une moyenne qui permette à l'animal d'avoir assez de résistance, sans perdre l'élasticité convenable au cheval de selle. Nous pensons que le paturon dont l'inclinaison marque un angle de 45 degrés environ avec l'horizon réunit les conditions propres au but désiré pour le cheval léger. Pour le cheval de trait le paturon court, peu incliné, est toujours une qualité ; le cas contraire est toujours un défaut.

Les ligaments suspenseurs et les tendons tiraillés, distendus outre mesure par suite de la mauvaise disposition des paturons longs et trop faibles, s'irritent; il deviennent le siége d'une véritable maladie inflammatoire. Ils se tuméfient alors ; une douleur plus ou moins intense s'y développe, et une boiterie longue et difficile à combattre en est la conséquence. Les ligaments et les tendons jouissent généralement de peu de vitalité ; leurs maladies sont toujours très lentes dans leur marche, souvent obscure; ceux des membres sont d'autant plus difficiles à guérir, que leur repos absolu est impossible. Ils sont toujours tendus de manière à supporter plus ou moins long-temps le poids du corps. Aussi ces affections chroniques ont-elles le plus souvent pour conséquence le raccourcissement général ou partiel du système tendineux ou ligamenteux malade, d'où résulte la déviation du paturon en avant. Cette déviation anormale détruit l'élasticité du boulet. La ligne brisée du rayon devient droite, les aplombs réguliers sont faussés ; et l'animal, qui ne peut plus avoir la force nécessaire pour se soutenir, est susceptible, non seulement de butter, mais de s'abattre, surtout sous le poids du cavalier.

On a cherché à remédier à l'inconvénient du cheval bouleté à l'excès, par la section du tendon le plus important de la corde tendineuse raccourcie. Cette opération semble même quelquefois, sinon rétablir les aplombs parfaits, du moins les rendre moins défectueux ; mais ce ne peut être qu'un palliatif bien faible et de courte durée : on n'a pu combattre qu'un effet qui ne manque pas à être bientôt reproduit par la permanence de la cause, et par la maladie générale des tissus sur lesquels elle agit.

Le paturon, comme le boulet et le canon, devra être exempt de tumeurs osseuses ou suros. Ces vices ont les mêmes inconvénients que ceux que nous avons déjà signalés, quand ils se trouvent sur le passage des tendons ou au voisinage des ligaments.

La peau du pli du paturon est quelquefois le siége de cicatrices ou blessures résultant d'eaux aux jambes, de crevasses pendant le temps pluvieux ou d'*enchevêtrure*. Il n'est pas inutile de s'en assurer, surtout quand le fanon est très développé et cache ces traces de lésions, dont il est toujours bon de connaître l'origine.

De la couronne.

On nomme couronne, toute la partie circulaire qui entoure le paturon à sa base, au dessus du bord du sabot. Cette région n'offre d'intérêt que par les tares ou traces de maladies dont elle peut être le siége. On veillera à ce qu'elle soit régulièrement unie, exempte de bosselures, d'inégalités de toute espèce appelées formes. Il est facile de les reconnaître : elles sont causées par des exostoses des os du paturon ou de la couronne, et, sur les côtés, par l'ossification des cartilages qui se trouvent sous la peau. Ces tumeurs osseuses occasionnent quelquefois des boiteries incurables, soit par leur compression contre la muraille du pied, soit par leurs frottements contre des tendons ou des ligaments de cette région.

D'un autre côté, la couronne étant le foyer de sécrétion de la muraille du sabot, il est nécessaire qu'elle soit saine, exempte de maladies, de blessures ou de tuméfactions. La sécrétion de l'ongle, qui joue un rôle si important dans la composition des parties constituantes du pied, et celle de son action, pourraient en être troublées.

Des tuméfactions ou des fistules aux parties latérales de la couronne accusent quelquefois l'existence d'une maladie assez grave, due à une altération plus ou moins profonde des cartilages dont nous avons parlé. Du reste, dans ces divers cas pathologiques, on fera toujours bien de consulter un médecin, qui seul peut conclure avec quelque certitude.

Du pied (1).

L'admirable combinaison de toutes les parties qui composent le pied du cheval, bien étudiée dans tous ses détails et dans tout son mécanisme, est un des sujets qui peuvent le plus intéresser le naturaliste. Le savant vétérinaire anglais Bracy-Klarc a publié sur cette matière un des travaux les plus ingénieux et les plus remarquables que nous ayons en histoire naturelle et en physiologie. Ce petit livre, traduit en français, devrait être entre les mains de tout homme qui aime à méditer sur l'organisation animale et à approfondir tout ce que le cheval en particulier peut offrir à nos recherches (2).

---

(1) On est convenu d'appeler pied dans le cheval les parties contenues dans le sabot. On sait que, dans l'homme comme dans les individus pourvus de plusieurs doigts, le pied comprend toutes les parties qui composent les extrémités à partir du tarse ou du carpe inclusivement.

(2) Vers 1823 et 1824, mon ancien maître, Girard fils, professeur à l'école d'Alfort, fit aussi sur la structure du pied

Les pieds sont les points sur lesquels réagissent tous les efforts musculaires. Aussi, avant qu'on imaginât de protéger la surface plantaire de cette boîte cornée par une bande de fer circulaire, regardait-on avec raison la bonne disposition du sabot comme une des meilleures qualités du cheval. *Incerta basis, instabile ædificium*, est à juste titre la maxime qui a servi d'épigraphe au livre de l'auteur anglais que nous avons cité. Pour que l'édifice fût solide, il fallait donc que sa base fût pourvue de toutes les bonnes conditions exigées par ses fonctions. Nous allons tâcher d'en donner une idée, suivant les savantes recherches des naturalistes modernes.

Quand on examine avec attention le sabot du cheval, on trouve qu'il est composé par la réunion de trois espèces de corne, différentes par leur forme, leur texture, et par conséquent leurs usages. Nous savons que, dans l'organisation animale, chaque destination commande toujours sa forme propre à l'instrument qui doit la remplir. La plus importante de

---

et les divers modes de sécrétion de l'ongle du cheval, des expériences très importantes. Elles lui avaient fourni le sujet d'une thèse qu'il était sur le point de soutenir pour obtenir le grade de docteur en médecine ; mais en 1825, victime de son zèle et de son dévoûment pour les sciences, il mourut des suites d'une maladie qu'il s'inocula en faisant l'autopsie du cadavre d'un de ses élèves. Une partie de son travail a été publiée dans le journal d'Alfort en 1843.

ces trois pièces de l'ongle que nous étudions se nomme muraille, ainsi appelée, sans doute, parce qu'elle sert à protéger le pied comme un mur protége une enceinte. Celle qui vient après prend le nom de sole, et la troisième celui de fourchette. Chacune de ses parties remplit un rôle spécial. Examinons si leur forme peut bien répondre au but.

Pour bien fonctionner, le sabot devait d'abord être solidement fixé pour ne pas se détacher de l'extrémité qu'il protége ; il devait être élastique pour permettre aux parties molles qu'il contient de s'écarter au moment de l'appui, pour n'être pas comprimées ; de plus, il devait croître, pour se renouveler et réparer l'usure. Nous trouverons dans le bon pied ces conditions réunies avec le plus d'avantage possible.

De la muraille ou paroi.

La muraille ou paroi est la partie de l'ongle qui se continue avec la peau, et enveloppe circulairement toute la surface du pied qui ne pose pas sur le sol. Cette pièce du sabot est non seulement la plus grande, mais celle dont les fonctions sont les plus importantes. Quand on la détache des autres, et qu'on l'étudie individuellement, on voit qu'elle peut remplir trois fonctions bien distinctes : elle sert d'abord d'instrument protecteur ; elle fournit ensuite des moyens de grande adhésion avec les tissus sous-jacents ; enfin son admirable disposition en ressort favorise non seulement l'écartement des pieds au moment de l'appui, mais encore la force d'impulsion donnée au corps par les muscles, ce qui ne se remarque que dans le cheval.

La muraille sert d'instrument protecteur, avons-nous dit; il est facile de le voir, puisqu'elle contribue à envelopper le pied. Quant aux moyens d'adhésion dont la nature a pourvu sa face interne, ils sont trop ingénieux pour que nous ne les fassions pas connaître.

Quand on détache l'ongle du pied par la macération ou tout autre moyen, on voit que toute l'étendue de sa paroi est garnie à sa face interne d'une infinité de petits feuillets parallèles, placés de champ de haut en bas. Ils correspondent à d'autres feuillets exactement semblables par leur forme, et fournis par le tissu que recouvre l'os du pied. Ces petites lames ressemblent exactement à celles qu'on remarque sous le chapeau de certains champignons. On a calculé leur nombre, qui est d'environ cinq cents. Nous avons nous-même vérifié ce compte, il nous a toujours paru à peu près exact. Ces feuillets de l'ongle et du pied s'engrènent, s'enchâssent les uns dans les autres au moyen de petits intervalles qui les séparent entre eux, adhèrent ensemble, et l'on conçoit alors quelle force de cohésion ils doivent avoir. On a calculé qu'ainsi disposés, ces feuillets augmentent douze fois la surface d'adhésion de l'ongle au pied. Il est facile de s'en faire une juste idée par l'exemple suivant :

Prenons un livre d'une certaine épaisseur ; essayons de coller par leur surface libre les feuillets serrés les uns contre les autres : l'étendue de cohésion ne pourra être que celle de l'épaisseur du livre, et il nous sera facile de séparer deux volumes ainsi collés l'un à l'autre. Opérons maintenant pour ces deux livres comme la nature a opéré pour le pied du cheval. Écartons les feuillets que nous avions présentés d'abord serrés les uns contre les autres, enchâssons-les individuellement dans leurs intervalles, et collons-les ensemble. Ainsi réunis, la séparation des deux livres deviendra impossible par la multiplication des surfaces collées ; ils se déchireront plutôt que de se désunir.

Les dispositions qui fixent la muraille aux tissus sous-jacents sont exactement les mêmes. Nous ne pensons pas avoir besoin d'autre explication pour faire comprendre que cette corne possède, au plus haut degré imaginable, les moyens d'adhésion aux tissus qu'elle recouvre.

Voyons maintenant si elle peut être élastique.

Toute production cornée est flexible. La baleine, la corne, les poils, etc., en sont une preuve irrécusable ; mais comme la flexibilité ne suffisait pas au sabot, et que, pour bien remplir son but, il fallait qu'il y eût effet de détente du ressort tendu, il fallait une disposition spéciale pour cette fin. Nous prouverons qu'elle existe ; mais continuons l'étude qui nous occupe.

Quand on étend la corne de la muraille isolée de manière à la redresser en la faisant chauffer, on a une bande dont la plus grande largeur et la plus grande épaisseur sont au milieu. A partir de ce point, elle s'amincit et se rétrécit graduellement et sans interruption jusqu'à ses extrémités, où elle se termine en pointes assez aiguës. Cette disposition est exactement la même que celle d'un arc de flèche ou d'un ressort formé de plusieurs lames de longueur et d'épaisseur différentes, pour être plus flexible aux extrémités qu'au centre. Tels sont les ressorts de voiture à double action, par exemple, et tous les ressorts qui ont la même destination. Le ressort corné dont nous parlons, recourbé de manière à contourner le pied, cède pendant l'écartement forcé des parties molles au moment de l'appui, et revient sur lui-même. Il se détend quand la cause qui l'a tendu cesse son action.

La muraille, disposée comme un ressort, et fonctionnant de la même manière, concourt donc à l'élasticité du pied. Nous devons lui reconnaître par conséquent les trois usages : 1° de protéger le pied, 2° de servir à fixer solidement le sabot, 3° enfin à le rendre élastique.

De la sole.

La sole, encadrée par le bord inférieur de la muraille, recouvre et protége toute la surface plantaire du pied qui n'est pas occupée par la fourchette ; elle concourt en même temps avec la muraille à soutenir l'os du pied pressé vers le sol par le poids du corps qu'il supporte. La plus grande surface inférieure de cet os pose donc sur ce plancher du sabot et y adhère d'une manière assez intime. Cependant, comme ce genre d'adhésion ne nécessitait pas une aussi grande force que celle de la muraille, on n'y remarque pas les feuillets interposés que nous avons signalés en parlant de cette corne. Loin d'offrir une disposition feuilletée, la surface d'adhésion de la sole est percillée d'une infinité de porosités qui reçoivent les villosités des tissus sous-jacents. Ce mode suffit pour la fixer.

Nous avons dit que toutes les parties qui forment le sabot concourent chacune pour sa part à l'élasticité de cette boîte cornée. La sole est donc flexible aussi : la nature de sa surface nous l'expliquera clairement. En effet, en examinant la face plantaire du pied, on voit qu'elle est creuse, disposée en voûte pour résister avec le plus d'avantage possible au poids qui tend à la fouler vers le sol. Elle fléchit en effet au moment de l'appui, puisqu'elle adhère par ses bords à la muraille formant un ressort qui, comme nous l'avons vu, s'écarte et revient sur lui-même. Si la voûte de la sole restait immobile, si elle ne revenait plus à son état normal par son élasticité naturelle quand elle s'est affaissée par le poids qu'elle supporte, l'action du ressort serait impossible ; celui qui l'a fabriqué se serait étrangement trompé dans son plan, ce qui ne lui arrive guère.

La sole comme la muraille, concourt donc à protéger le pied, à fixer le sabot et à le rendre élastique. Étudions maintenant la dernière partie de cette boîte.

De la fourchette.

La partie postérieure de la sole est échancrée en forme de V, et reçoit dans cet espace la fourchette comme un coin dont elle a la forme, et quelquefois aussi les usages d'une manière toute spéciale. Elle joue un rôle très important dans le pied, quoique le mécanisme de son action soit différent de celui des autres parties du sabot.

Elle a aussi trois fonctions distinctes; nous lui en trouvons même une quatrième que sa disposition nous démontre clairement.

La texture de la fourchette diffère essentiellement de celle de la muraille et de la sole; sa substance, molle et flexible, a une grande analogie d'action avec la gomme élastique. Elle cède à la pression, et reprend sa forme absolument de la même manière, quand elle n'est plus comprimée. Il arrive souvent que ce coin, écrasé par le poids qu'il supporte quand il pose sur un sol dur, s'élargit et force la région qu'elle occupe à s'écarter (1). Il revient sur lui-même et re-

(1) Les extrémités contournées du ressort formé par la mu-

prend son état habituel quand le pied quitte le sol. Il favorise donc ainsi à sa manière l'élasticité du sabot dans certains cas. Il agit ici comme les parties molles contenues dans la boîte cornée, au lieu d'opérer comme un ressort, tel que la muraille ou la sole.

Considérée comme protectrice, l'action de la fourchette n'est pas moins importante que celle des autres parties du sabot. En effet, l'extrémité du tendon le plus important, qui forme la corde tendineuse de la région du canon, s'implante en arrière de la surface plantaire de l'os du pied, au dessus de la fourchette. Par son élasticité et celle d'un coussinet fibro-graisseux *matelassé* sur lequel elle repose, elle concourt à protéger cette partie délicate contre les causes de blessures ou de contusions auxquelles elle est exposée par sa position.

En examinant la surface adhérente de la four-

---

raille sont fixées à la fourchette, qui les oblige essentiellement à s'écarter quand elle est forcée de s'élargir elle-même par son appui sur un sol dur. Bracy-Klarc ne partage pas cette opinion, qu'il considère comme une erreur. Suivant lui, la fourchette est une véritable corde d'arc pour la muraille. Nous admettons volontiers cette théorie en général ; mais est-il possible de nier l'écartement forcé de la fourchette et du coussinet plantaire, quand leur appui se fait sur un corps dur surtout ? Et si nous sommes forcés d'admettre cette expansion, pouvons-nous nier son influence sur l'éloignement des talons l'un de l'autre ? Nous posons cette question aux physiologistes.

chette détachée, on remarque une particularité qui ne manque pas d'importance ; nous ne devons pas oublier de la signaler, pour démontrer combien l'étude de cette nature de corne offre d'intérêt et mérite d'être appréciée. Cette surface est pourvue d'une rainure conique dont la pointe est vers le centre du pied. Sa base, beaucoup plus élargie aux talons, est surmontée d'une éminence qui s'enfonce dans la substance du coussinet lui-même, pour le bien fixer. Cet arrêtoir, appelé arrête-fourchette, doit concourir aussi à empêcher le coussinet plantaire de se porter trop avant dans le sabot, au moment d'une violente secousse surtout.

La fourchette sert donc à l'élasticité du pied, à le fixer au sabot, et à protéger l'insertion de la division la plus importante de la corde tendineuse. Voyons maintenant la quatrième fonction dont nous avons parlé.

Quand on fait macérer le sabot pour que toutes ses parties se détachent bien les unes des autres, on remarque qu'une bande circulaire, partant de la fourchette, entoure le bord supérieur de la muraille. Si on met le pied d'un cheval vivant dans un bain, on aperçoit bien distinctement cette bande, large de quinze millimètres environ, imbibée d'eau et gonflée en forme de petit bourrelet. Elle prévient le desséchement de la muraille à sa réunion avec la peau, à laquelle elle adhère fortement elle-même, et concourt ainsi avec succès à fixer le sabot. Cette bande a quelque analogie avec les brides qu'on attache à certaines chaussures, pour bien les fixer en passant sur le coude-pied.

D'après l'étude que nous venons de faire des diverses parties de l'ongle du cheval, nous pouvons conclure que leur élasticité individuelle concourt nécessairement à l'élasticité générale du sabot qu'elles composent. Voyons les conséquences qui doivent en résulter.

Quand on examine le pied de tous les animaux, on ne manque jamais d'observer que la partie qui pose sur le sol se dilate au moment de l'appui, et reprend sa forme ordinaire quand elle quitte la terre. Cela devait être : la plante du pied des animaux est pourvue de tissus mous qui cèdent sous la pression. Ils sont *matelassés* et très propres à protéger les os des pieds, leurs articulations et les tendons fléchisseurs des phalanges. Sans cette admirable prévoyance de la nature, les contusions contre le sol, ou les blessures, auraient rendu la progression difficile, sinon impossible. On conçoit que cette expansion du pied est aussi facile que naturelle chez tous les individus qui ont les extrémités libres. Mais quand elles sont emboîtées dans un sabot comme celui du cheval, comment admettre la conséquence des principes observés chez tous les animaux, si cette enveloppe n'est point élastique? Le sabot du cheval permet non seulement la dilatation observée aux pieds de tous les animaux, mais encore il favorise la rapidité des allures par sa détente comme ressort, et en affermissant les tissus qu'il enveloppe sans les blesser (1).

On nous dira peut-être que toute l'étendue de l'élasticité du sabot n'est pas rigoureusement indispensable, puisqu'on peut la borner sans trop d'inconvénient, par une bande de fer clouée au bord inférieur de la muraille. Cette objection spécieuse pourrait paraître juste aux personnes étrangères à la question, mais elle est sans fondement. L'expérience a prouvé que la ferrure est un mal nécessaire. En bornant le jeu d'élasticité du sabot, elle nuit aux fonctions naturelles du pied, provoque le rétrécissement des talons (l'encastellure), la compression des tissus et des boiteries presque toujours incurables. Jamais, ou bien rarement, un cheval qui n'a pas été

---

(1) Il nous est facile de nous expliquer ce double résultat. Le ressort formé par le sabot est tendu au moment de l'appui, il se détend quand le pied quitte le sol : il concourt par conséquent à enlever le corps et à favoriser la force de projection. Donnez à un danseur une chaussure élastique qui imite le sabot du cheval, et il gambadera à merveille ; privez-le de cet auxiliaire, et vous verrez la différence Quant à ce que nous disons, que les tissus du pied sont affermis par leur enveloppe, rien n'est plus vrai. Souvenons-nous avec quelle facilité nous marchons avec une bonne chaussure qui contient bien notre pied sans le blesser, et comparons son effet avec celui d'un soulier large dans lequel le pied, mal à l'aise, n'est point affermi ni bien emboîté, et il nous sera facile de conclure.

ferré ne sera encastellé ; jamais son pied ne sera déformé, amaigri, douloureux, comme on le remarque souvent par suite de l'action du fer. Aussi a-t-on imaginé une infinité de moyens pour préserver l'ongle de l'usure sans nuire à son jeu, et cherche-t-on toujours à résoudre ce problème. Les nombreuses expériences tentées jusqu'à ce jour ont été sans résultat satisfaisant (1).

Maintenant que nous avons étudié les différentes parties qui composent le sabot du cheval et leurs usages particuliers et généraux, il nous sera plus facile de juger des bonnes conditions de sa conformation.

La muraille adhère à l'os du pied, qu'elle tient solidement suspendu par sa disposition en voûte oblique ; elle le protège et lui sert de ressort. Pour bien fonctionner, elle devra être régulièrement inclinée de haut en bas, dans le sens des fibres qui la composent ;

---

(1) Si, comme l'arc ou les ressorts à double action, la muraille fléchit peu au centre, c'est-à-dire au point que l'on nomme la pince en terme de l'art, son jeu doit être très étendu vers les extrémités graduellement amincies ; la grande élasticité doit s'opérer vers les parties postérieures du pied. Cette disposition si bien combinée explique pourquoi, en ferrant un cheval, les clous doivent être placés vers la pince pour laisser aux quartiers et aux talons toute l'étendue d'élasticité que doit permettre la fixité du fer. C'est le seul moyen d'alléger, autant qu'on peut le faire, le mal incontestable causé par la ferrure.

elle sera contournée d'un côté à l'autre, sans inégalités, sans cercles ni crevasses, ce qui indiquerait que le mode de sa sécrétion est vicieux. Toute fente ou fissure (seime), partielle ou générale, sera toujours un défaut plus ou moins grave. Une muraille fendue est un ressort rompu, qui exige pour être réparé une opération souvent assez sérieuse, suivant le point où elle est nécessitée. Le bord de cette partie de l'ongle qui s'attache à la peau devra être uni, régulier, sans bosselure ni excroissance anormale. Elle pourrait avoir pour conséquence des boiteries souvent graves et difficiles à combattre.

Le bord supérieur comme l'inférieur sera bien contourné en forme de cercle ; si, quittant cette figure, il prend l'ovale, surtout vers les talons, il y aura vice de conformation. L'encastellure pourra en résulter, si elle n'existe déjà.

La muraille sera forte et élevée au point où elle se contourne pour former les talons, obligés par leur position de supporter un grand poids. Ces angles doivent être résistants. Des talons bas et faibles sont toujours mauvais ; ils causent des boiteries, par suite de contusions, de bleimes, etc.

La sole sera disposée en voûte pour bien fonctionner. Elle aidera ainsi la muraille à mieux supporter l'os du pied, et tout le poids dont il est chargé. Elle aura la faculté de mieux concourir à l'élasticité du pied en s'affaissant, et en forçant le ressort qui l'entoure à s'écarter. On ne devra remarquer sur sa surface, ni bosselures (ognons), ni éminences anormales, causes essentielles de boiteries souvent incurables.

La sole aplatie ou bombée est mal conformée; un pied plat est toujours un mauvais pied ; un pied comble rend le cheval impropre au service. Il est facile de le comprendre d'après l'étude que nous avons faite des fonctions du plancher du sabot. La muraille d'ailleurs ne réunit jamais, dans ces cas, les bonnes conditions d'action.

La fourchette sera bien nourrie, bien développée, surtout à sa base. Les talons alors, bien écartés l'un de l'autre, jouiront de toute leur élasticité naturelle. Si elle est amaigrie, resserrée, sèche, non seulement elle fonctionnera mal, mais les tissus qu'elle recouvre seront exposés à des maladies plus ou moins graves et difficiles à combattre.

Quand chacune des parties de l'ongle que nous étudions réunit les conditions de bonne conformation que nous venons de signaler, le pied est convenablement organisé et peut bien remplir ses fonctions; mais leur mauvaise disposition individuelle ou générale entraîne des vices de construction du sabot toujours sérieux. Les difformités qui en résultent diminuent la valeur du cheval en raison de leur gravité. Ainsi un pied plat, ou comble par déviation de la sole, encastellé par le rétrécissement des talons et l'altération de le fourchette, la mauvaise nature de la muraille, etc., sont autant de défauts dont il est important de calculer les conséquences. On ne négligera pas également l'examen du volume du pied : ordinairement petit et d'une corne dure dans les chevaux de sang, élevés dans les pays secs et montagneux, il est volumineux au contraire quand les races sont communes et pâturent dans des lieux marécageux. Ces faits sont constatés par l'observation pratique.

La nature du sol surtout paraît être la principale cause qui agit sur le volume du pied. Quelle que soit sa noblesse d'origine, un cheval de montagne aura toujours le sabot plus petit, plus dur que celui de la plaine. En Afrique, le cheval né sur les frontières du désert a le pied plus grand que celui de l'Atlas, quoiqu'il n'y ait pas de différence dans leur degré de sang et qu'ils soient élevés l'un et l'autre de la même manière et dans un pays sec et chaud.

La nature semble avoir donné aux animaux destinés à marcher sur un sol mouvant des extrémités plus propres à favoriser leur marche. Un pied large, en effet, est moins susceptible de s'enfoncer dans un terrain qui cède, qu'un autre d'une plus petite dimension et chargé du même poids. Cette considération doit-elle être négligée pour l'achat d'un cheval que l'on destine à être employé dans telle ou telle nature de sol? Pour servir dans un pays où les chevaux sont pourvus d'un grand pied, et pour cause, préférera-t-on un pied petit? Nous croyons que pour toutes les parties du corps, le choix doit toujours être relatif, et déterminé par l'usage et la fin proposée. Si chaque service nécessite une organisation particulière des individus, pourquoi les pieds qui les supportent seraient-ils soustraits à cette règle générale? pourquoi ne pas tenir compte des lois de la nature?

Les difformités naturelles ou accidentelles du pied, comme ses maladies, sont une question de chirurgie vétérinaire ou de maréchalerie. Les hommes spéciaux seuls pourront bien juger de leur gravité, du moyen d'en alléger les effets par la ferrure, ou de les guérir. Nous ne croyons donc point devoir donner ici des détails tout à fait étrangers à la nature des études que nous nous sommes proposé de faire. On consultera les ouvrages d'art vétérinaire, de ferrure, spécialement destinés à traiter de ces matières, si on veut les approfondir.

De la croupe.

La croupe, dont la charpente est formée par de grands os plats, est pourvue de larges surfaces pour recevoir l'insertion de ses muscles nombreux et forts. Elle est la plus développée de toutes les régions musculaires de l'animal, comme aussi elle en est une des plus importantes. C'est par elle que les efforts des membres postérieurs sont transmis à la masse du corps, au moyen des leviers variés qu'elle offre aux puissances musculaires. Sa beauté devra donc dépendre des bonnes dispositions de ces leviers et des muscles qui président à leur action.

Nous allons examiner les uns et les autres.

Quand on étudie les coxaux sur le squelette, on voit que ces deux os, qui forment la base de la croupe, soudés l'un à l'autre, ont deux parties bien distinctes : les deux extrémités antérieures fixées à la colonne vertébrale sont nommées *iliums*, et les deux postérieures, libres, *ischiums*. Ces derniers sont soudés l'un à l'autre, et par conséquent solidement unis. Les premiers sont assujettis au moyen d'une très forte articulation qui les lie au sacrum, de manière à faire presque corps avec lui. On trouve, au point du coxal où ces deux extrémités se réunissent, une cavité articulaire pour recevoir le premier rayon de colonne des membres postérieurs. Ce rayon sert en même temps de point d'appui au levier du premier genre que forment les coxaux. C'est au moyen de cet appui que le mouvement de bascule qui doit s'opérer s'exécute. Le coxal est donc un véritable levier qui a son point d'appui entre ses extrémités antérieure et postérieure.

Voyons maintenant quelles sont les fonctions de ce levier, et quelles peuvent être les conditions qui doivent favoriser son action.

Pour rendre notre étude plus facile d'abord, examinons le cheval au galop. Que se passe-t-il pendant cette allure? La partie antérieure du corps est soulevée par l'action de la postérieure. Or, quelle est cette action, si ce n'est celle du bras de levier formé par l'extrémité postérieure du coxal, sur lequel agissent les forts muscles ischio-tibiaux? Les ischiums, qui forment la pointe des fesses, sont là un bras de levier du premier genre, d'autant plus favorable qu'il est plus long. Ce fait est mathématique, incontestable. Toute la partie antérieure du corps, qui, sous le rapport mécanique, ne doit être considérée que comme le prolongement des iliums, ne peut être soulevée que par le mouvement de bascule des coxaux. Ce mouvement est provoqué par les puissances du bras de levier ischium, au moyen des points d'appui fournis par les colonnes des membres.

Le galop du cheval n'est donc au fond que la conséquence du mouvement de bascule opéré par le levier qui nous occupe. Cette allure est impossible sans son action. Or, comme la force d'un levier se traduit par la longueur du bras de sa puissance, il en résulte que plus les ischiums seront allongés, plus ils seront favorables au but proposé.

La longueur des ischiums, d'après les observations que nous avons pu faire chez le cheval, est à celle de l'ilium comme 3 est à 5 environ; sa longueur dépend naturellement de la longueur totale des coxaux; il en résulte que plus la charpente de la croupe sera longue, plus le bras du levier qui nous occupe sera lui-même allongé, et plus il sera favorable à l'action exigée (1).

Pour être favorable à la vitesse, la croupe, considérée comme levier, sera la plus longue possible; elle aura de plus l'avantage d'avoir des muscles plus longs, et par conséquent d'une plus grande étendue de contraction, ce qui est aussi une condition de vitesse. D'un autre côté, si l'ischium est très allongé, les puissances qui agissent sur lui seront plus éloignées du parallélisme qu'elles tendent à former avec la colonne des membres, et par conséquent elles se trouveront dans des circonstances plus favorables à leur action.

La croupe longue a donc le triple avantage 1° d'offrir un bras de levier plus grand à la puissance, 2° de rapprocher celle-ci de la ligne perpendiculaire à son insertion, 3° d'avoir des muscles plus longs pour une plus grande étendue de contraction.

Si un développement convenable des muscles ac-

---

(1) Le lièvre, dont la vitesse et la force de projection des membres postérieurs nous est connue, au lieu d'avoir le coxal courbe comme le cheval, a ce levier droit, ce qui favorise beaucoup son action. De plus, le point d'appui du fémur est au centre, ce qui donne un énorme bras de levier à la puissance; chez ce rongeur l'ischium est à l'ilium :: 1 : 1 à peu près, au lieu d'être :: 3 : 5 comme dans le cheval; aussi, quelle différence dans l'action!

compagne la longueur de la croupe, elle réunira les conditions de beauté qu'on doit en exiger, parce qu'elle sera longue et bien musclée.

Les amateurs qui s'intitulent praticiens, mais qui ne raisonnent pas, savent par ouï-dire qu'une croupe courte est mauvaise. Nous avons entendu des entraîneurs répéter que tel cheval ne peut pas courir, parce qu'il n'est pas assez long. Ils étaient dans l'erreur : le corps d'un cheval est toujours assez long quand il a une grande longueur de croupe et un grand développement d'épaule joint à son obliquité, n'oublions pas cette dernière qualité. Avec ces deux beautés, le cheval sera coureur, s'il a du sang, de l'âme; si au contraire son épaule est courte, si sa croupe est courte, il sera impropre à une grande vitesse, son corps serait-il aussi long qu'on puisse le supposer. Fitz-Emilius a la croupe aussi longue que son rein et son dos réunis, d'ailleurs très courts, ce qui fait sa puissance. On sait que ce petit cheval a déployé de grands moyens en toute circonstance. Eylau a aussi les reins et le dos courts, il a la croupe très longue en comparaison. Corisandre, Frétillon, Agar, etc., ont la même conformation. Tous les animaux de vitesse au galop doivent être construits de la même manière. Si un cheval brille sur un hippodrome avec une croupe courte, ce ne peut être qu'une rare exception et par compensation des qualités d'un autre ordre.

On nous avait beaucoup vanté un étalon pur sang comme type remarquable. Son éloge nous avait été fait par une personne dont le nom fait autorité à juste titre ; nous voulions être fixé sur son opinion. Nous avons examiné le cheval ; il a le dos et les reins longs, et la croupe courte : il ne sera jamais qu'un mauvais cheval de vitesse, quel que soit son sang. Il pourra avoir autant d'âme qu'on voudra ; ses rouages sont mauvais, donc la locomotive ne fonctionnera jamais comme on l'a supposé, quelle que soit la force de sa vapeur. L'expérience nous le prouvera.

On a beaucoup discuté sur les croupes droites, horizontales et inclinées. La préférence à donner à l'une ou à l'autre n'est pas encore arrêtée ; le choix, du reste, paraît assez difficile, quand dans un cas comme dans l'autre on trouve les conditon s de bonne conformation. Les uns soutiennent que les croupes horizontales sont plus favorables à la vitesse, parce qu'elles sont disposées pour mieux chasser le corps en avant ; d'autres contestent ce fait avec raison. Examinons l'un et l'autre cas suivant les principes puisés dans les lois de la mécanique.

La croupe horizontale, disent ses partisans, est plus apte à chasser le corps horizontalement en avant ; elle concourt à faire employer à cette fin toute sa puissance, au lieu d'en perdre une quantité à agir de bas en haut, comme cela se voit dans les chevaux à croupe oblique. Cette opinion, d'ailleurs bien fondée, est celle de M. le professeur Lecoq comme de bien d'autres. La croupe horizontale, formant une ligne droite avec le rein, a nécessairement sa partie postérieure élevée ; les angles formés par les rayons des membres postérieurs sont plus ouverts, le jarret est plus droit, les pieds sont moins engagés sous le centre de gravité. Cette disposition d'ouverture des angles, et d'élévation de la région postérieure de la croupe, nécessite des muscles plus allongés et par conséquent d'une plus grande étendue d'action. Tout cela est incontestable, l'ouverture des angles permet une plus grande étendue de leur détente favorisée par de longs muscles ; les membres s'engagent moins sous le centre de gravité du corps, et sont plus aptes à le chasser en avant, au lieu de le soulever comme on l'a dit.

Mais il ne faut pas confondre ici les différentes organisations de chevaux. Les partisans de la croupe horizontale ont raison avec les chevaux hauts du devant. Prenons ici un exemple exagéré, mais juste. Si la girafe était un animal de vitesse au galop, avec la disposition de la partie antérieure de son corps, il n'est pas douteux que les membres postérieures, fortement engagés sous le centre de gravité, le projetteraient en haut, au lieu de le pousser en avant. Mais, raccourcissons ses membres antérieurs de manière à ce que la croupe soit plus élevée que le garrot, et que l'encolure et la tête soient disposées en ligne horizontale : tout alors sera changé dans l'individu ; par suite du simple déplacement du centre de gravité, la projection aura lieu en avant au lieu de s'opérer en haut.

L'exemple que nous citons est rigoureusement applicable aux chevaux de vitesse. Les chevaux anglais, qui sont les plus forts coureurs dans un temps donné, sont bas du devant, ce qui favorise la projection du corps horizontalement, quelle que soit d'ailleurs la direction de la croupe. Si ceux qui l'ont oblique perdent par l'étendue de la détente, ils gagnent par l'avantage qu'ils ont d'engager plus avant leurs membres postérieurs; ils embrassent plus de terrain comme le font les lièvres, dont les foulées postérieures dépassent de beaucoup les antérieures. Les chevaux hauts du devant, avec une encolure rouée comme le type de Bourgelat, et à croupe oblique, galopent naturellement comme les chevaux andalous: au lieu de raser le tapis, ils s'enlèvent en pure perte pour la progression. Cette manière de galoper est commandée par leur organisation; l'attitude de leur tête et de leur encolure, portées en haut, déplacent le centre de gravité en arrière. Les coureurs bas du devant, au contraire, tendent horizontalement l'encolure et la tête de manière à en faire une ligne droite, un long balancier qui déplace le centre de gravité en avant. Voilà la source, la véritable cause de la facilité avec laquelle le corps est projeté en avant, au lieu de l'être en haut, par la détente des membres postérieurs, même par les chevaux à croupes obliques.

L'inconvénient de ces croupes peut donc être modifié par les dispositions de l'avant-main, suivant que cette partie du corps est basse ou élevée, et que la tête et l'encolure favorisent leur action. Les faits observés sur les hippodromes sont en faveur de notre opinion sur ce point. On sait qu'on ne fait aucune différence, pour la vitesse, entre un cheval à croupe horizontale et son concurrent à croupe oblique. Si le premier a des avantages d'un côté, le second en a de l'autre, et il en résulte une compensation qui peut niveler leurs conditions de vitesse comme structure, sinon comme sang.

La longueur de la croupe sera donc une grande qualité, mais elle n'est pas la seule que l'on doive désirer; il ne suffit pas qu'un levier réunisse les bonnes conditions d'action en lui-même, il faut encore que la puissance qui agit sur lui soit apte à en tirer bon parti. Quelle que soit la longueur d'un muscle et celle de son étendue de contraction, s'il est grêle, mal nourri, il sera faible et peu énergique. La croupe qui offre les plus belles lignes de puissance et les meilleures conditions d'étendue de mouvement remplira mal ses fonctions, si ses muscles sont peu développés en grosseur : elle pourra faire déployer une immense vitesse à un cheval chargé d'un poids très léger pendant trois ou quatre minutes; mais augmentez la charge et allongez la carrière, et la victoire de trois minutes sera une déception. Ce fait est plus important qu'on ne le croit pour l'amélioration des races. Que de mauvais chevaux, vainqueurs d'hippodromes, et considérés à tort comme reproducteurs types après une épreuve aussi incomplète, ont contribué à dégrader nos races ! Si nous voulions citer des noms et des faits, l'opinion que nous avançons ne manquerait pas d'appui sur tous les points de la France et dans toutes les espèces de chevaux. Mais ce n'est pas ici le lieu de traiter ces matières ; nous aurons occasion d'y revenir plus tard.

Il faut donc à la croupe, outre de belles lignes, de forts muscles, des puissances energiques à ses leviers. Elle ne sera réellement belle qu'avec ces deux conditions essentielles réunies.

Le mécanisme de la croupe est, comme on le voit, facile à expliquer par son mouvement de bascule sur ses points d'appui. Sa réaction se transmet au corps par son union à la colonne vertébrale, et surtout par les deux muscles (ilio-spinaux) qui partent de son sommet. Ces puissances se fixent à chacune des vertèbres des reins et du dos, et soutiennent ainsi toute la ligne dorsale. Quand leur point fixe est à la croupe, ils contribuent à enlever l'avant-main. Ils concourent aux mêmes fonctions pour l'arrière-main, quand ce point change, et qu'il est aux régions antérieures de la colonne vertébrale. Le galop est-il autre chose que l'action alternative des muscles dont nous parlons à l'avant et à l'arrière-main, et les mouvements de bascule des coxaux ?

La croupe est quelquefois anguleuse, ce qui est dû à la nature de ses éminences osseuses. Cette particularité est toujours une beauté, parce qu'elle indique la longueur des bras de leviers de puissances, ou des éminences osseuses qui les éloignent du parallélisme défavorable à leur action. Telles sont les croupes cornues, tranchantes, celles qui ont les fesses fortement accusées.

Cependant, il ne faudrait pas confondre les croupes anguleuses par suite de l'amaigrissement des muscles avec celles qui le sont naturellement et par conformation ; les coxaux sont toujours anguleux quand le système musculaire qui les recouvre est émacié. Nous ne voulons parler que des croupes d'ailleurs bien nourries, comme le sont celles des chevaux bien entraînés, par exemple.

Quand les muscles croupiens sont gros, et les éminences osseuses peu prononcées, la croupe est arrondie, potelée ; son milieu offre même une dépression, une gouttière qui lui fait donner le nom de croupe double. Ce genre de croupe caractérise les chevaux de trait et beaucoup de races communes ; elle ne se remarque pas dans les chevaux de sang, parce que leurs muscles sont plus denses, par conséquent plus forts, quoique moins gros ; les éminences osseuses de leur charpente sont toujours mieux accusées. Bourgelat, qui trouve que les croupes tranchantes sont *défectueuses*, *parce qu'elles déplaisent à la vue*, dit que *cette imperfection est très souvent réparée par la vigueur, la force des reins et la beauté de l'action du jeu de l'arrière-main*. Il eût bien fait d'ajouter que c'était parce qu'une croupe anguleuse bien musclée et très longue est le modèle des croupes. Jamais elles ne doivent déplaire, parce qu'elles réunissent toutes les conditions physiologiques et mécaniques propres à un bon résultat.

De la hanche.

La hanche a pour base l'angle externe de l'ilium. Cette région, nécessairement confondue avec la croupe, n'a pas de bornes tranchées. Nous ne comprenons pas ce que les auteurs ont voulu dire par hanche courte et hanche longue. Ont-ils voulu parler de la longueur de l'ilium depuis son angle externe jusqu'à la crête sucotyloïdienne? S'il en est ainsi, la hanche la plus longue sera toujours la plus belle, suivant notre théorie sur la longueur de la croupe.

Bourgelat, qui blâme les hanches courtes, comme les hanches longues, ne signale pas de base pour appuyer son opinion. « Sont-elles courtes, sont-elles » trop longues, dit-il, elles sont évidemment défec» tueuses (1). » Quel en est le motif? Nous avouons en toute humilité que nous ne comprenons pas cette théorie, pas plus que les raisonnements donnés par

---

(1) *Traité de la conformation extérieure du cheval*, page 165.

son auteur pour la soutenir. Malgré toute l'admiration que nous avons pour les œuvres du grand maître et tout le respect dû à sa mémoire, nous sommes obligé d'avouer qu'on ne trouve rien de satisfaisant dans ce qu'il a dit sur la hanche ; du reste, nous y renvoyons le lecteur pour qu'il puisse se convaincre lui-mêm.

Pour nous, la hanche est la partie de la croupe qui a l'angle externe de l'ilium pour base. Elle est donc tout simplement une des régions de cette partie du corps comme les fesses en sont une autre. Nous ne reconnaissons pas plus de longueur que de brièveté à la hanche qu'à la fesse ; mais ces deux régions peuvent être plus ou moins saillantes, et c'est de cette condition que dépend leur beauté, suivant notre théorie sur toutes les éminences osseuses.

Il arrive souvent que la pointe de la hanche se déplace dans les jeunes animaux par suite de la luxation de l'épiphyse de la pointe de l'ilium. Cet accident, facile à découvrir en comparant les deux hanches, change naturellement le point d'attache des muscles, dont l'action doit différer de celle des muscles opposés ; quelque légère que soit la différence, il doit donc nuire à la régularité absolue du mouvement. Il est facile de se convaincre qu'un cheval est éhanché, par un examen attentif de l'action des hanches au pas, au trot, ou au galop.

Les hanches n'étant qu'une dépendance de la croupe, nous renvoyons le lecteur à l'étude de cette partie importante du corps du cheval, pour juger des conditions de leur beauté.

De la queue.

La queue a pour base les coxigiens. Sa finesse, comme celle de ses crins soyeux, caractérise les chevaux de race noble, qui la portent bien détachée des fesses pendant l'action. Une grosse queue, chargée de crins grossiers et nombreux, appartient aux races communes. Le cheval s'en sert pour chasser les mouches. S'il l'avait coupée, comme cela se voit quelquefois, il lui serait difficile de rester dans les pâturages pendant les chaleurs de l'été. Une poulinière privée de sa queue serait difficilement bonne nourrice. Sans cesse tracassée par les insectes, la sécrétion du lait en souffrirait.

Presque tous les chevaux de sang portent la queue horizontalement à sa base, surtout quand ils ont la croupe droite. C'est un caractère de distinction de race. On a cherché à le provoquer, quand il n'existe pas, par la section des muscles coxigiens abaisseurs. Cette opération, imitée des Anglais, n'est pas toujours judicieusement pratiquée. Une queue portée horizontalement, avec une croupe avalée par exemple, et chez un cheval commun, est ridicule, c'est un contre-sens, c'est un objet de toilette recherché jeté au milieu d'un accoutrement grossier.

La queue est quelquefois en partie dépourvue de

crins. On a vu des marchands de chevaux cacher ce défaut disgracieux par une fausse queue. Nous ne signalons ce fait, que nous avons observé, que pour attirer l'attention de l'acheteur.

De l'anus.

L'anus est protégé chez tous les mammifères soit par la queue, soit par la proéminence des fesses. Quand un animal est frappé ou menacé de l'être, il serre rapidement et par instinct la queue contre cette ouverture naturelle. Est-ce pour la préserver? Est-ce pour tout autre motif? Nous soumettons cette question aux esprits observateurs.

Tous les chevaux de sang et d'énergie ont en général l'anus petit, bien fermé. Son bourrelet circulaire est bien roulé, peu volumineux et dur. Il s'ensuit qu'à la seule inspection de l'anus, on peut être conduit à conclure sur les qualités du sang du cheval. Un animal commun, d'une constitution molle, lymphatique, un mauvais cheval enfin, aura ordinairement l'anus volumineux, quelquefois béant ou mal fermé. Son bourrelet est gros et flasque, et il ballotte pendant la marche. Ces caractères ne se remarquent jamais chez le cheval de sang et d'énergie, à moins qu'il ne soit ruiné par les mauvais traitements, l'excès de travail ou les maladies.

Ces détails, qui, pris isolément, sont peu significa-

le sont beaucoup unis à d'autres. Il est donc utile de ne pas les négliger.

Des fesses.

Les fesses ont pour base les ischiums. Nous avons prouvé, en parlant de la croupe, que ces os sont un bras de levier de puissance d'autant plus favorable qu'il est plus long. Les fesses les plus proéminentes, les plus éloignées du point d'appui offert par les colonnes des membres, seront donc les plus belles.

Cependant, la longueur d'un bras de levier n'est pas toujours la seule bonne condition de son action; l'intensité de celle-ci dépend encore de la somme de la puissance qui la détermine, et de sa nature. On conçoit donc que les muscles fessiers doivent être forts, énergiques et longs. S'ils réunissent ces qualités, ils auront l'avantage de la force par leur développement, et celui de la vitesse par l'étendue et l'énergie de leur contraction : le cheval sera donc bien culotté; les muscles de ses fesses, bien fournies, descendront très bas vers le jarret. S'ils sont courts et gros, ils seront forts, mais peu favorables à la rapidité des allures, par leur peu d'étendue de contraction. S'ils sont longs et grêles, ils seront très favorables à la vitesse; mais ils manqueront de force et de résistance. Les hippodromes fourmillent d'exemples de cette nature.

Pour être belles, les fesses seront donc bien accentuées; leurs muscles, bien nourris et compactes, devront se prolonger le plus possible vers les jarrets.

De la cuisse et de la rotule.

La cuisse a pour base le fémur dirigé obliquement en avant, comme l'épaule. Cette analogie de direction commande naturellement une analogie d'action entre ces deux régions du corps, pour la progression. Dans l'une comme dans l'autre, la longueur et le plus grand degré d'inclinaison naturelle favorisent essentiellement la vitesse, en permettant au rayon qui les suit une plus grande étendue de jeu, en avant surtout. Nous l'avons vu en traitant de l'épaule et du bras. Si le fémur était droit, son mode d'articulation avec le tibia bornerait l'étendue de la jambe en avant, et perdrait du terrain qu'elle doit embrasser. Les chevaux à croupe oblique ont la cuisse et tous les autres rayons des membres plus inclinés que les chevaux à croupe horizontale; aussi, pendant l'action, les premiers engagent-ils les membres postérieurs plus avant sous le centre de gravité, comme nous l'avons fait remarquer en traitant de la croupe. Cet avantage, nous l'avons vu, est favorable à la vitesse.

L'extrémité inférieure de la cuisse se termine par la rotule, qui correspond au genou de l'homme. On veillera à ce que cette poulie de renvoi ne soit pas luxée, déviée de la place qu'elle doit occuper pour bien fonctionner. Elle joue le plus grand rôle dans le mouvement d'extension de la jambe sur la cuisse, puisque c'est par elle que les efforts des puissants muscles extenseurs, qui partent du fémur, se transmettent au tibia. Il est donc essentiel que cette région réunisse les conditions propres à l'importance de ses fonctions, et qu'elle soit exempte de blessures ou maladies de tout ordre.

Quelles que soient la direction et la longueur de la cuisse, elle devra être toujours bien musclée, et se confondre régulièrement avec la croupe qu'elle supporte, et la jambe qui la suit.

Le mode d'articulation de la cuisse lui permet, comme celui du bras à l'épaule, les mouvements dans tous les sens; il n'y a de différence que dans leur étendue. Ceux du fémur sont plus bornés que ceux de l'humérus, ce qui est dû à une disposition de solidité nécessaire à la cuisse et à ses fonctions.

De la jambe.

La jambe a la plus grande analogie avec le bras par ses fonctions pour la progression, sa direction, et le mode d'action des puissances qui le font mouvoir. Comme lui, elle est inclinée en arrière, et forme avec le fémur un angle plus ou moins ouvert. Le tibia long et bien incliné favorisera la vitesse par une plus grande ouverture du compas dont il forme une branche, de la même manière qu'au bras. Nous ne reviendrons pas sur cette théorie, qui est absolument la même que celle que nous avons développée en parlant du bras et de l'épaule. Ce sont toujours mêmes conséquences, résultant des conditions plus ou moins favorables de longueur et d'inclinaison des rayons, et d'étendue des muscles qui provoquent l'action.

Une jambe bien musclée, longue, et bien inclinée en raison dela direction du fémur, sera favorable à la vitesse; si elle est courte, elle sera plus apte à la force. Tous les animaux de vitesse ont les membres longs, pour embrasser beaucoup de terrain. Ceux, au contraire, qui ont beaucoup de force et les allures moins rapides, ont les membres courts. Ce fait s'observe non seulement dans les animaux d'une même espèce, mais dans tout le régne animal. Cela s'explique facilement. On sait que les leviers du troisième genre dominent dans les membres. Ce sont eux en effet qui sont les plus favorables à la rapidité de déplacement de leurs rayons. Mais cette vitesse, d'autant plus étendue que le rayon qui la parcourt est plus long, n'est acquise qu'aux dépens de la force qui la détermine, puisque l'intensité de la résistance est ici en raison de sa longueur. Il en résulte que, plus l'espace parcouru par le rayon mis en mouvement sera grand, plus la puisssance perdra de son intensité. Le contraire aura lieu avec des conditions opposées. La force reconnue aux muscles courts n'a et ne peut avoir pour cause que les conditions mécaniques qui favorisent les puissances aux dépens de la vitesse, n'importe la nature des leviers; comme la rapidité des allures ne peut être acquise qu'aux dépens de la force, à égalité de conditions de sang, de taille, etc., un cheval à longues jambes l'emportera toujours en vitesse de quelques instants, avec un poids léger, sur son concurrent, aux membres plus courts, mais vigoureux et bien conformés. Il s'ensuit que tel vainqueur d'hippodrome peut être un fort mauvais étalon, malgré ses prouesses, quand le vaincu, méprisé par le vulgaire, est un excellent type de race, comme sang et comme conformation. Nous en avons assez de preuves dans nos dépôts d'étalons.

Les animaux des montagnes, comme les hommes, ont les membres courts et forts, pour gravir les mauvais chemins et les pics escarpés ; ceux des plaines les ont allongés, mais quelle différence dans le fonds! Les chasseurs des plaines reconnaissent les lièvres descendus des montagnes au peu de longueur de leurs jambes, en comparaison des indigènes, et à leur résistance au courre : les chiens forceront deux lièvres de la plaine avant de fatiguer un seul montagnard. Un grand échassier de cheval, quelle que soit sa vitesse d'un tour d'hippodrome, sera toujours forcé par un concurrent près de terre en augmentant le poids de charge, et en allongeant la carrière pour une épreuve sérieuse.

Des jarrets.

Quand nous avons traité du coude, nous avons dit que son jeu était exactement le même que celui du jarret. Ce sont les mêmes mouvements, exécutés sous l'influence des mêmes lois mécaniques. Mais comme le travail de l'articulation que nous allons étudier est d'une importance relative infiniment plus grande, la différence qui existe entre ces deux régions du corps ne peut s'établir qu'entre leurs conditions de solidité, de force et de résistance.

Les jarrets, qui ont pour base les os tarsiens avec leurs ligaments et les tendons qui y aboutissent, sont, de toutes les articulations des membres, celles qui jouent le rôle le plus important. Non seulement ils supportent le poids dont ils sont chargés, mais encore ils doivent résister aux efforts des muscles énormes de l'arrière-main, quand ils se contractent ensemble pour chasser le corps en avant, à toutes les allures. C'est donc aux jarrets à soutenir, par la puissance de leurs ressorts, l'action des muscles d'une part, et de l'autre la réaction de la résistance du sol, qui favorise le résultat de leur détente pour la progression.

L'articulation que nous étudions se trouve donc placée entre les puissances qui déterminent sa détente et la résistance du sol, qui la fait transmettre au corps. Ce cas demande des conditions spéciales d'organisation mécanique que nous allons examiner.

Comme aux genoux, l'articulation des jarrets, la plus compliquée de toutes celles du corps, est formée par deux couches d'osselets qui multiplient ses surfaces articulaires, et modifient la dureté des réactions. Ces osselets n'auraient pas donné, tels qu'ils sont, et quelle que soit soit l'intimité de leur union, une surface articulaire assez solide pour recevoir l'os de la jambe; la nature a donc placé sur leurs assises un os court et gros (astragale) qui lui sert d'intermédiaire avec le tibia. Il est pourvu d'une gorge profonde, circulaire, de manière à former une véritable poulie, qui reçoit les reliefs de l'os qui fait charnière avec elle, et rend leur articulation de la plus grande solidité.

Qu'on se figure une demi-poulie qui reçoit un corps s'adaptant parfaitement à sa gorge et à ses lèvres, avec de forts ligaments latéraux, pour empêcher le désengrenage; on aura une juste idée de la nature et de la solidité de l'articulation du tarse avec la jambe.

Mais ce n'est pas tout : un autre os allongé (*calcaneum*) se trouve placé en arrière de l'astragale, s'adapte parfaitement avec lui, et concourt à le fixer. Il forme, de plus, le bras de levier des puissances qui provoquent le jeu du jarret, et en détermine la largeur par sa longueur. C'est de cette dernière condition que dépendent les avantages de son action suivant la règle générale établie pour tous les bras de leviers des puissances.

La longueur du calcaneum, qui règle la largeur du jarret, sera donc sa beauté, puisqu'elle favorisera la puissance des muscles pour la projection du corps.

On peut conclure, d'après ce que nous venons de dire, que l'articulation du jarret est d'une grande solidité par l'engrenage du tibia et de l'astragale. Quels que soient les violents efforts qu'elle doit soutenir, sa luxation est impossible, s'il n'y a pas fracture ou déchirement des ligaments. Nous ne pensons pas qu'on en ait vu d'exemple.

Les deux principales conditions du jarret sont la solidité de l'union de ses os, et le bras du levier qui détermine sa largeur. Voyons maintenant quels sont les vices de conformation capables de nuire à sa puissance ou à la liberté de son action.

Les défauts de la conformation du jarret sont toujours la conséquence de la mauvaise disposition de sa charpente osseuse. Ses tares dépendent de l'altération partielle ou générale d'un ou plusieurs de ses os, ou des maladies de ses parties molles. Nous allons examiner successivement chacun de ces défauts.

Quand un jarret est étroit, il est nécessairement faible. Rien n'est plus facile à comprendre. Le bras du levier formé par le calcaneum est trop court, et par conséquent défavorable à la puissance représentée par la corde qui se fixe à son extrémité pour le faire agir. Un pareil jarret manque de sa condition de force la plus importante. Non seulement il a peu de ressort, mais il s'use vite, parce qu'il ne peut résister longtemps aux efforts que nécessite la projection du corps.

Les éminences osseuses naturelles que l'on remarque à la face interne ou externe des jarrets de quelques chevaux à formes anguleuses peuvent n'avoir aucun inconvénient ; mais si elles sont accidentelles, si elles se déclarent par la suite de blessures où de fatigue, elles deviennent des tares, et par conséquent des vices plus ou moins graves. On leur a donné des noms différents pour les distinguer : suivant les points du jarret où on les observe, elles prennent le nom de courbe, de jardon ou d'éparvin.

La courbe est le développement morbide de l'extrémité inférieure et interne de l'os de la jambe. Le volume de l'exostose qui s'y forme devient souvent extrêmement gros, et borne le jeu de flexion du jarret. D'un autre côté, les ligaments articulaires qui partent de ce point pour se fixer à l'astragale éprouvent des dérangements qui nuisent à leur action, et doivent y produire des maladies. Cette tare est facile à découvrir quand elle est fortement accusée. Si elle est peu apparente, on la distingue en comparant ce point du tibia au tibia opposé.

L'éparvin a son siége sous la courbe. Il est la conséquence d'une exostose qui s'est formée au point d'union du canon avec la première assise des osselets du jarret et de la tête du péroné interne. Cette tumeur ne borne pas le jeu de l'articulation, mais elle se développe sous les ligaments articulaires qui unissent l'extrémité interne du canon et la tête du péroné aux tarsiens. Elle détermine donc nécessairement des tiraillements ou des déviations des brides ligamenteuses, et provoque des boiteries, par la douleur dont elle est devenue le siége.

C'est encore par la comparaison des parties correspondantes qu'on s'assure de l'existence de l'éparvin.

Un mouvement brusque de flexion du jarret a reçu le nom insignifiant d'*éparvin sec*. On n'a pas encore reconnu la cause de ce mouvement saccadé, qu'on remarque chez certains chevaux, tantôt à un membre, tantôt aux deux.

Le jardon est une tumeur osseuse opposée à l'éparvin ; il a son siége sur la tête du péroné externe, et le tarsien, qui lui est superposé. Cette tarre a l'inconvénient de provoquer des déviations anormales des ligaments qui unissent ces deux os entre eux. Quand elle se prolonge trop en arrière, elle touche la corde tendineuse qui descend de la pointe du jarret vers le boulet, et peut en déterminer l'inflammation lente par le frottement. Il arrive même que cette corde est déviée de sa direction, quand l'exostose est trop développée. Dans ce cas, on conçoit que les conséquences en sont toujours graves. On s'aperçoit de ce vice sérieux, quelquefois naturel à quelques chevaux qui ont le jarret mal conformé, à la courbure anormale qu'on remarque en arrière du siége du jardon. Le jarret est courbé à cet endroit, au lieu de former une ligne droite depuis sa pointe ; le tendon est soulevé, dévié par la tumeur osseuse sous-jacente.

Tels sont les vices principaux qui trouvent leurs causes dans les altérations des os des jarrets.

Ceux qui sont la conséquence des maladies des parties molles sont aussi souvent fort graves. Les principaux sont causés par l'altération des membranes synoviales et les troubles qui en résultent dans leur sécrétion. Nous allons expliquer comment nous le comprenons.

On sait que les membranes synoviales sont de petites bourses fermées de toutes parts, interposées dans toutes les articulations, et partout où se trouvent des poulies de renvoi pour le passage des tendons. Elles ont pour but de sécréter la synovie, liquide onctueux qui facilite au suprême degré les frottements et les glissements. Elles préviennent ainsi l'usure, l'irritation des parties contiguës qui frottent les unes contre les autres. Ce liquide remplit exactement dans la machine animale, mais à un degré bien autrement perfectionné, les mêmes fonctions que les huiles ou les graisses employées dans les arts pour les engrenages ou les axes tournants, etc. Si les organes qui fabriquent la synovie, exempts d'altérations, se conservent dans de bonnes conditions de fonctions, les mouvements des rouages et des engrenages s'opèrent convenablement. Si, par suite d'excès de travail ou de toute autre cause, ils deviennent malades, leur produit de fabrication, nécessairement altéré, remplit mal ses fonctions, d'ailleurs aussi importantes que délicates. Quand on emploie de la mauvaise huile pour les rouages d'une montre, on sait ce qu'il en résulte; dans la machine animale, l'effet est bien autrement grave. Cette courte explication suffira pour faire comprendre ce que nous avons à dire sur les tares des jarrets, par suite des maladies des parties molles.

Nous avons dit que l'articulation du jarret est la plus compliquée de toutes celles du corps. Outre ses deux surfaces articulaires multiples, il a deux points faisant fonctions de poulies de renvoi : ce sont la pointe du calcaneum, sur laquelle glisse un des tendons de la corde du jarret pour se rendre au boulet, et une coulisse qui se trouve à la base du même os, et du côté interne, pour donner passage au tendon profond. Chacun des points où glissent ces tendons est pourvu d'une bourse synoviale qui y sécrète la synovie nécessaire au glissement. Tant que ces bourses conservent leur état normal, les poulies de renvoi fonctionnent parfaitement. Si elles s'irritent, leur sécrétion est troublée ; la synovie est de mauvaise nature, elle est mélangée à d'autres liquides, à de la sérosité, du pus, du sang. L'huile alors, au lieu d'être limpide et épurée, est trouble et altérée ; elle ne facilite plus le frottement au même degré, et les corps frottés s'irritent et sont malades ; leur substance finit même par se corroder. C'est ainsi que l'on voit la poulie du jarret et la troklée du tibia s'user après la destruction partielle de la synoviale et des cartilages d'incrustation. Cette usure est absolument comme celle d'une charnière métallique qui fonctionne long-temps sans huile ni graisse. Mais revenons aux parties molles, que nous étudions.

Par suite du trouble de leur sécrétion, les bourses synoviales des deux poulies de renvoi du jarret se distendent par surabondance du liquide contenu ; il en résulte ce qu'on nomme des molettes aux articulations ordinaires, des vessigons ou des capelets aux jarrets.

Les capelets, placés à la pointe des calcaneums, sont quelquefois la conséquence des maladies dont nous venons de parler. Alors ils sont toujours un vice grave, parce que l'expansion du tendon qui glisse sur la pointe du calcaneum s'irrite, et provoque des boiteries d'autant plus opiniâtres, que leur siége est dans un état permanent de travail.

Quand les capelets ne sont dus qu'à un épaississement de la peau ou du tissu cellulaire sous-cutané, ils n'ont aucune suite fâcheuse ; ils ne sont que disgracieux à l'œil. Il importe donc de savoir bien distinguer le capelet résultant d'une surabondance de liquide synovial de mauvaise nature de celui qui n'est que la conséquence d'un épaississement du tissu cellulaire sous-cutané souvent accidentel et passager. Dans le premier cas, le capelet est toujours plus gros, et fait saillie sur les côtés ; en le comprimant à droite et à gauche avec les doigts, on sent la fluctuation du liquide contenu. Dans le second au contraire, point de fluctuation ni de boursouflement latéral. La tumeur est sur la pointe du jarret, sur l'expansion du tendon perforé, au lieu d'être sous elle, et sur les côtés.

Les vessigons sont des tumeurs molles qui se développent à la face interne ou externe du jarret, et souvent des deux côtés. S'ils ne sont que l'effet d'une surabondance de synovie de bonne nature, comme on le voit chez quelques jeunes chevaux, ils sont sans inconvénient, et disparaissent souvent avec l'âge. Mais s'ils sont la suite des maladies dont nous avons parlé, ils caractérisent des altérations plus ou moins profondes des surfaces articulaires, ou de la poulie de renvoi du tendon profond. Pour prouver la gravité de ce dernier cas, nous devons rapporter un des faits les plus remarquables que nous ayons jamais observés.

Remorqueur, vieil étalon de gros trait, avait été réformé du haras du Pin ; il était employé à l'exploitatoin du domaine de cet établissement en 1841. Un vessigon énorme occupait depuis long-temps la face interne de son jarret gauche, et gagnait même la face externe. Usé, et ne pouvant plus servir avec avantage, ce cheval fut sacrifié pour des études anatomiques. Le vessigon contenait un liquide séreux, rougeâtre, et sans caractère de synovie ; il n'avait donc pu en tenir lieu. Le tendon du tibio-phalangien s'était usé par son frottement contre la coulisse du calcaneum, comme une corde ordinaire qui frotterait contre l'angle d'un corps dur privé de graisse ou d'huile ; il ne tenait plus que par quelques fibres, et il n'est pas douteux qu'il se serait rompu au moindre effort, si l'animal avait encore vécu quelque temps employé au trait. Les élèves de l'école des haras eurent occasion d'observer ce fait, dont la théorie leur fut développée.

D'après cet exemple, l'on peut conclure de la gravité d'un vessigon résultant de maladies des membranes synoviales, à l'articulation la plus compliquée comme la plus importante de tout le corps par ses fonctions.

Le jarret varie de direction suivant la structure de sa charpente osseuse : il peut être plus ou moins coudé ou droit. Examinons les avantages et les inconvénients de ces deux conditions.

Le jarret coudé est plus favorable à la force, parce que la corde de la puissance s'y insère plus perpendiculairement. Le tendon d'Achille de l'homme forme un angle droit avec le calcaneum ; aussi, malgré le peu de longueur de ce bras de levier, voit-on des danseurs exercés nous étonner par la force de leur jarret (1). Le kanguroo, qui fait des bonds énormes, a un long calcaneum qui reçoit perpendiculairement aussi le tendon d'achille ; sans cela, son jarret serait loin d'avoir la même puissance. Tous les animaux forts sauteurs ont la même disposition plus ou moins bien tranchée ; deux raisons y contribuent : l'avantage fourni par le jarret d'abord, et la propriété qu'ont les membres à jarrets fortement coudés de pouvoir

---

(1) Le jarret de l'homme, comparé à celui du cheval, est formé par les tarsiens : il ne peut donc pas être à l'articulation fémoro-tibiale.

mieux s'engager sous le centre de gravité, pour le soulever avec plus de facilité dans le sens du saut vertical.

Le jarret coudé sera donc plus favorable à la force. Mais, s'il a cet avantage sur le jarret doit, ce dernier sera plus propre à la vitesse par la plus grande étendue de sa détente. En effet, si le compas d'un jarret coudé s'ouvre d'une quantité comme quatre dans toute son ouverture, celui qui est formé par le jarret droit s'ouvrira d'une quantité comme cinq, six, ou plus, suivant son degré d'ouverture naturelle. La flexion étant à peu près la même dans l'un comme dans l'autre, celui qui aura l'extension la plus grande sera naturellement le plus propre à l'étendue de projection. Ce fait est assez palpable pour n'avoir pas besoin d'autre explication. D'un autre côté, le membre du jarret coudé se porte plus en avant sous le centre de gravité, et tend à faire perdre, au bénéfice de la progression, la puissance qu'il développe pour le saut vertical, si une disposition spéciale de l'avant-main comparée à l'arrière-main n'y remédie (1).

Du reste, le jarret coudé appartient généralement aux chevaux bas de derrière et à croupe oblique; chez eux, tous les angles des membres postérieurs sont plus fermés. Les jarrets droits, au contraire, coïn-

---

(1) Nous avons développé cette théorie en parlant de la croupe.

cident avec les croupes horizontales haut placées; dans ce cas tous les angles des rayons sont plus ouverts. Le cheval alors paraît bas du devant en comparaison de la hauteur de sa croupe.

Du reste, les jarrets seront sans déviation en dedans comme en dehors, et dans la direction d'un plan parallèle à l'axe du corps. Il n'y aura pas alors décomposition des puissances par le flageollement, et par conséquent perte de force pour la progression. La détente se fera toujours dans la direction de la ligne de projection du corps.

Les chevaux de sang ont généralement les jarrets secs et bien dessinés. Les races communes les ont souvent empâtés ; leurs éminences osseuses sont noyées dans une peau épaisse et dans un tissu cellulaire abondant, ce qui du reste ne détruit pas leur puissance, s'ils sont dans les bonnes conditions mécaniques que nous avons indiquées.

Il est facile de conclure maintenant que la beauté du jarret dépend de la largeur commandée par la longueur du calcaneum, et de l'intégrité de ses parties constituantes.

Du canon, du boulet et du pied.

Nous renvoyons le lecteur à ce que nous avons dit sur ces différentes parties en traitant du membre antérieur. Les théories que nous avons développées sont exactement les mêmes. La seule différence est dans la disposition du canon : il est plus allongé, plus arrondi et plus fort aux membres postérieurs. Ces dispositions étaient nécessaires aux fonctions générales des colonnes dont ils font partie.

Troisième Partie

I.

DES PROPORTIONS DU CHEVAL D'APRÈS BOURGELAT.

Tous les auteurs qui ont écrit sur la conformation du cheval, depuis Bourgelat surtout, ont considéré les proportions établies par ce grand maître comme une heureuse combinaison de mesures avec lesquelles on peut apprécier les beautés du cheval. Cette erreur grave, qui s'est transmise par l'enseignement et l'autorité du créateur de la médecine vétérinaire, n'a pas peu contribué à égarer le jugement de ceux qui l'ont acceptée comme un acte de foi. Non seulement ces règles, sans base raisonnée, ne peuvent fixer celui qui veut méditer sur la conformation de la locomotive animée que nous étudions, mais encore elles sont pour la plupart contraires aux bonnes lois de mécanique qui doivent toujours dominer dans l'ensemble de tout appareil locomoteur vivant ou inerte.

Bourgelat, tout occupé d'abord d'assurer l'avenir

de son œuvre principale, la création de la médecine des animaux, n'eut pas le temps de réfléchir sur chacun de ses détails (1). La haute intelligence dont il était doué, sa vaste érudition, ses connaissances spéciales dans l'art de l'équitation, n'auraient pas tardé à lui faire modifier ce qu'il avait écrit de peu en har-

---

(1) Buffon avait compris avant Bourgelat toute l'importance de la médecine vétérinaire et les services qu'elle était appelée à rendre à l'agriculture. En s'occupant de la morve du cheval, il dit : « Je ne parlerai pas des autres maladies des chevaux : ce serait trop étendre l'histoire naturelle que de joindre à l'histoire d'un animal celle de ses maladies. Cependant, je ne puis terminer l'histoire du cheval sans marquer quelques regrets de ce que la santé de cet animal utile et précieux a été jusqu'à présent abandonnée aux soins et à la pratique souvent aveugle de gens sans connaissances et sans lettres. La médecine que les auteurs ont appelée *médecine vétérinaire* n'est presque connue que de nom. Je suis persuadé que, si quelque médecin tournait ses vues de ce côté-là et faisait de cette étude son principal objet, il serait bientôt dédommagé par d'amples succès; que non seulement il s'enrichirait, mais même qu'au lieu de se dégrader, il s'illustrerait beaucoup. Et cette médecine ne serait pas si conjecturale et si difficile que l'autre : la nourriture, les mœurs, l'influence du sentiment, toutes les causes, en un mot, étant plus simples dans l'animal que dans l'homme, les maladies doivent aussi être moins compliquées, et par conséquent plus faciles à traiter et à juger avec succès ; sans compter la liberté tout entière qu'on aurait de faire des expériences, de tenter de nouveaux remèdes et de pouvoir as-

monie avec les lois de mécanique sur la conformation du cheval, et notamment sur ses proportions. Il n'est pas permis de douter de ce que nous avançons ici sur notre maître à tous en science hippique, quand on lit dans le chapitre où il traite de la nécessité des proportions :

« Nous ne pousserons pas plus loin ici ces observations, que nous pourrions étendre à l'infini par le » développement d'une foule de principes évidents et » applicables à tous les points qui, dans le corps du » cheval, correspondent les uns aux autres à titre de » cordes, de leviers, de points d'appui, de puissance » et résistance. Il suffit de ces simples apparences et » cette très légère ébauche pour juger de la somme » de lumières qui, résultant de cette manière d'étu- » dier et de rechercher l'animal, mettrait notre es- » prit au niveau des rapports et des conditions qui » sont pour nous autant de mystères, dont la révéla- » tion importe essentiellement néanmoins, dans tou- » tes les circonstances, à la perfection de la science du » manége (1).

---

sister sans crainte et sans reproche à une grande étendue de connaissances en ce genre, dont on pourrait même, par analogie, tirer des inductions utiles à l'art de guérir les hommes. »

(Buffon, *OEuvres complètes*, t. XVI, p 266, édition Lamouroux.)

(1) *Traité de la conformation extérieure du cheval*, 7e édition, p. 228.

Bourgelat n'ignorait donc pas, comme on le voit, que le cheval se réduit à la conséquence des principes de mécanique qui résultent de l'action de cordes, de leviers, de points d'appui, de puissance et de résistance. Il savait comme nous que le cheval n'était qu'une locomotive essentiellement soumise aux lois communes à toutes les machines possibles. Mais, nous le répétons, il n'eut pas le temps d'y réfléchir. Ce fait est d'autant plus malheureux, que l'autorité de son nom aurait arrêté les véritables règles de bonne conformation du cheval. Il aurait développé, sur son perfectionnement surtout, des théories qui ne sont encore en France qu'à l'état de problème bien éloigné de la solution.

Le savant écuyer avait compris mieux que personne que tout enseignement a besoin de règles fixes, de principes arrêtés, pour préserver les professeurs et les élèves du vague des incertitudes et des hypothèses. Après avoir traité du cheval comme il pouvait le faire alors, il songea à déterminer ses proportions. Pour diriger le jugement de ses disciples sur la beauté des sujets, comme les sculpteurs et les peintres l'avaient pratiqué pour l'homme, il s'appuya sur ce fait, positif suivant lui, que, « quoique la beauté naisse des proportions, on ne peut pas soutenir que les hommes aient » su quelles sont les proportions des objets avant d'en » avoir aperçu la beauté. Au contraire, c'est sur la » beauté des corps qu'on a imaginé d'arrêter les proportions. Dans la musique, après avoir trouvé les

» propriétés des sons capables de produire ce que nous
» appelons harmonie, par l'attention que l'on a faite
» à ceux qui étaient les plus agréables à l'oreille, on
» les a proportionnés, on les a unis, et on les a sépa-
» rés par de justes intervalles. Dans la peinture, on a
» observé l'effet du clair obscur et des ombres, et en
» s'arrêtant à la stature d'un homme qui, d'un accord
» général, pouvait être beau, on a pour ainsi dire de-
» viné ce qui plairait si fort en lui, et, des différentes
» combinaisons qui ont été faites, on a tiré les règles
» de proportions qui forment aujourd'hui les règles
» du dessin. C'est ainsi qu'en fixant nos regards sur
» ce que d'un accord commun nous regardons com-
» me la belle nature, nous avons tenté de pénétrer
» dans les premières raisons de la beauté de l'ani-
» mal (1).

Comme on peut le voir, Bourgelat voulut imiter l'exemple de la pratique suivie pour les proportions de l'homme ; il basa celles qu'il imagina sur l'idée qu'il avait d'un joli cheval. Mais le rapprochement de l'homme au cheval dans ce cas ne fut pas heureux. Il oublia de penser que la beauté du premier, comme celle de la femme, sont de pure convention de goût et d'imagination ; tandis que la beauté du second est basée sur des règles mathématiques invariables,

(1) Ouvrage cité, p. 201.

quels que soient d'ailleurs les goûts, les modes et les caprices.

L'artiste ne s'occupe pas des conditions de puissances musculaires propres à la force ou à la vitesse quand il peint ou qu'il sculpte l'homme. Quand il cherche à imiter l'Apollon du Belvéder ou la Vénus de Médicis, qui sont le beau idéal du type humain, il ne s'occupe guère, comme le fait l'hippiatre, de l'écartement des tendons, de leur centre d'action, de la longueur du calcaneum, etc., etc., qui, pour le cheval, est une beauté ; il ne désire pas la plus grande étendue possible des coxaux, la longueur et l'obliquité des épaules, la longueur des avant-bras, comme beauté ; la longueur des côtes, le plus grand développement général des apophyses osseuses qui déterminent les formes anguleuses fortement accentuées, l'intéressent peu. Toutes ces bonnes dispositions mécaniques seraient des vices hideux pour un sujet humain, sur la toile comme sur le marbre. Dans l'homme il y a des beautés qui seraient essentiellement des vices pour le cheval. Il y a dans le corps humain telles proportions de parties qui commandent telles proportions des autres. Dans le cheval, comme l'a dit Bourgelat lui-même, tout se réduit au fond à des leviers, à des cordes, à des points d'appui, à des puissances et à des résistances; toute la beauté est dans les conditions qui favorisent le plus la force et la vitesse, et on ne doit tenir aucun compte des idées plus ou moins erronées qui sont contraires aux bonnes lois de mécanique, pas plus pour les modes que pour le goût.

Partant de ce principe, qui ne saurait être contesté, il nous sera facile de voir combien les proportions du cheval, telles qu'elles ont été établies, sont peu conformes à la beauté réelle du cheval ; souvent même elles sont vicieuses, en condamnant le développement de certaines régions dont l'excès serait une beauté s'il existait. Entrons dans quelques détails pour prouver ce que nous avançons.

Bourgelat prend pour type de mesure la longueur de la tête, qui, divisée et subdivisée en ce qu'il a appelé primes, secondes et points, doit servir à régler les dimensions de tout le reste du corps. Si la tête est trop courte ou trop longue, suivant ces proportions, il est facile de s'en convaincre : il faut prendre la hauteur ou la longueur du corps.

On divise ensuite une de ces quantités en cinq parties égales ; on prendra deux de ces divisions, on les réduit, comme la tête, en primes au nombre de trois, subdivisées en trois parties, qui renfermeront elles-mêmes des secondes, partagées chacune en vingt-quatre subdivisions, ce qui donnera les points.

Si la tête, jugée trop courte, ce qui ne saurait être défectueux suivant nos principes, appartient à un corps trop bas et en même temps trop long, ou trop court et trop haut, où chercherons-nous l'unité de mesure exigée ? Mais ce n'est pas là le point le plus essentiel des vices des proportions qui nous occupent. Pour mieux juger de ce qu'elles ont de contraire aux lois de mécanique et de physiologie, qui seules doivent nous servir de guides, nous reproduisons textuellement le travail de Bourgelat. Il sera ainsi plus facile à nos lecteurs, qui doivent être juges, de se convaincre des théories et des raisons qui nous ont fait adopter la marche que nous avons suivie dans notre enseignement.

Manière de s'assurer des proportions du cheval.

« Quoi qu'il en soit, dès que la beauté réside dans la convenance et le rapport des parties, il faut de toute nécessité en observer les dimensions particulières et respectives, et pour acquérir la connaissance des proportions, supposer un genre de mesure qui puisse être indistinctement commune à tous les chevaux. La partie qui peut servir de règle de proportions à toutes les autres est la tête. Mesurez-en la longueur entre deux lignes parallèles, l'une tangente à la nuque ou à la sommité du toupet, l'autre tangente à l'extrémité de la lèvre antérieure, par une ligne perpendiculaire à ces deux parallèles vous aurez sa longueur géométrale. Divisez cette longueur en trois portions, et assignez à ces trois portions un nom particulier qui puisse s'appliquer indéfiniment à toutes les têtes, comme, par exemple, celui de *prime*. Une tête quelconque, dans sa longueur géométrale, aura par conséquent toujours trois primes. Mais toutes les parties que vous aurez à considérer, soit dans leur longueur, soit dans leur hauteur, soit dans leur épaisseur, ne peuvent pas avoir constamment ou une prime entière, ou une prime et demie, ou trois primes; subdivisez donc chaque prime en trois parties égales que vous nommerez *secondes*, et comme cette subdivision ne suffirait pas encore pour vous donner la mesure juste de toutes les parties, subdivisez de nouveau chaque seconde en vingt-quatre *points*, en sorte qu'une tête divisée en trois primes aura, par la première subdivision, neuf secondes, et deux cent seize points par la dernière. Dès lors, lorsque vous direz une tête, vous entendrez toujours sa longueur géométrale; lorsque vous prononcerez le mot prime, vous entendrez un tiers de cette même longueur; lorsque vous proférerez celui de seconde, vous entendrez la neuvième partie; enfin, lorsque vous direz un point, ce point signifiera la deux cent seizième partie de cette longueur géométrale.

» On comprend, au surplus, que cette division en primes et ces subdivisions en secondes et en points naissent d'une supposition forcée; car, comme il ne peut y avoir, sans supposition, une mesure égale et commune pour des animaux qui ne sont égaux ni en grandeur ni en largeur, on ne peut en établir une fixe, certaine et stable, qu'en en imaginant ou en en recherchant une qui puisse, dans l'extension ou la diminution, conduire au principe une fois déterminé.

» Mais la tête peut elle-même pécher par un défaut de proportion. Cette partie n'est en effet censée trop courte ou trop longue, trop menue ou trop chargée, que par comparaison avec le corps de l'animal; or, le corps devant avoir, soit en longueur à compter depuis la pointe du bras jusqu'à la pointe de la fesse inclusivement, soit en hauteur à compter depuis la sommité du garrot jusqu'à terre, deux têtes et demie, dès que cette partie, par sa longueur géométrale, donnera en longueur ou en hauteur au corps mesuré plus de deux fois et demie sa longueur, elle sera trop longue, et si elle en donne moins, elle sera trop courte.

» Dans le cas où l'un de ces défauts existerait, il ne serait plus question d'asseoir sur sa longueur géométrale les proportions des autres parties. Abandonnez cette mesure commune, et compassez la hauteur ou la longueur du corps; partagez la longueur ou la hauteur en cinq portions égales; prenez ensuite deux de ces portions, divisez-les par primes, secondes et points, conformément aux divisions et subdivisions que vous auriez faites de la tête, et vous aurez une mesure générale, telle que la tête vous l'aurait donnée, si elle eût été proportionnée.

Proportion du cheval.

» Il serait superflu d'entrer ici dans des détails qui ne peuvent vraiment intéresser que le sculpteur et le peintre. Nous rejetons donc toutes les dimensions uniques, et toutes celles qui ne concernent que les plus petites parties, pour ne nous attacher qu'aux dimensions frappantes de celles qui, d'une part, ont assez d'étendue pour être saisies facilement et d'un coup-d'œil, et qui, de l'autre, présentent par leur correspondance, ou plutôt par une égalité réelle, soit en hauteur, soit en longueur, soit en largeur, soit en épaisseur, des objets de comparaison si sensibles, que les plus légères différences qui existeraient entre elles, et qui les rendraient par conséquent défectueuses, ne sauraient nous échapper.

» 1° Trois longueurs géométrales de la tête donnent la hauteur entière du cheval, à compter du toupet au sol sur lequel il repose, pourvu que sa tête soit bien placée.

» 2° Deux têtes et demie égalent :

» La hauteur du corps, du sommet du garrot à terre ;

» La longueur de ce même corps, celles de l'avant-main et de l'arrière-main, prises ensemble, de la pointe du bras à la pointe de la fesse inclusivement.

» 3° Une tête entière donne :

» La longueur de l'encolure, du sommet du garrot à la partie postérieure de la nuque ;

» La hauteur des épaules, du sommet du coude au sommet du garrot ;

» L'épaisseur du corps, du milieu du ventre au milieu du dos ;

» Sa largeur, d'un côté à l'autre.

» 4°. Une tête mesurée du sommet du toupet à la commissure des lèvres ; cette mesure légèrement remontée, à moins que la bouche ne soit très fendue, égalera :

» La longueur de la croupe, prise de la pointe supérieure de l'angle antérieur de l'os iléon à la tubérosité de l'ischion formant la pointe de la fesse ;

» La largeur de la croupe, ou des hanches, prise sur les pointes inférieures des angles des os iléons ;

» La hauteur de la croupe, vue latéralement, prise du sommet des angles postérieurs des os iléons à la pointe de la rotule, la jambe étant dans l'état de repos ;

» La longueur latérale des jambes postérieures, de la pointe de la rotule à la partie saillante et latérale du jarret, au droit de l'articulation du tibia avec la poulie :

» La hauteur perpendiculaire de l'articulation ci-dessus désignée, au-dessus du sol ;

» La distance du sommet du garrot à l'insertion de l'encolure dans le poitrail ;

» La distance de la pointe du bras à l'insertion de l'encolure dans l'auge

» 5°. Deux fois cette dernière mesure donne à peu-près :

» La distance du sommet du garrot à la pointe de la rotule ;

» La distance de la pointe du coude au sommet de la croupe, ou des angles postérieurs des os iléons.

» 6°. Trois fois cette mesure, plus la demi-largeur du paturon, le tout équivalant à deux têtes et demie, donneront :

» La hauteur du corps, prise du sommet du garrot à terre ;

» Sa longueur, prise de la pointe du bras à la pointe de la fesse inclusivement.

» 7°. Cette même mesure, plus la largeur entière du paturon, indiquera la longueur totale du corps, prise rigoureusement.

» 8°. Deux tiers de la longueur de la tête égaleront :

» La largeur du poitrail, d'une pointe de bras à l'autre, de dehors en dehors ;

» La longueur horizontale de la croupe, prise entre deux verticales, dont l'une toucherait à la fesse, et l'autre passerait par le sommet de la croupe, et toucherait à la pointe de la rotule ;

» Le tiers de la longueur de l'arrière-main et du corps, pris ensemble, jusqu'à l'aplomb du garrot touchant au coude

» La longueur antérieure de la jambe de derrière, prise de la tubérosité du tibia au pli du jarret.

» 9° Une moitié de la longueur entière de la tête est la même que :

» La distance horizontale de la pointe du bras à la verticale du sommet du garrot et du coude ;

» La largeur de l'encolure vue latéralement, prise de son insertion dans l'auge jusqu'à la racine des premiers crins de la crinière, sur une ligne qui formerait, avec le concours supérieur, deux angles égaux.

» 10° Un tiers de la longueur entière de la tête donne :

» La hauteur de ses parties supérieures, depuis le sommet du toupet jusqu'à la ligne qui passerait par les points les plus saillants des orbites ;

» La largeur de la tête au dessous des paupières inférieures ;

» La largeur latérale de l'avant-bras, prise de son origine antérieurement à la pointe du coude.

» 11° Deux tiers de cette largeur latérale donnent :

» L'élévation verticale de la pointe du coude au dessus du niveau du dessous du sternum ;

» L'abaissement du dos par rapport au sommet du garrot ;

» La largeur latérale des jambes postérieures près des jarrets ;

» L'ouverture, ou plutôt la distance des avant-bras d'un ars à son opposé.

» 12° Une moitié du tiers de la longueur entière de la tête égale :

» L'épaisseur de l'avant-bras, vu de face, à son origine, de l'ars à son contour extérieur horizontalement ;

» La largeur de la couronne des pieds antérieurs, soit d'un côté à l'autre, soit de l'avant à l'arrière ;

» La largeur de la couronne des pieds postérieurs, d'un côté à l'autre seulement ;

» La largeur des boulets postérieurs, pris de l'avant, à la naissance de l'ergot ;

» La largeur du genou, vu de face. (*Nota* : cette mesure est néanmoins un peu forte) ;

» L'épaisseur des jarrets. (*Nota* : cette mesure est un peu faible).

» 13° Un quart de ce même tiers de la longueur de la tête donne l'épaisseur du canon de l'avant-main. Celui de l'arrière-main est un peu plus épais.

» 14° Un tiers de cette même mesure égale :

» L'épaisseur de l'avant-bras près du genou, dans sa partie la plus étroite ;

» L'épaisseur des paturons postérieurs, vus latéralement.

» 15° La hauteur du coude au pli du genou est la même que :

» La hauteur de ce même pli jusqu'à terre ;

» La hauteur de la rotule au pli du jarret ;

» La hauteur du pli du jarret jusqu'à la couronne.

» 16° La sixième partie de cette mesure donne :

» La largeur du canon de l'avant-main, vu latéralement, au milieu de sa longueur;

» Celle de son boulet, vu de face.

» 17° Le tiers de cette mesure est à peu-près égal à la largeur du jarret, du pli à la pointe.

» 18° Un quart de cette mesure donne :

» La largeur du genou, vu latéralement;

» Sa longueur.

» 19° L'intervalle des yeux d'un grand angle à l'autre égale :

» La largeur de la jambe de derrière, vue latéralement, de la coupure de la fesse à la partie inférieure de la tubérosité du tibia.

» 20° Une moitié de cet intervalle des yeux donne :

» La largeur du canon postérieur, vu latéralement;

» La largeur du boulet de l'avant-main, vu latéralement, de son sommet antérieur à la naissance de l'ergot;

» Enfin, la différence de la hauteur de la croupe, respectivement au sommet du garrot.

» Telles sont, à peu de chose près, dans le cheval, toutes les parties correspondant par des dimensions réciproques. L'œil exercé à ces différentes données les transportera, sans besoin d'hippomètre, de compas et d'échelle, sur les parties dont il voudra juger les défauts par l'appréciation des mesures, avec autant de facilité que le peintre en trouve à réduire des dessins et à faire d'une figure ordinaire une figure colossale. »

Entrons maintenant dans quelques détails explicatifs.

Comment concevoir que la hauteur des épaules, du sommet du coude au sommet du garrot, doit être égale à la longueur de la tête? Suivant les lois de physiologie et de mécanique que nous avons invoquées, cette hauteur ne sera jamais trop grande. Elle dépend nécessairement de la longueur des côtes, qui est toujours une beauté, et de celle des apophyses épineuses des premières vertèbres dorsales destinées à servir de base au garrot, qui n'est jamais trop élevé. Nous l'avons prouvé.

Nous avons vu que la plus grande longueur de la croupe était en toute occasion une de ses beautés les plus essentielles pour la vitesse, par l'étendue des muscles qui concourent à la former, et celle de leur jeu. Si on la borne aux proportions précédentes, elle ne devra pas dépasser l'étendue que l'on trouvera de la nuque à la commissure des lèvres. La même mesure déterminera la distance d'une hanche à l'autre, ce qui d'ailleurs ne nous offre pas le même inconvénient.

Nous avons vu qu'un jarret bas était une beauté, parce qu'il indiquait la longueur de la jambe, et par conséquent celle de ses muscles. Suivant Bourgelat, cette longueur doit être égale à la hauteur du jarret au sol ; ces deux quantités doivent être les mêmes que celle de la longueur de la croupe ou de sa largeur. Ce principe est tout à fait contraire aux lois de la vitesse, toujours favorisée par la plus grande étendue possible du jeu des muscles.

La même longueur doit régler celle qui s'étend de la base de l'encolure, à son insertion au poitrail, au sommet du garrot. Ce principe est contraire au développement de hauteur de la poitrine et du garrot, et par conséquent erroné.

La longueur, l'obliquité de l'épaule, la longueur de l'olécrane, que nous avons dit être des conditions de beauté d'autant plus grandes qu'elles sont plus accentuées, sont bornées par la demi-longueur de la tête. C'est elle qui donne la mesure de la distance de la pointe de l'épaule à la verticale qui descend du garrot en touchant à la pointe du coude. Ces proportions, qui sont une beauté d'après Bourgelat, sont aussi contraires aux dispositions qui favorisent la force qu'à la vitesse et à la facilité d'étendue des mouvements des membres antérieurs.

En effet, plus l'épaule sera oblique, plus sa pointe sera portée en avant, plus son jeu sera étendu. D'un autre côté, plus l'olécrane qui forme le coude sera allongé en arrière, plus il sera long, et plus par conséquent ce levier sera favorable à la puissance, à la force. La théorie de Bourgelat est donc tout à fait contraire aux bonnes lois de confection de la région dont il parle.

Un tiers de la longueur de la tête doit régler la largeur du front : un front est-il jamais trop large? Cette mesure doit aussi déterminer la hauteur du crâne depuis les orbites jusqu'à la nuque : or cette partie, comme nous l'avons dit, ne saurait être assez développée en largeur comme en hauteur, ce qui est un indice de noblesse de race, d'intelligence, de force et d'énergie. Enfin la largeur de l'avant-bras, depuis la partie antérieure jusqu'au coude, ne peut dépasser la même mesure sans être contraire aux proportions établies : c'est encore une erreur suivant les lois qui nous ont servi de guide. La largeur de l'avant-bras est un caractère de sa force ; plus elle est développée, plus elle indiquera de puissance, et la longueur de l'olécrane, bras du levier de puissance, sera toujours une marque de sa beauté.

La hauteur du garrot, que nous ne trouverons jamais trop grande, sera bornée à deux secondes ou deux tiers d'une prime, c'est-à-dire aux deux neuvièmes de la longueur totale de la tête. La même longueur réglera la hauteur du coude relativement au sternum, que nous voudrions voir toujours très descendu entre les deux membres antérieurs. Ce caractère est commun à tous les animaux à poitrine très profonde, à épaules longues et obliques, à tous les chevaux à grands moyens. Enfin, cette même mesure donnera la largeur latérale de la jambe à hauteur des jarrets ; jamais cette largeur n'aura les dimensions que nous voudrions lui voir, parce qu'elle indique la largeur du jarret lui-même ou le développement des muscles et leur rapprochement de la perpendiculaire à leur insertion.

La largeur des boulets postérieurs vus de côté, celle du genou examiné de face, et l'épaisseur des jarrets, ne doivent pas dépasser une seconde et demie, c'est-à-dire la moitié du tiers de la longueur de la tête entière : or les plus grandes dimensions de ces trois régions, dans le sens indiqué, sont ce que l'on doit toujours rechercher sans égard pour toute mesure qui les bornera ; elles réuniront toujours les conditions de solidité articulaire à la puissance d'action quand elles seront le plus développées possible.

La longueur de l'avant-bras doit avoir le plus d'étendue suivant nous ; elle sera suivant les proportions, égale à la hauteur du pli du genou à terre, ou à la distance de la rotule au pli du jarret, à celle de cette partie, à la couronne.

Ces trois conditions exigées par Bourgelat sont tout à fait contraires aux lois de la vitesse. Pour le prouver, nous invoquons le principe par lequel on juge de l'étendue du mouvement par l'action musculaire, et le développement des rayons les plus spécialement destinés à embrasser le terrain, comme l'avant-bras par exemple.

Le sixième de la hauteur du pli du genou à terre devra donner la largeur du canon, vu latéralement au milieu de sa longueur ; d'après ce principe le tendon, que nous avons reconnu être d'autant plus beau qu'il est plus détaché, ne devra pas dépasser les mesures que prescrivent les proportions, pour être conforme à leur règle. C'est une erreur d'autant plus grande, qu'elle est contraire à la force d'une des régions du corps qui sont le plus exposées à la fatigue, par la tension permanente des cordes tendineuses qui en forment la base. Jamais les tendons ne seront assez détachés du canon ; jamais une puissance ne se rapprochera assez de la ligne perpendiculaire à son action, aux membres comme ailleurs. Cette règle est sans exception dans la machine animale. L'excès même, dans ces cas, sera toujours une marque de grande beauté.

La largeur du jarret, si importante pour sa force, devra être réduite au tiers de la hauteur du pli du genou à terre. C'est là, certainement, une des erreurs les plus capitales de toutes les proportions de Bourgelat.

Le jarret est, de toutes les parties du cheval susceptibles de détente, celle qui, par ses importantes fonctions, demande le plus de puissance pour chasser le corps en avant. Elle ne peut avoir de force que par la longueur du levier formé par le calcaneum. Certes, le mécanisme de cette importante articulation n'était point ignoré par le grand maître de l'art ; nous ne comprenons pas qu'il ait pu borner, par une mesure déterminée, une des qualités les plus importantes de tout le corps du cheval, et les plus essentielles à la force comme à la vitesse. Un jarret ne peut jamais être trop large.

La largeur qui sépare les deux yeux d'un grand angle à l'autre donnera celle que doit avoir la jambe, de la coupure de la fesse à sa partie antérieure. Cette erreur n'est guère moins grave que celle qui borne la largeur du jarret à la mesure indiquée. En effet, nous avons vu que les muscles des fesses doivent descendre très bas sur le jarret, pour avoir le plus d'étendue possible d'extension comme de force, par leur développement en grosseur. D'après le principe de Bourgelat, ils doivent être étranglés, coupés au dessus des jarrets, ce qui est contraire à toutes les règles de physiologie comme de mécanique.

Enfin la moitié de cette distance d'un grand angle de l'œil à l'autre devra borner la largeur des canons et des tendons postérieurs, et la largeur du boulet antérieur vu de côté; elle donnera aussi la différence qui doit exister entre la hauteur du cheval, mesuré du garrot et du sommet de la croupe à terre. La hauteur du garrot est donc ainsi bornée à la moitié de la distance d'un grand angle de l'œil à l'autre : si le cheval a le front très rétréci, ce qui se voit, cette partie du corps sera réduite à zéro ou à bien peu de chose. Rien n'est plus contraire à sa beauté.

Nous ne pensons pas avoir besoin de plus longs commentaires pour démontrer à ceux qui voudront y réfléchir que Bourgelat se trompa quand il imagina ses proportions et qu'il les donna comme guide pour trouver le type du beau. Son cheval modèle, construit d'après sa méthode, ne saurait répondre aux conditions exigées par la raison, et le service d'une bonne locomotive. Comment, en effet, comprendre des bornes aux développements de certaines régions, surtout quand les excès mêmes seraient toujours et sans exception une beauté recherchée? Comment comprendre qu'on puisse limiter la largeur du front, la hauteur du crâne, le développement du garrot, la hauteur de la poitrine, celle des épaules, comme leur obliquité. Trouvera-t-on jamais un boulet ou un avant-bras trop larges, ce dernier trop long, un genou trop développé, un tendon trop détaché? Peut-on fixer des limites à la largeur du jarret, à celle de la jambe, à la longueur de la croupe et à celle des côtes?

Celui qui veut étudier le cheval suivant sa destination sera convaincu, comme nous, qu'il est contraire à la raison de fixer par des mesures arbitraires (et il ne peut y en avoir d'autres) les bornes du développement de telle ou telle région de son corps. Que l'artiste ait des données pour se diriger dans la confection de son œuvre, dont le goût ou les modes règlent les formes, nous le comprenons parfaitement; mais le mécanicien ne doit obéir qu'aux lois de mécanique, il ne peut juger des qualités de la machine que d'après les règles invariables qu'elles ont établies. La machine animée demande de plus, pour être bien jugée, des connaissances solides en physiologie, en science de la vie. Sans elles on ne peut comprendre de quelle nature, de quelle essence sont les ressorts, les instruments employés pour son entretien, comme pour l'action de tout le système locomoteur des animaux. Il y a notamment dans le cheval, comme nous l'avons vu, une question dominante; c'est celle de sa race, de son sang, suivant l'expression reçue, et celle de son perfectionnement par le choix qu'on doit faire de la nature des types employés. Toutes ces considérations importantes doivent s'allier aux connaissances mécaniques indispensables à l'appréciation du cheval.

La physiologie et la mécanique réunies, d'accord avec l'observation des faits, nous apprennent qu'une tête carrée est généralement belle ; ses muscles masticateurs sont bien accentués; ses naseaux sont très mobiles, très larges et dilatables; de grands yeux bien ouverts, vifs et placés bas, un vaste front et un crâne bien développé la caractérisent. Une semblable tête est toujours dans de bonnes conditions, quelles que soient d'ailleurs les indications des proportions, qui ne prouvent absolument rien, si elles ne sont contraires à la beauté. Si, d'autre part, un cheval a son encolure bien musclée, pour bien exécuter tous les mouvements, sans surcharge de graisse ou de tissus cellulaires inutiles; s'il a un garrot très élevé, et ici nous ne connaissons pas de bornes; s'il a le dos et les reins courts, très larges et fortement musclés; si la croupe est longue, bien nourrie, l'épaule haute et bien inclinée; si la poitrine est très profonde et les côtes longues et fortement arquées, arrondies; si le flanc est court, l'avant-bras très long et large; si le genou est fort, le tendon extrêmement détaché, le boulet large, le paturon court et dans le degré d'inclinaison voulu ; si les fesses sont proéminentes et garnies de muscles forts, longs, bien dessinés et bien descendus ; si la jambe et le jarret sont larges, quel que soit l'excès de leur largeur, ne tenez aucun compte de proportions dont rien ne légitime la valeur ; vous serez toujours assuré d'avoir trouvé le cheval modèle. S'il est d'un bon sang, il aura toutes les qualités qu'on peut lui demander, soit comme type améliorateur, soit comme sujet de service.

II.

DES APLOMBS.

Nous avons démontré que les proportions de Bourgelat étaient fondées sur des théories erronées, nous avons vu qu'elles étaient contraires pour la plupart aux bonnes conditions d'organisation mécanique du cheval ; mais nous ne sommes pas du même avis pour ce qui regarde les aplombs. Les pièces de toute machine bien confectionnée doivent être ajustées de manière à s'articuler suivant les règles les plus favorables au bon emploi des forces, pour qu'il n'y ait ni décomposition, ni perte de leur action. D'un autre côté, les colonnes chargées de soutenir un poids quel qu'il soit doivent toujours être placées suivant la ligne tracée par les lois de la pesanteur, c'est-à-dire la verticale, pour bien remplir leurs fonctions; toute colonne qui s'en écarte remplit mal le but en raison de la quantité de sa déviation. Le corps supporté est alors d'autant moins solidement assis, que la direction de ses colonnes de soutien est plus éloignée de la ligne d'aplomb qui doit la régler.

Ce principe général est essentiellement applicable à toutes les colonnes, comme à tous les corps qu'elles sont destinées à soutenir.

Les colonnes qui supportent le corps du cheval lui servent en même temps d'instrument de locomotion. Elles doivent être soumises d'abord aux lois des colonnes ordinaires. Les rayons qui les forment doivent de plus être articulés de manière à agir les uns sur les autres dans le sens d'un plan vertical et parallèle à l'axe du corps. Cette disposition est la plus favorable à l'action des forces employées à la progression. Examinons, en effet, ce qui arriverait si les mouvements des rayons des membres n'étaient point opérés suivant le sens que nous indiquons. Supposons que l'avant-bras, qui s'articule avec le bras, au lieu d'avoir un jeu de charnière conforme à la règle que nous demandons, se trouve mal ajusté à sa surface articulaire, et se porte en dedans ou en dehors au moment de sa flexion sur le bras: la puissance partant d'un point qui exige une charnière dont le jeu soit sans déviation du rayon sera décomposée; une partie sera employée à fléchir le membre, et l'autre à le ramener dans la ligne normale de flexion dont il s'est écarté par suite du vice de conformation de l'articulation ; le bénéfice de la force sera donc partagé entre un mouvement utile et un mouvement inutile.

Mais cet inconvénient n'est pas le seul ; l'irrégularité de confection de la charnière rendra son jeu plus laborieux, et elle se fatiguera infiniment plus vite que si elle avait été dans de bonnes conditions. D'un autre côté, la déviation du membre porté à droite ou à gauche sort du plan parallèle à l'axe dont il doit suivre la direction, et perd d'autant plus de l'espace qu'il doit gagner par le déplacement, qu'il se dévie davantage.

Ce que nous disons ici de l'articulation de l'avant-bras s'applique à toutes les articulations, à toutes les charnières possibles, aux jarrets comme aux genoux, aux boulets, etc., etc.

Tous les rayons des colonnes formées par les membres devront donc être articulés de manière à ce que leurs charnières ne permettent aucune déviation dans leurs directions pendant l'action ; toutes les flexions en avant ou en arrière doivent toujours avoir lieu suivant le plan désigné plus haut. Toutes les forces alors seront fructueusement employées à la progression, sans décomposition de leur puissance, et sans fatigue pour les articulations.

On conçoit, d'après ce qui précède, que toute déviation des pieds, des genoux ou des jarrets, en dedans ou en dehors, est un vice de conformation contraire aux aplombs comme à la bonne harmonie du jeu des articulations.

Après avoir étudié les membres dans leur mode d'action pendant la progression, et les conséquences de la bonne ou mauvaise condition d'articulation de leurs rayons, examinons quelle direction ils doivent avoir comme colonnes du soutien du corps.

Nous avons dit qu'une colonne verticale sans déviation est celle qui réunit les meilleures conditions de solidité pour supporter le poids dont elle est chargée. Il est facile de conclure dès lors que toute direction des membres en avant ou en arrière, ou sur les côtés, est un vice.

Sans discuter ici sur le véritable point où se trouve le centre de gravité du corps du cheval, il est certain qu'il doit être à peu près vers le milieu du carré représenté par les quatre points qu'occupent les colonnes des membres. La nature a réparti la quantité de poids de manière à ce que chacune ait sa part à soutenir, et elle peut la supporter d'autant mieux, que son genre de station lui est plus favorable. Si les membres antérieurs, par exemple, sont obliques et déviés en arrière, la ligne d'aplomb ordinaire du centre de gravité du cheval sera changée ; elle ne sera pas où elle se trouve quand ils sont dans leurs bonnes conditions de soutien, c'est-à-dire placés verticalement ; elle sera déplacée en avant, et chargera l'avant-main en raison de la quantité de déviation des membres. Les chevaux, dans ce cas, manqueront de solidité ; ils seront susceptibles de s'abattre, surtout quand ils sont chargés du poids du cavalier. Ces chevaux *sous eux*, suivant l'expression reçue, sont souvent couronnés ; les cicatrices de leurs genoux témoignent de leur faiblesse.

La déviation en arrière des membres antérieurs est d'autant plus grave, que le plus souvent elle est la conséquence de leur usure par excès de travail. Ils auraient besoin d'être allégés, au lieu d'être surchargés par leur engagement sous le centre de gravité.

Le défaut contraire, c'est-à-dire la déviation en avant des colonnes que nous étudions, est rare ; il est ordinairement la conséquence de quelque maladie des pieds ou des épaules. L'animal semble vouloir se soulager du poids que supportent ses parties malades, en le rejetant sur l'arrière-main ; il déplace ainsi son centre de gravité, sous lequel s'engagent les membres postérieurs. Ce défaut est au moins aussi capital que le précédent, pour deux raisons : d'abord le poids du corps n'est pas régulièrement supporté par ses colonnes, et puis il peut indiquer une affection profonde.

Les défauts d'aplomb des membres postérieurs sont infiniment plus rares ; ils n'ont pas d'ailleurs les mêmes inconvénients que ceux des membres antérieurs.

Nous ne croyons pas devoir nous servir de lignes d'aplomb partant de telle ou telle partie du membre pour prouver ses aplombs. Ce moyen nous semble non seulement minutieux, mais à peu près inutile, sinon impraticable. L'œil le moins exercé ne s'y trompe pas, sans avoir recours à un fil à plomb. Le membre antérieur devra être vertical dans tous les sens.

Le membre postérieur ne peut être observé de la même manière, par rapport à ses brisures. Le pied devra être placé sous l'articulation de la cuisse avec le bassin, au point où tomberait un fil à plomb partant du sommet du fémur.

Vus par derrière, les membres postérieurs devront suivre la verticale, comme les antérieurs.

Du reste, pour les déviations partielles des membres, nous renvoyons le lecteur à ce que nous avons dit en parlant des dispositions vicieuses des charnières : toute direction vicieuse d'un ou plusieurs rayons ne dépend que de leur mode d'articulation.

III.

DE LA LOCOMOTION.

Les animaux ont la faculté de se transporter d'un point à un autre suivant leur volonté ; la fonction qui en résulte se nomme locomotion.

Quand le corps d'un animal se déplace, il agit sous l'influence d'agents divers, fonctionnant chacun d'une manière différente. Les uns transmettent la volonté du chef, les autres l'exécutent dans le sens commandé, et suivant l'intensité, la force ou la vitesse jugées nécessaires.

Lorsque l'animal livré à lui-même progresse, il obéit à sa volonté individuelle, à ses instincts ; il fait ce qu'il a décidé ; c'est son propre foyer de commandement qui ordonne à sa machine d'opérer tel genre de mouvement suivant le but qu'il se propose. Mais il n'en est pas de même lorsqu'il est réduit à l'état de domesticité, pour obéir à une autre volonté qu'à la sienne : alors il est presque pendant tout le temps de sa vie réduit à l'état de locomotive, dans toute l'acception du mot. Le cheval monté est une machine vivante, dont l'homme est le véritable cerveau, *le foyer de volonté ;* quand il est bien dressé, il s'identifie si bien avec le cavalier, qu'il n'en est plus que les membres.

L'appareil locomoteur se compose de trois ordres d'organes bien distincts : 1° des nerfs, qui transmettent les ordres arrêtés ; 2° des muscles, qui les reçoivent et les exécutent ; 3° des os, qui forment les leviers mis en mouvement par les puissances musculaires commandées.

La régularité et la puissance de locomotion ne peuvent être qu'en raison des bonnes conditions des appareils qui y concourent et que nous avons examinées en décrivant les régions du corps du cheval. Nous avons vu que partout où il faut une grande force on trouve de grandes puissances. Le développement des muscles de la croupe, des cuisses, des jarrets, pour chasser le corps, nous en ont fourni la preuve. La vitesse exige d'autres conditions : il lui faut des organes propres à l'étendue des mouvements. Nous avons signalé ce fait en parlant du développement des muscles en longueur.

Le cheval peut exécuter des mouvements sur place et dans toutes les directions. Ces derniers sont généralement distingués par le nom d'allures.

Les mouvements les plus remarquables faits sur place sont la ruade et le cabrer.

La ruade, que le cheval exécute ordinairement pour se défendre d'un ennemi, renverser son cavalier, ou se débarrasser de quelque objet qui le gêne, consiste dans la détente plus ou moins énergique des deux membres postérieurs ensemble. Ce mouvement s'opère au moyen de leviers du 1er, du 2e et du 3e genre.

D'abord, le mouvement nécessaire de bascule du corps pendant la ruade est opéré en grande partie au moyen du contrepoids du balancier formé par la tête et l'encolure, qui se baissent brusquement. Le tronc dans ce cas est un long levier qui a pour bras de puissance l'encolure et la tête agissant par leur pesanteur et leur mouvement ; l'arrière-main est la résistance, et les membres antérieurs sont les colonnes qui servent de point d'appui.

Cependant l'action de la puissance est infructueuse pour vaincre la résistance, dont le poids est énorme en comparaison. Il faut donc que les membres postérieurs contribuent à déterminer le mouvement de bascule du corps, par une détente de bas en haut. Au moment où ils ont quitté le sol, ils sont lancés énergiquement en arrière, 1° au moyen de leviers du premier genre, opérés de chaque côté par les muscles ilio-trochantériens. Ces deux puissances ont cependant quelques fibres qui descendent derrière le fémur, et se fixent à la crête externe du corps de cet os. Elles opèrent un levier du troisième genre; mais sa puissance est faible en comparaison de celui qui résulte de l'action du corps des muscles.

2° Les muscles ischio-tibiaux se contractent en même temps, comme le bifémoro-calcanien, pour raidir le membre : les premiers opèrent un levier du troisième genre; le second en détermine un du premier au moyen du calcaneum. Tels sont les principaux leviers au moyen desquels la ruade peut avoir lieu.

Du reste, tous les muscles de la région postérieure de la jambe y contribuent par leur contraction.

La part que prennent les muscles grands ilio-spinaux dans ce mouvement consiste : 1° à raidir la tige dorso-lombaire d'une part; 2° à tendre, à soulever la croupe, en la tirant en avant au moment où le cheval baisse brusquement la tête. Cela s'explique facilement par leur insertion au garrot et à l'encolure même, qui leur servent alors de points fixes. Le cheval ne peut ruer qu'au moyen du mouvement de bascule de son corps sur les membres antérieurs : on l'en empêche toujours en élevant la tête de manière à ce qu'il ne puisse pas la baisser ; la tige vertébrale alors, élevée et fixée par son extrémité antérieure, ne peut plus permettre l'action indispensable à la ruade.

DU CABRER.

Le cheval se cabre lorsqu'il se dresse de manière à se tenir sur ses membres postérieurs.

Le mouvement s'opère à peu près par la contraction des mêmes muscles que pour la ruade, mais dans un sens différent. La tête, au lieu de se baisser, se lève pour rejeter le plus en arrière possible le centre de gravité ; pendant ce temps, les muscles ilio-spinaux, dont les points fixes sont à la croupe dans ce cas, raidissent la tige dorso-lombaire, et tirent en arrière l'avant-main par leur insertion au garrot et à l'encolure. Les muscles fessiers, se contractant, contribuent à faire opérer le mouvement de la bascule aux coxaux, au moyen d'un levier du troisième genre ; les ischio-tibiaux déterminent de leur côté, par les ischiums, un levier intermobile, au moyen du point d'appui fourni par les fémurs. Par ces diverses contractions le cheval se cabre. C'est au moyen de leviers du premier et du troisième genre, comme l'a dit M. le professeur Lecoq, que ce mouvement s'opère, et non par des leviers inter-résistants, comme on l'a avancé à tort.

Le cabrer est dangereux pour le cavalier, surtout lorsque le cheval a de mauvais jarrets et qu'il se renverse. Dans tous les cas, c'est un défaut toujours grave, si on ne parvient pas à le détruire par les moyens qu'enseigne l'équitation ou l'étude des causes qui le provoquent.

IV.

DES ALLURES.

Tous les mouvements de progression du cheval prennent le nom d'allures. Elles s'exécutent de différentes manières ; on les a distinguées en pas, trot, galop, amble, pas relevé, l'ambin et le traquenard.

DU PAS.

Le pas est l'allure la moins rapide. Il s'effectue par l'action alternative d'un membre antérieur d'abord, d'un postérieur opposé ensuite, puis par celle du second membre antérieur et enfin du postérieur opposé. Ainsi, le lever du pied droit antérieur doit être suivi par celui du postérieur gauche, le pied antérieur gauche quitte le sol à son tour, et enfin le postérieur droit se porte le dernier en avant. La succession de ces mouvements particuliers de chaque membre constitue le pas. On voit donc que chaque membre antérieur qui entame le terrain est immédiatement suivi par celui qui lui correspond en diagonale, ce qui fait qu'on entend toujours quatre battues bien distinctes.

DU TROT.

Le trot s'opère de tout autre manière. Il a lieu par l'action simultanée des bipèdes diagonaux, de sorte que le corps est toujours supporté dans cette allure par deux extrémités seulement.

Quand le trot est rapide, il est un moment où les quatre pieds ont quitté le sol. Le corps dans ce cas se trouve un instant suspendu en l'air par la force d'impulsion des membres. « Dans le trot rapide, dit » M. Lecoq (1), les extrémités droites et les extré- » mités gauches n'impriment sur le terrain qu'une » seule piste pour chaque côté, le pied de derrière ve- » nant occuper la place que laisse le pied de devant; » l'observation de ce fait suffit pour indiquer qu'il est » un moment où le corps est suspendu en l'air, puis- » que le pied de derrière ne peut prendre la place de » celui de devant qu'après que celui-ci l'a abandon- » née. »

Ce raisonnement est rigoureux et ne laisse prise à aucune contestation.

Comme les membres diagonaux se lèvent et se

(1) *Traité de l'extérieur du cheval*, p. 383.

posent en même temps, on n'entend que deux foulées pour l'allure du trot.

DU GALOP.

Le galop est l'allure la plus rapide, comme elle est celle qui exige le plus d'efforts musculaires de la part de l'animal.

Mais ces efforts sont bien modifiés, bien allégés par les bonnes dispositions de la charpente osseuse. C'est dans cette allure surtout que le squelette du cheval a besoin d'offrir aux muscles de longs leviers, pour leur faciliter le déplacement rapide de la machine.

Un cheval, quelles que soient d'ailleurs son énergie, la puissance de sa constitution, de sa santé, etc., ne pourra jamais bien galoper s'il n'a les éminences osseuses convenablement développées, et les formes anguleuses qui caractérisent généralement les chevaux de sang. Il ne pourra pas avoir de vitesse si ses muscles sont courts, quelle que soit d'ailleurs leur force, si la poitrine n'a pas toute la capacité que nécessite la respiration des animaux soumis à de grands efforts long-temps soutenus. Le galop est de toutes les allures celle qui demande, sous tous les rapports, le plus de perfection du cheval. C'est pour cela que les courses seraient un si bon moyen de juger de la valeur d'un producteur, si elles étaient bien comprises, dirigées suivant de bonnes lois dont la physiologie et la mécanique fourniraient facilement les bases, si on les consultait.

Pour bien courir et avoir du fonds, un cheval doit toujours avoir une forte poitrine, une grande puissance musculaire, un système de leviers osseux très prononcé, des membres bien articulés, une grande force de tendons, et être d'origine de choix. C'est alors seulement qu'il fera connaître la différence qu'il y a entre un bon cheval et une rosse, entre une locomotive dans de bonnes conditions d'harmonie sur tous points, et une machine mal engrenée.

Les courses de fonds sont les seules épreuves sur lesquelles on peut assurer un jugement vrai, en fait de choix de producteurs types. Nous aurons occasion de le prouver plus loin.

Le galop s'effectue en trois temps, de la manière suivante: si le cheval galope à droite, le pied postérieur gauche s'engage sous le centre de gravité, et fait entendre la première foulée; le bipède diagonal gauche pose ensuite sur le sol, et opère le deuxième temps; le membre antérieur droit frappe la troisième battue.

Si le cheval galope à gauche, les foulées s'exécutent dans l'ordre inverse.

Ainsi, quand le cheval est lancé à toute vitesse et que son corps se trouve en l'air, le membre postérieur droit posera le premier à terre, le bipède diagonal droit le suit, et enfin le pied antérieur gauche.

Les auteurs qui ont traité des allures ont dit que le galop de grande vitesse se fait en deux temps, et que les membres antérieurs et postérieurs quittent et frappent le sol alternativement ; c'est une erreur : que le cheval soit au petit ou au grand galop, il galope toujours ou à droite ou à gauche, et les trois temps sont toujours marqués, quoique plus précipités ; c'est ce que nous avons toujours observé sur les hippodromes. Le galop de course n'est donc pas une succession de bonds, comme on l'a pensé, du moins nous ne l'avons jamais vu.

On observe un galop à quatre temps, que Buffon a parfaitement décrit ; il ne diffère de celui à trois temps qu'en ce que le membre antérieur du bipède diagonal, qui ne fait entendre qu'une foulée dans le galop à trois temps, pose sur le sol après le membre postérieur qui lui est opposé : il forme le troisième temps, l'autre membre antérieur le quatrième.

Le pas, le trot et le galop sont considérés comme allures naturelles.

L'amble, qui s'exécute par l'action alternative des bipèdes latéraux, le pas relevé et le traquenard, sont des allures que l'on a dites artificielles. Enfin l'aubin est une allure défectueuse, qui, dit-on, est la conséquence d'un excès de fatigue du cheval qui l'exécute : le cheval semble alors galoper de devant et trotter de derrière.

Nous ne devons pas terminer ce chapitre très raccourci sur les allures sans parler du saut que le cheval exécute quelquefois pour franchir les obstacles.

Dans beaucoup d'animaux, le saut est le mouvement naturel de progression : la grenouille marche par bonds comme la sauterelle, la gerboise, le kangouroo.

Pour sauter, le cheval, comme les autres animaux, fléchit les membres postérieurs, puis, par une violente et énergique contraction musculaire, il projette son corps dans la direction commandée. Les membres fléchis font ici, en quelque sorte, l'office de ressort tendu qui chasse, par sa détente, la résistance qui lui est opposée.

V.

DES ROBES ET SIGNALEMENTS.

Les animaux à l'état de nature ont généralement le pelage uniforme, sauf les caractères distinctifs fournis par l'âge et la taille; le signalement d'un individu sauvage convient à tous ceux de son espèce. A l'état domestique, il n'en est plus de même; la robe du cheval, par exemple, varie d'une infinité de nuances, de marques particulières, qui servent à le faire distinguer. On a beaucoup discuté, beaucoup écrit sur les robes, on discute encore tous les jours. Cette question nous paraît cependant une des moins difficiles, si ce n'est la plus simple, de l'étude du cheval; tout le monde peut la traiter, chaque amateur peut donner son avis : raison de plus peut-être pour qu'on ne soit jamais d'accord sur quelques nuances, qui changent avec l'âge, souvent avec les saisons.

Pour simplifier l'étude des robes, il n'y aurait qu'à ne pas leur donner toute l'importance qu'on y attache en théorie. On devrait se borner, comme on le fait dans la pratique, à ne les regarder que comme un caractère qui seul serait insuffisant pour faire reconnaître un cheval. Que nous importe qu'une nuance noire, rouge, blanche, soit un peu plus ou un peu moins foncée, qu'un cheval bai soit dit clair par les uns, cerise par les autres, qu'on le fasse châtain ou marron, suivant sa nuance? Si les autres caractères fournis par l'âge, le sexe, la taille et les signes particuliers, le font distinguer, au point qu'il soit impossible au plus ignorant de le confondre avec un autre, que nous faut-il de plus? Aussi, excepté les cas où la robe est tranchée au point de ne pas s'y méprendre, comme du noir au blanc par exemple, nous attachons toujours plus d'importance aux signes particuliers qu'au fond de la robe, qui peut être variable comme nous l'avons dit. Les signes particuliers, au contraire, sont toujours fixes; les exceptions sont rares ou n'existent pas.

Suivant que les robes offrent une ou plusieurs nuances, qu'elles sont composées de poils de teinte uniforme ou de couleurs différentes, elles ont été divisées en simples et composées.

Les robes simples sont celles dont les crins et le fond sont d'une même couleur: telles sont les noires, les blanches, les rouges, qu'on appelle alezanes, et celles qui ont une couleur jaune blanchâtre nommée café au lait.

Les robes composées ont deux subdivisions.

La première comprend les robes dont les crins diffèrent de nuance avec celui du fond du pelage : telles sont les robes baie, isabelle et souris.

La deuxième est formée par les robes composées de poils de couleurs différentes : telles sont le gris, le rouan, l'aubère, etc.

Robe blanche.

La robe blanche est facile à reconnaître. Suivant que sa nuance est plus ou moins éclatante, on l'a désignée sous le nom de blanc mat, sale, porcelaine, etc. Mais, nous le répétons pour la dernière fois, ce sont surtout les marques particulières qui doivent nous guider : les dénominations des nuances différentes de robes étant toujours un sujet de contestation d'ailleurs fort peu importante au fond.

Robe noire.

Le poil noir est plus ou moins foncé. On dit noir jais, noir franc, noir mal teint, suivant que la teinte est plus ou moins tranchée.

Robe alezane.

Le cheval alezan a les crins et les poils rouges.

Suivant la nuance, l'alezan est clair, doré, foncé, brûlé, quand il se rapproche plus ou moins du noir mal teint.

Lorsque les crins de cette robe sont plus ou moins blanchâtres, ils sont dits lavés, ou poil de vache.

Robe café au lait.

Cette robe a la couleur qu'indique son nom. Elle peut être plus ou moins foncée.

Robe baie.

La couleur du cheval bai ne diffère de l'alezan que par la couleur noire des crins et des extrémités.

Le bai est clair ou foncé, cerise, doré, châtain, marron, brun.

Un cheval noir qui a des marques de feu aux naseaux, aux flancs et aux fesses, est dit bai brun. Nous ne contestons pas cette dénomination consacrée par l'usage.

Robe isabelle.

L'isabelle est un café au lait avec les extrémités et les crins noirs. Cette nuance peut être plus ou moins foncée.

Robe souris.

Le cheval souris est de la couleur de l'animal qui

lui a fait donner son nom. Il a généralement les extrémités et les crins noirs.

Robe grise.

La robe grise est celle qui varie le plus par ses nuances. Elle est composée de poils blancs et noirs, et c'est leur quantité relative qui fait varier le fond de leur couleur.

Le gris clair est celui où le blanc domine.

Il est appelé gris ordinaire lorsque les poils blancs et noirs paraissent à peu près en nombre égal.

Il est foncé quand la nuance noire l'emporte.

Le gris ardoisé a un fond qui se rapproche de la couleur bleuâtre de l'ardoise, on le nomme souvent gris de fer.

Quelle que soit la nuance des chevaux gris, elle devient toujours plus claire avec l'âge. Un gris ordinaire devient plus clair d'année en année.

Robe aubère.

La robe aubère se compose de poils blancs et rouges ; on la nomme aussi fleur de pêcher, ou millefleurs. Sa nuance peut être plus ou moins foncée sur le corps, surtout au sommet de la croupe et du dos. Dans tous les cas la tête et les extrémités sont généralement plus foncées que les autres régions ; le rouge y domine toujours.

Robe rouan.

Le rouan comporte trois sortes de poils, le rouge, le noir et le blanc. Les extrémités et les crins dans cette robe sont le plus souvent noirs.

Cette nuance est plus ou moins claire suivant la quantité de poils blancs.

Quand le rouge domine, il est dit vineux.

Il est appelé clair si c'est le blanc qui l'emporte, et foncé si c'est le noir.

Robe louvet.

Le louvet est rare : c'est une sorte de gris qui ressemble au poil de loup. Quelques auteurs disent qu'il n'est qu'un isabelle très foncé. Les extrémités et les crins du louvet sont ordinairement noirs.

Robe pie.

La robe du cheval pie a toujours du blanc par plaques, avec une autre nuance disposée de même. Il ne peut pas y avoir de pie blanc, puisque le mot pie commande toujours cette nuance, et que sans elle il n'y a pas de pie possible. On voit des pie noir, des pie alezan, bai, gris, des pie de toutes les nuances.

SIGNES PARTICULIERS DES ROBES.

Nous avons dit que la nuance du fond de la robe

n'est pas toujours un caractère assuré pour faire distinguer un animal; il n'en est pas de même des signes particuliers, qui sont fixes et généralement invariables. Ils sont donnés par des reflets ou des dispositions particulières de la direction, de la couleur des poils, par celle de la peau sur certains points, par des traces de cicatrices ou des marques naturelles.

Les robes simples, comme les composées, outre les différences de leur nuance, plus ou moins claire ou foncée, offrent les particularités que nous allons signaler.

Un cheval est dit zain quand tous les poils de sa robe sont de la même couleur, sans mélange de poil d'aucune autre. Il n'est plus zain lorsqu'il a, sur quelques parties du corps que ce soit, quelques poils d'une nuance différente du fond de la robe, quelque borné que soit leur nombre. La même dénomination de zain s'applique encore au bai qui n'a que la nuance rouge et noire.

Les robes simples sont dites miroitées quand elles offrent des reflets partiels, arrondis et encadrés dans des poils de couleur moins vive; on dit noir miroité, etc. On trouve aussi des bais de diverses nuances miroitées. Ces particularités, observées dans les chevaux gris, leur font donner le nom de pommelés. Les pommelures sont de petits ronds plus blancs entourés de poils foncés.

Les nuances différentes de quelques poils ou de

certaines parties du corps, leur disposition, sont distinguées par les noms suivants :

Le mot *rubican* indique la présence de poils blancs sur un ou plusieurs points de la surface des robes simples et du bai. On dit alezan, noir, bai, etc., rubican à la tête, aux flancs, aux côtes, à l'encolure, à la croupe, etc., etc., suivant que les poils blancs sont mélangés avec ceux de l'une ou de l'autre de ces régions. S'ils sont nombreux, on ajoute le mot *fortement;* s'ils sont rares, on dit *légèrement* rubican.

Moucheté, mouchetures. Petits bouquets de poils différents de la nuance du fond de la robe ; on dit gris moucheté, aubère moucheté.

Argenté. Reflet blanc métallique produit par les poils blancs.

Truité. Indique des bouquets de poils rouges disséminés sur des robes grises, on dit gris truité, fortement ou légèrement, suivant que ces marques sont plus ou moins nombreuses et prononcées.

Vineux. Mélange de poils rouges qui donnent une teinte vineuse. On reconnaît les gris vineux des rouan vineux.

Tisonné ou charbonné. Marques noirâtres, irrégulières sur les robes ; on les dirait faites par le frottement du charbon.

Marqué de feu. Présence de poils d'un rouge plus ou moins vif. On les remarque généralement aux naseaux, aux flancs ou aux fesses.

Zébré. Lignes noirâtres, ressemblant à celles du

zèbre : c'est surtout aux membres qu'on les observe ; elles sont placées en travers.

Tigré. Larges mouchetures ayant de l'analogie avec celles de la robe d'une panthère.

Raie de mulet. Ligne noire sur l'épine dorsale depuis le garrot jusqu'à la queue.

Cap de maure. Tête noirâtre. Cette particularité se fait remarquer surtout dans les gris ardoisés.

Lavé. Crins ou poils d'une couleur moins foncée que celle du fond de la robe. On dit alezan crins lavés, extrémités lavées, parce que les poils semblent décolorés par le lavage.

Bordé. Lorsqu'une robe se compose de deux couleurs tranchées, comme celle des chevaux pies par exemple, le noir et le blanc se mélangent quelquefois à leur ligne de démarcation, de manière à former une sorte de bordure grise de peu de largeur. C'est principalement aux balzanes, et aux petites pelotes en tête, que l'on observe cette particularité.

Balzanes. Taches blanches observées à une où plusieurs extrémités des chevaux de toutes couleurs. Elles sont plus ou moins grandes, et partent généralement de la couronne.

Elles sont rudimentaires quand elles se bornent à une petite tache sur un des points de la couronne. Quand elles sont circulaires et qu'elles se bornent au paturon ou au boulet, ce sont de petites balzanes. Si elles montent vers le jarret ou le genou, elles sont grandes où *haut chaussées.*

Une balzane est bordée quand ses poils se mélangent avec ceux du fond de la robe, de manière à se terminer par une sorte de bordure. Elle est dentelée si elle finit par des dentelures.

Des taches plus ou moins grandes font distinguer les balzanes par le nom de *herminées*, ou *mouchetées*, suivant les dimensions de ces marques.

Le nombre des balzanes doit être indiqué comme les membres auxquels on les observe, si tous n'en sont pas pourvus. Ainsi, on dit balzanes postérieures ou antérieures; balzane antérieure ou postérieure gauche ou droite, au bipède latéral droit ou gauche.

Si deux balzanes sont diagonales, le membre antérieur indique leur disposition. On dit balzanes diagonales droite ou gauche suivant le membre antérieur qui en est pourvu. Si elles ne sont pas complètes aux deux extrémités, on le signale. On dit balzane diagonale gauche, la postérieure, ou l'antérieure rudimentaire, ou herminée, ou petite, ou grande, etc.

Pelote, étoile, liste. Les chevaux de toute nuance ont souvent une tache blanche sur le front. Elle est ordinairement arrondie. Quelquefois elle se prolonge en forme de liste. Dans le premier cas, on dit cheval marqué en tête ; dans le second, liste en tête, prolongée sur le chanfrein ou jusqu'au bas du nez, suivant qu'elle descend plus ou moins bas.

Cette liste s'élargit quelquefois de manière à gagner tout le chanfrein. Le cheval alors est appelé *belle face*.

Si les lèvres sont blanches, on dit que le cheval boit dans son blanc. Les pelotes comme les listes sont quelquefois bordées.

Ladre. Des taches blanchâtres qui semblent dépourvues de poils sont appelées taches de ladre. On les observe surtout aux endroits où la peau est fine, autour des lèvres, du naseau, des yeux, au fourreau, à l'anus.

Épis. La divergence des poils, leur convergence sur un point, ou leur direction opposée sont désignées sous ce nom d'épis. Il y a donc des épis convergents ou divergents, suivant que ces poils se dirigent vers un centre, ou dans un sens opposé.

Il n'est pas inutile d'indiquer la couleur des sabots, qui sont quelquefois blancs, lorsque cette particularité peut servir avec avantage à un signalement.

MODÈLES DE SIGNALEMENTS.

Nous donnons quelques modèles de signalements. Ils feront mieux comprendre la marche à suivre dans les cas où un signalement doit être rigoureusement caractéristique, pour toute sorte de chevaux.

1.

Cheval entier, de race percheronne, cinq ans. Taille d'un mètre soixante-deux centimètres. Gris pommelé, légèrement truité aux flancs et à l'encolure; tache de ladre à la lèvre inférieure et à l'aile externe du naseau droit; petites moustaches; œil droit verron.

2.

Jument de selle, huit ans. Taille d'un mètre cinquante centimètres. Alezan doré, rubican sur la croupe; trois balzanes haut chaussées et bordées, une antérieure gauche; pelote en forme de croissant; deux épis concentriques au front; tache blanche au naseau gauche.

3.

Cheval hongre, propre au trait, sept ans. Taille d'un mètre soixante-cinq centimètres. Noir mal teint, zain; dentition irrégulière; pieds évasés et plats; traces de sétons au poitrail, large cicatrice à la pointe de l'épaule droite, épi concentrique au flanc gauche.

Comme ce cheval est zain et manque de signes particuliers bien distincts, nous avons parlé de la conformation de ses pieds, de ses traces de séton, et de ses cicatrices.

4.

Cheval entier, propre à la selle. Douze ans environ. Taille d'un mètre soixante-trois centimètres. Bai clair, belle face, buvant dans son blanc; balzane postérieure droite herminée; quelques crins blancs à la queue.

5.

Jument poulinière pur sang, inscrite au Stud-book français sous le nom de ***Joséphine***, par ***Napoléon*** et ***Agar***, née en 1840. Taille d'un mètre soixante-six centimètres. Alezan brûlé, rubican sur la croupe et à la base de la queue; traces de balzanes au bipède diagonal gauche; pelote se continuant par une petite liste bordée sur le chanfrein, tisonnée à la joue droite.

6.

Cheval de selle, hongre, huit ans. Taille d'un mètre cinquante-quatre centimètres. Gris ardoisé, cap de maure, zébré aux avant-bras; raie de mulet; quelques mouchetures aux flancs; plusieurs nœuds de la queue coupés; marques de feu au jarret droit, cicatrices dépourvues de poils sur le dos.

7.

Cheval entier pur sang anglais, inscrit au Stud-book français sous le nom de ***Napoléon II***, par ***Prince Eugène*** et ***Lœtitia***, né en 1840. Taille d'un mètre soixante-quatre centimètres. Sous poil gris moucheté, fortement truité aux flancs et à l'encolure; tisonné à la pointe de la fesse droite.

8.

Jument, six ans. Taille d'un mètre soixante sept

centimètres. Noir mal teint, marques de feu aux naseaux, rubican sur le dos ; quelques poils blancs au front, trace de balzane postérieure droite herminée.

9.

Cheval, dix ans. Taille d'un mètre soixante-dix centimètres, propre au trait. Gris ardoisé, cap de maure, raie de mulet, zébré au garrot.

10.

Poulain pur sang arabe, par ***Massoud*** et ***Fathma***, devant être inscrit au Stud-book français sous le nom de ***Boufarik;*** venant de naître le 8 février 1847. Gris truité ; traces de ladre aux naseaux et aux lèvres ; sabot antérieur gauche partiellement blanc au talon droit ; deux épis excentriques et superposés au front.

11.

Pouliche pur sang anglais, par ***Royal-Oak*** et ***Corisandre***, venant de naître le 8 mars 1847, et devant être inscrite au Stud-book français sous le nom de ***Fiametta***. Sous poil bai clair, liste en tête bordée, se prolongeant jusqu'au bout du nez, trace de balzane postérieure droite herminée ; balzane antérieure droite bordée, haut chaussée et irrégulière.

12.

Poulain pur sang arabe, par ***Mahomet*** et ***Judith;***

né le 10 avril 1846, ayant quinze mois au moment où il est signalé, le 6 juillet 1847, inscrit au Stud-book français sous le nom de *Zéphir*. Sous poil gris très clair, presque blanc, ladre aux lèvres, aux naseaux et au fourreau ; épi concentrique au flanc gauche.

13.

Poulain de pur sang arabe, par *Grison* et *Biche*, né le 15 janvier 1846, inscrit au Stud-book français sous le nom de *Biribi*. Sous poil pie noir, buvant dans son blanc, ladre au bout du nez ; liste se prolongeant sur le front en forme de Λ renversé, yeux verrons, moustaches blanches.

14.

Poulain pur sang arabe, par *Astolfo* et *Daye*, né le 2 février 1846, inscrit au Stud-book français sous le nom de *Tom*. Sous poil alezan doré ; balzanes haut chaussées, pelote en tête, liste se prolongeant et s'élargissant sur le chanfrein moucheté ; buvant dans son blanc ; du ladre aux lèvres ; charbonné de chaque côté du passage des sangles ; taches blanches sur l'encolure et sur la croupe.

D'après ces différents signalements, on peut voir combien il est facile de reconnaître un individu, alors même que la nuance du fond de la robe n'est pas bien tranchée. Nous le répétons, ce sont surtout les signes particuliers naturels, et au besoin les marques accidentelles, telles que les cicatrices, les traces de feu, de vésicatoires, de sétons, etc., qui font toujours distinguer les uns des autres les animaux bien signalés.

Quand on trouve peu de signes particuliers, comme les chevaux zains en offrent souvent des exemples, on peut se servir de caractères fournis par la conformation d'une ou plusieurs parties du corps. Les pieds, la tête, la dentition, et même la race des individus, si elle est caractérisée, peuvent être des points de repère qu'il ne faut pas négliger. Du reste, pour peu qu'on ait d'habitude, il sera toujours facile de faire reconnaître à coup sûr un cheval ou un poulain dont le signalement est essentiel, pour éviter des fraudes sur les hippodromes, ou des méprises dans le commerce.

DE L'AGE DU CHEVAL.

CARACTÈRES OFFERTS PAR LE SYSTÈME DENTAIRE POUR LE RECONNAITRE.

I.

La connaissance de l'âge du cheval est d'une haute importance pour apprécier sa valeur. Les dents, qui fournissent à la zoologie de si précieux moyens de classification, sont les seuls organes qui puissent servir de guide jusqu'à un âge assez avancé de la vie. Les indices qu'elles fournissent sont basés sur leur succession d'éruption et sur la forme de leur table. Nous examinerons avec quelque détail l'une et l'autre de ces deux conditions du système dentaire : il mérite toute notre attention par l'intérêt qu'il offre à nos recherches.

Les dents sont toujours des instruments destinés à saisir les aliments, ou à les triturer pour les rendre d'une digestion plus facile. Elles varient de forme, non seulement dans les différents animaux en général, mais encore dans les mêmes individus, suivant qu'elles servent à pincer ou moudre l'herbe ou le grain. Celles du cheval ont une disposition particulière de configuration générale et des deux substances osséiformes qui les composent. C'est ainsi que, pour former des surfaces raboteuses et simuler une meule allongée de même largeur sur tous ses points, les molaires sont de forme carrée dans toute leur longueur. Elles s'ajustent l'une à côté de l'autre comme les pavés taillés employés pour daller une terrasse ou paver une rue ; aussi sont-elles rangées sans interruption ni lacunes, pour mieux fonctionner, tandis que les incisives, recourbées, ne sont aptes qu'à former un appareil propre à pincer, couper ou arracher l'herbe. Nous allons examiner ces différents instruments dans leur configuration comme dans leur mode de formation, leurs usages, et les indices qu'ils fournissent pour le but que nous nous proposons.

II.

FORMATION ET COMPOSITION DES DENTS.

Les dents sont fabriquées dans l'intérieur même des maxillaires qui en sont pourvus. Quoique ayant la plus grande analogie avec les os par leurs propriétés physiques et leur composition chimique, elles en diffèrent cependant par leurs usages et par la manière dont elles sont formées. Leur mode de fabrication est le même que celui des ongles, des cornes, des poils ou des plumes. Chacune d'elles est la conséquence d'un travail individuel, d'une sécrétion opérée par une sorte de follicule, d'une papille ou pulpe qui se trouve dans les maxillaires.

La dent commence donc par un petit tubercule éburné ; elle grossit, s'allonge comme le fait une corne, écarte les lames de l'os qui la contiennent, et perce la gencive pour occuper son poste et remplir ses fonctions. Mais avant de sortir de l'alvéole, elle est garnie, coiffée par l'émail qui l'enveloppe. La dureté de ce corps est telle, qu'il peut faire feu au briquet. Il joue du reste un rôle d'une haute importance comme nous le verrons.

Les dents sont donc composées par l'ivoire et l'émail. Le premier, d'un blanc jaunâtre, forme la plus grande partie de ces organes, et en détermine la configuration. Suivant l'opinion des physiologistes, il serait pourvu de vaisseaux à peu près comme les os, parce que, comme eux, il rougit quand on fait consommer de la garance aux animaux. Cependant on n'est pas encore parvenu à l'injecter; ce qui a fait penser à quelques savants qu'il se colorait plutôt par imbibition de la matière colorante que par sa circulation dans des vaisseaux dont tous les anatomistes n'admettent pas l'existence.

L'émail, de couleur blanche nacrée, ne se colore point, ce qui tend à prouver qu'il jouit de moins de vitalité que l'ivoire; il enveloppe ce dernier de toute part, le protège. En se repliant de diverses manières dans sa substance, il forme les aspérités si essentielles au système dentaire pour bien remplir ses fonctions, comme nous avons déjà eu occasion de nous en convaincre. Une fois développées, les dents du cheval ne croissent plus; elles sont chassées des alvéoles à mesure qu'elles s'usent par leurs tables; les cavités de leurs racines s'oblitèrent peu à peu; privées ensuite de communication avec la pulpe qui les a formées et les vaisseaux qui leur apportaient la substance pour les fabriquer, elles finissent par sortir tout à fait des alvéoles. Alors elles tombent privées de vie, à peu près comme le bois d'un cerf.

Les dents du cheval, dont le nombre est de trente-six à quarante, n'ont pas toutes les mêmes usages; comme dans les autres animaux, elles diffèrent de forme, comme de place occupée aux maxillaires.

Pour les distinguer, on les a désignées sous le nom d'incisives, de crochets et de molaires.

III.

DES INCISIVES.

Les incisives occupent les extrémités antérieures des maxillaires. Les lignes formées par les bords alvéolaires de ces os juxta-posés sont presque droites; pour former une pince propre à saisir l'herbe, il faut donc que ces dents soient recourbées vers leurs correspondantes opposées, pour bien s'ajuster ensemble. Elles se recourbent en effet les unes vers les autres, comme les mâchoires d'un étau ou d'une paire de tricoises. Seulement, au lieu de s'ajuster en ligne droite d'un côté à l'autre comme les mâchoires de ces instruments, elles le font en arc, parce qu'elles sont ainsi disposées les unes à côté des autres. Cet arc est bien arrondi à l'âge de cinq ans; mais sa forme varie avec l'âge, comme la direction des dents qui le composent elles-mêmes. Nous aurons occasion de nous convaincre, que ce changement n'est point étranger aux caractères qui servent à juger de l'âge.

Suivant le point qu'elles occupent dans l'hémicycle qu'elles forment, les incisives sont distinguées en pinces, placées au centre, en mitoyennes, implantées sur les côtés des précédentes, et en coins, formant les deux extrémités de l'arc. Elles sont donc au nombre de six à chaque mâchoire : deux pinces, deux mitoyennes, et deux coins.

Examinées avec détail, on voit que les incisives ont la forme d'un coin irrégulier dont le gros bout est élargi dans un sens et le bout opposé aminci dans un autre. Ainsi, une pince est amincie d'avant en arrière à sa table, et élargie d'un côté à l'autre, tandis qu'à sa racine, au contraire, elle est très mince de droite à gauche, et large d'avant en arrière. Il en résulte que les incisives, placées les unes à côté des autres, vont en s'élargissant en éventail de leurs racines à leurs tables ; et cette disposition, importante pour leurs fonctions de pinces, est très utile pour l'étude qui nous occupe.

Nous avons dit que les incisives ont la forme d'un coin irrégulier. En effet, si on prend une pince d'un cheval de quatre ans, et qu'on étudie ses surfaces aux différents points de la longueur, on voit que des sections transversales ont une configuration particulière, suivant le point où elles sont faites : la dent, ellipsoïde d'abord à sa table, devient triangulaire, prismatique, vers le milieu de sa longueur, puis aplatie d'un côté à l'autre vers sa racine.

Il résulte de cette disposition que la dent, sciée en travers d'abord, doit donner vers sa table un segment dont le bord antérieur représente la corde, et le postérieur le contour ; un second fragment, plus étroit d'un côté à l'autre, sera plus contourné en arrière, et ainsi de suite d'un troisième, d'un quatrième, etc.

Enfin, suivant la forme de la dent, le segment scié deviendra triangulaire vers le milieu, et aplati d'un côté à l'autre vers sa racine.

C'est sur ces différences de configuration de la table des dents incisives, usées ou sciées aux divers points de leur longueur, qu'est fondée toute la théorie de l'âge du cheval, à partir de huit ans. Par elles, on peut établir l'âge des sujets depuis dix à douze ans jusqu'à vingt, vingt-cinq, trente et plus, quoique alors il soit bien difficile de porter un jugement rigoureusement juste.

Nous devons au professeur Pessina les premières recherches faites sur ce sujet, et à Girard fils le meilleur traité que nous ayons en France sur l'âge du cheval. Il fut publié dans le *Recueil de médecine vétérinaire* qu'il fonda en 1824 à l'École d'Alfort.

Une dent incisive vierge a toujours deux cavités; l'une d'elles aboutit dehors, et descend dans le corps de la dent, de douze à quinze millimètres environ aux incisives inférieures. Elle est garnie par un repli de l'émail, qui se contourne pour la tapisser. Sa forme, qui affecte celle d'un cône aplati, lui a fait donner le nom de cornet dentaire. L'autre cavité se fait remarquer à partir de la racine de la dent, et contient sa pulpe; elle monte très haut dans la substance éburnée, et se croise avec le cornet dentaire, dont elle n'est séparée que par l'émail, et une couche très mince d'ivoire, servant de cloison. Ces deux cavités sont deux véritables petits cônes creux opposés, qui se croisent par leurs pointes. L'extrémité du cornet externe est en arrière, près de l'émail du bord interne de la dent, dont il n'est séparé que par une faible couche d'ivoire ; celle du cornet interne est placée en avant, vers le bord antérieur. Cette disposition des cavités dentaires ne sera pas inutile pour l'étude que nous faisons.

IV.

DES CROCHETS OU CANINES.

Les crochets ou dents canines du cheval sont au nombre de quatre, comme dans les autres animaux. Elle n'offrent que des indices très vagues pour la connaissance de l'âge. Les juments en sont généralement privées et n'en ont que par rares exceptions. Ces dents sont à peu près de la forme des canines ordinaires des individus qui en ont. Elles sont coniques, plus ou moins aiguës, et la face interne de leur partie libre offre une arête qui sépare deux petites cannelures.

Les usages de ces dents nous paraissent complétement nuls. Le système dentaire des juments qui en sont privées n'est ni moins parfait ni moins apte à bien remplir toutes ses fonctions.

V.

DES MOLAIRES.

L'étude des molaires est plus importante que celle des crochets. Elles sont au nombre de vingt-quatre, dont six à chaque rangée des maxillaires. Elles ne servent pas ordinairement pour l'appréciation de l'âge. L'ivoire et l'émail qui composent ces dents, beaucoup plus grosses, plus fortes et plus longues que les précédentes, sont disposés de manière à être stratifiés en zig-zag. Comme elles s'usent irrégulièrement, par rapport à la différence de leur dureté, la table dentaire offre toujours des aspérités analogues à celles d'une lime, pour limer, broyer les aliments. Le mouvement des mâchoires s'opère d'un côté à l'autre, et les couches stratifiées d'émail et d'ivoire sont disposées d'avant en arrière, pour se contrarier et être plus favorables au but proposé.

Les molaires vierges ont aussi deux ordres de cavités, comme les pinces. Celles qui correspondent au dehors sont tapissées par des replis de l'émail. Les autres sont aux racines, et contiennent la pulpe des dents qui a servi à les fabriquer. Comme aux incisives, ces cavités se croisent, et sont séparées les unes des autres par des cloisons de même nature que celles dont nous avons déjà parlé. A mesure que les sujets vieillissent, les cavités intérieures se remplissent d'ivoire sécrété par la pulpe, qui se retire peu à peu et finit par s'atrophier.

Les molaires de la mâchoire supérieure sont plus grosses que celles de l'inférieure ; elles forment des tables plus larges, inclinées en dedans, tandis que les tables de la mâchoire opposée, plus étroites, sont inclinées en dehors. Cette disposition était essentielle, comme le fait très bien observer le professeur Lecoq dans son *Traité d'extérieur*, pour prévenir le contact des incisives et leur usure inutile pendant les mouvements latéraux des mâchoires. Les machelières, au lieu de varier de forme dans leur longueur, comme les incisives ou les crochets, sont à peu près carrées depuis leur table jusqu'à leurs racines. Cette condition était indispensable pour que les meules qu'elles composent fussent toujours les mêmes à leur surface de frottement, afin de fonctionner à peu près de la même manière jusqu'à leur complète usure.

Quand le corps des molaires est usé et qu'il ne reste plus que ses racines, la meule a disparu, et le cheval ne peut plus se nourrir que de substances qui n'ont pas besoin de trituration ; ce cas doit être très rare en général, quoiqu'on trouve cependant quelquefois des molaires complétement usées ; en effet, les chevaux privés de leurs instruments de première nécessité doivent mourir faute d'alimentation.

VI.

ÉRUPTION DES DENTS.

La marche de la sortie des dents des mâchoires offre les signes les plus certains pour reconnaître l'âge; elle est en effet assez régulière, et, jusqu'à l'âge de cinq ans révolus, il n'est pas possible de s'y méprendre en général.

A sa naissance, le poulain est dépourvu de dents; mais à peine a-t-il huit ou dix jours, que l'on voit le bord tranchant des pinces couper les gencives, et garnir l'extrémité des mâchoires. Nous devons faire remarquer ici que toutes les incisives ont deux bords tranchants de hauteur différente; le bord externe, plus élevé, commence à inciser la gencive, quand l'autre est encore caché sous cette membrane; il ne s'élève à son niveau que plus tard. Les mitoyennes poussent environ un mois après les pinces, et de la même manière : vers l'âge de cinq à six mois, le poulain est pourvu de toutes ses incisives de lait.

Mais l'éruption des coins n'est pas toujours absolument régulière; nous avons vu, au haras du Pin, des poulains n'avoir ces dents qu'à cinq mois, d'autres à quatre : du reste, un mois et même deux sont au fond peu de chose pour la question qui nous occupe.

A mesure que les incisives poussent, elles se mettent en rapport parfait entre elles; leurs bords tranchants s'usent, et leur table se forme par le frottement; elles rasent, comme on dit en terme de l'art.

Le mot *rasement*, est employé pour dire que les bords antérieurs et postérieurs de la table dentaire ont usé de manière à être de niveau. Ce nivellement offre beaucoup plus d'intérêt pour les dents persistantes que pour les caduques, qui ne rasent pas d'une manière aussi régulière. Cependant, en général, les pinces de lait ont rasé vers six ou huit mois après leur sortie; les mitoyennes, de dix mois à un an; et les coins, qui n'ont fait éruption que plus tard, de seize à vingt mois. A cette période de la vie, on juge plutôt de l'âge des sujets par l'époque de l'année où on les examine, que par les caractères individuels qu'elles présentent.

Une fois développées, les incisives du poulain ne subissent aucun changement notable, jusque vers l'âge de trente mois environ. Vers cette époque, les incisives de remplacement compriment les racines des caduques, et les chassent en dehors. Avant trois ans révolus, elles sortent des alvéoles, pour remplacer celles qui les précédaient. Un an après, les mitoyennes font comme les incisives; de sorte que le cheval n'a plus à quatre ans que les coins de lait, qui sont remplacés, à leur tour, de quatre ans et demi à cinq ans : à cet âge le cheval n'a plus de dent de lait.

La sortie des crochets n'est pas régulière; cependant c'est de quatre à cinq ans qu'ils percent la gencive.

Les molaires ont aussi éprouvé leur révolution pendant le travail des incisives. Les trois premières, qui sont aussi caduques, se présentent à peu près ensemble, peu de jours après la naissance. Dans des poulains que nous avons observés, nous les avons vues toutes trois au même niveau et assez développées, quand celles qui ne doivent pas être remplacées ne sont encore qu'à l'état de germe. L'éruption de ces dernières est loin d'être simultanée comme celle des caduques. La première des persistantes perce la gencive vers un an, la deuxième à deux ans environ, et la troisième de quatre ans et demi à cinq.

Vers deux ans et demi, les premières molaires caduques sont remplacées par les persistantes ; les secondes sortent de l'alvéole à trois environ, et les troisièmes à quatre ans et demi environ, comme les dernières persistantes.

Telle est la marche de succession des dents qui a été observée.

Mais les molaires ne servent jamais pour l'examen de l'âge du cheval, aussi ne signalons-nous ici que pour mémoire la marche de leur éruption.

En décrivant les incisives, nous avons dit qu'elles ont la configuration de coins dont les bases forment leur table ; leurs racines sont presque justa-posées, et ne sont séparées les unes des autres que par une lame osseuse mince, qui n'existe même pas toujours sur tous les points. Les dents, dans ce cas, se trouvent en contact immédiat ; cette disposition n'est pas la même pour les incisives caduques. Au lieu de former un coin dont le retrécissement est régulièrement gradué du gros bout à la pointe, le collet de ces dernières est tranché par une dépression brusque. Il en résulte une sorte d'étranglement qui fait facilement distinguer une dent de lait d'une dent d'adulte. Leurs racines amincies ne sont pas régulièrement disposées comme celles des incisives de remplacement, et si elles persistaient, leurs tables ne donneraient aucun signe caractéristique pour la connaissance de l'âge.

Par leur configuration générale, les incisives caduques du cheval ont quelque analogie de forme avec celles des ruminants, qui ressemblent un peu à une petite pelle. Le collet est étranglé dans les unes comme les autres. Cette disposition n'existe pas dans les incisives persistantes que nous étudions.

INDICES FOURNIS PAR LES INCISIVES POUR LA CONNAISSANCE DE L'AGE DU CHEVAL.

VII.

DU RASEMENT DES DENTS.

Le mot *rasement*, employé pour caractériser un certain degré d'usure des incisives, n'a pas eu une signification assez rigoureuse pour que nous puissions nous en servir sans nous expliquer à ce sujet. Les auteurs que nous avons consultés se sont servis du verbe *raser* sans avoir dit clairement ce qu'il signifiait à leurs yeux. Ainsi, en parlant des dents incisives du cheval qui ont une cavité au dehors, Bourgelat nous dit, sans définition préalable : « C'est cette même cavité qui s'efface avec l'âge, et lorsqu'elle est remplie, nous disons que le cheval a rasé. Il est encore dans son milieu une espèce de tache noire, qui souvent disparaît dans la dent *rasée* ou *remplie*, et c'est cette même tache qu'on a désignée par le nom de *germe de fève.* »

En parlant des dents caduques il ajoute : « Il serait à souhaiter qu'on eût remarqué l'époque précise où cette cavité s'efface successivement en elles, et où ces dents *rasent* et se remplissent. »

Enfin il dit, au sujet des incisives de remplacement : « Tant que cette cavité existe dans les unes ou les autres de ces dents, on dit, ainsi que nous l'avons observé, que le cheval *marque*, comme on dit qu'il a rasé lorsqu'elles sont toutes remplies. » Puis il continue ainsi : « Dans un cheval qui a tout mis, c'est-à-dire dans lequel on trouve les pinces, les mitoyennes et les coins, avec la cavité qu'on remarque dans la table de chacune de ces dents, et qui a, comme nous l'avons dit, de quatre ans et demi à cinq ans, les pinces raseront les premières, et leur cavité remplie, l'animal aura six ans. Les mitoyennes raseront ensuite, l'animal aura sept ans ; enfin, les coins étant rasés à leur tour, l'animal aura huit ans (1). »

Ainsi, suivant Bourgelat, une dent aura rasé quand la cavité du cornet dentaire extérieur sera remplie. Mais cette cavité peut être remplie aux pinces, par exemple, comme nous en avons des modèles sous les yeux, à quatre ans ; quelquefois elle ne l'est qu'à cinq, à six, à sept, à huit ans ; elle peut être creuse jusqu'à ce qu'enfin le cornet qui la forme a tout à fait disparu par l'usure, ce qui n'arrive à peu près que vers onze ans. Nous examinons, à l'instant même, une mâchoire de quatre ans, dont la cavité extérieure est remplie, et une autre de six, qui est creusée. Ce n'est donc pas suivant qu'elle est remplie ou non que la cavité qui nous occupe fournit des signes assurés de distinction de l'âge.

Le moyen donné par Bourgelat ne fournit donc aucun indice propre à nous diriger. Du reste, en parlant du cheval qui marque, l'erreur est fondée sur la même base. Si la cavité des cornets externes est évidée chez certains sujets à six ans, elle est remplie chez d'autres avant cet âge. Tel cheval marquerait donc quand il est déjà vieux, lorsque tel autre ne marquerait plus, jeune encore. Le rasement, pas plus

---

(1) *Traité de la conformation extérieure du cheval*, pages 93, 94, 96 et 97.

que la marque, ne sont pas bien définis par notre illustre fondateur des écoles vétérinaires, et les explications qu'il nous donne à ce sujet ne sauraient nous servir de guide sûr.

Girard fils, sans définir le rasement d'une manière absolue, donne des développements qui font comprendre ce qu'il entend par ce mot. « Dès l'instant où les dents incisives ont fait éruption, dit-il, elles subissent quelques changements par suite du frottement exercé sur celles qui leur correspondent. Leur bord antérieur, qui était beaucoup plus élevé et tranchant, commence à s'user ; bientôt il est au niveau du postérieur : alors ils s'usent simultanément. La cavité, qui était d'abord très allongée, se rétrécit, et devient triangulaire ; enfin, à une certaine époque elle disparaît, et est remplacée par le cul-de-sac du cornet dentaire. C'est cette usure, exécutée régulièrement, qui constitue ce que l'on appelle *rasement*. Le rasement a lieu dès l'instant où les dents sont en rapport, de sorte qu'il est souvent complet dans les pinces lorsque les coins commencent à sortir. Il est, du reste, très variable dans les dents caduques, et ne peut donner que des indices peu certains, soit parce qu'il existe une grande irrégularité dans l'époque de l'éruption des coins, soit parce qu'il y a de la variation dans l'époque où l'on a sevré les poulains et dans celle où ils ont fait usage de nourriture fibreuse, soit enfin parce que cette nourriture elle-même est plus ou moins dure suivant les localités. »

» Lorsqu'une dent incisive a commencé à raser, que ses deux bords sont de niveau, la table présente deux rubans d'émail : un, extérieur, qui enveloppe la dent, c'est l'émail d'encadrement; l'autre, extérieur, qui circonscrit seulement la cavité, c'est l'émail central. Dans tous les cas, les incisives de la mâchoire inférieure rasent plus vite que celles de la supérieure, et leur rasement est toujours beaucoup plus régulier (1). »

Plus loin il ajoute :

« Le rasement des incisives d'adultes se fait assez régulièrement, mais non pas au point de pouvoir déterminer rigoureusement l'âge d'un cheval, comme on serait tenté de le croire en lisant tous les ouvrages des vétérinaires qui ont traité de ce sujet.

» Ils rapportent tous que les pinces inférieures rasent de cinq à six ans, les mitoyennes de six à sept ans, et les coins de sept à huit ans; mais depuis l'âge de trois ans, époque de la sortie des pinces, jusqu'à cinq, elles ont eu le temps de frotter, et elles sont déjà rasées presque tout à fait lorsqu'on aperçoit les coins. C'est donc à l'inspection des dents qui ont éprouvé le moins d'usure qu'il faut s'en rapporter : par conséquent, à cette époque on doit consulter l'état des coins, et il sera difficile, pour peu qu'on ait

---

(1) *Hippolikiologie, ou connaissance de l'âge du cheval*, 2e édit., p. 38 et 46.

d'habitude, de se méprendre sur l'âge exact de l'animal. »

D'après Girard fils, qui ne partage pas plus que nous l'opinion de Bourgelat, une dent aurait rasé quand les bords externe et interne de sa table sont au niveau l'un de l'autre par l'usure qu'ils ont subie. La différence de hauteur est en général de deux millimètres environ; les incisives s'usent de cette quantité à peu près en un an : il en résulte donc nécessairement que le rasement d'une dent doit toujours avoir lieu un an après que son bord extérieur a commencé à frotter contre la dent opposée.

Le professeur Lecoq, qui ne paraît pas ajouter beaucoup de foi, et avec raison, au rasement pour la connaissance de l'âge, dit : « Les pinces, qui ont dû commencer à user depuis qu'elles se sont trouvées en contact avec celles de la mâchoire supérieure, à trois ans, sont presque toujours rasées avant l'âge de six ans, quelquefois à cinq. On ne peut donc s'en rapporter à leur rasement seul, et c'est surtout le coin qui sert d'indice pour l'âge de six ans, époque à laquelle son bord antérieur a déjà usé assez largement, tandis que son bord postérieur, à peine arrivé au niveau à cinq ans, n'a encore usé que très peu.

» A sept ans les mitoyennes ont aussi rasé, et souvent à cet âge une échancrure se fait remarquer au coin de la mâchoire supérieure, dont le demi-cercle est un peu plus large que celui de l'inférieure. Cette échancrure persiste au delà de cet âge, mais n'apparaît presque jamais avant.

» A huit ans, la cavité a disparu aussi dans les coins; mais dans ces dents le rasement est bien moins régulier que dans les autres. On voit aussi apparaître à cet âge, entre le bord intérieur et l'émail central des pinces et des mitoyennes, une bande jaune, allongée, qui n'est autre chose que le cul-de-sac interne de la dent, oblitéré par l'ivoire, lors de la diminution de la pulpe qui le remplit dans le principe (1). »

L'opinion de M. Lecoq, on le voit, diffère de celle de Girard fils pour se rapprocher un peu de celle de Bourgelat, qui ne nous a pas paru assez nettement formulée pour fixer la nôtre.

Après une étude sérieuse des faits, nous restons convaincu que le rasement des dents, dont on s'est servi avant les travaux de Pessina et de Girard fils, n'est point un indice sur lequel on puisse compter pour l'étude de l'âge. Rien n'est moins bien défini par les auteurs que ce caractère, ce qui est, suivant nous, la meilleure preuve du peu de prix qu'ils y attachent. Quant à nous, nous n'en avons jamais tenu compte, parce que l'observation et l'expérience nous ont toujours clairement démontré qu'il ne pouvait être d'aucun secours pour nos recherches.

---

(1) *Traité d'extérieur du cheval et des autres animaux domestiques*, p 260.

Tous ceux qui ont écrit sur l'âge du cheval, parlent du rasement des dents; ce terme est resté vague, et n'a pas été défini de manière à fixer l'opinion; suivant nous, une dent a rasé quand son bord interne s'est élevé au niveau de l'externe, et qu'il a commencé à frotter et à compléter la surface de la table de la dent, irrégulière avant cette époque. Ainsi, quand l'émail qui entoure une dent aura frotté dans toute la circonférence de sa table, son rasement sera effectué, sauf quelques exceptions qui résultent de l'irrégularité de la hauteur du bord interne des dents; les pinces auront rasé un an après que leur bord antérieur aura commencé à frotter, c'est-à-dire à quatre ans: cela doit être puisque ce bord est élevé de deux millimètres au dessus du niveau du bord interne, et que la dent s'use de cette quantité, à peu près, en une année. Les mitoyennes auront rasé à cinq ans suivant leur ordre d'éruption, et les coins à six.

Les coins sont de toutes les dents celles qui offrent le moins de régularité pour leur rasement. Cette particularité est due à la différence d'élévation relative de leurs bords, dans divers sujets, tant à la mâchoire supérieure qu'à l'inférieure. Quelquefois ils sont presque de niveau en sortant de la gencive, du moins dans la plus grande partie de leur étendue, tandis qu'on voit souvent une différence de trois, quatre millimètres et plus, en faveur du bord externe. On conçoit alors que, pour que l'interne s'élève à son niveau, il faut quelquefois deux et trois ans, quand dans d'autres circonstances ce nivellement a eu lieu en peu de temps. Dans tel sujet, le coin peut avoir rasé à cinq ans et demi ; dans tel autre, à huit ans seulement, et même plus tard.

Le rasement des dents ne peut donc être que d'une utilité fort accessoire. Ce n'est que leur croissance, la configuration de leur table et les modifications qui s'en suivent, qui peuvent fournir des caractères aussi distinctifs que possible, pour le problème à résoudre.

Nous avons vu qu'à l'âge de trois ans, les pinces de lait sont remplacées par les persistantes du même nom, les mitoyennes à quatre ans, et les coins à cinq. Suivant cet ordre d'éruption des incisives, il est facile de distinguer l'âge des animaux. Mais à partir du moment où ce travail de dentition est terminé, il ne peut plus servir de guide : il faut donc recourir à d'autres moyens, qui nous sont procurés par l'usure des dents et les changements qui s'en suivent.

L'étude du développement des coins nous sera très utile pour déterminer l'âge, jusqu'à sept ans révolus. Sortis à cinq ans des gencives, leur bord externe ne touche à celui des dents correspondantes qu'à six ans faits. Leur frottement commence alors, et c'est ordinairement au printemps, époque des naissances, et par conséquent de l'accomplissement des années. Comme la quantité d'usure des dents est de deux millimètres environ par an (nous l'avons déjà dit), on voit à peu près combien le coin a perdu par le frottement. En tenant compte de l'époque de l'année où l'on se trouve, par rapport à celle de la naissance des individus, il est assez facile de baser un jugement satisfaisant.

Nous devons signaler ici un point de repère qui est un indice toujours sûr, quand il existe, pour déterminer six et sept ans.

Souvent le coin supérieur, plus large que l'inférieur, ne frotte pas contre ce dernier sur toute sa surface ; il en résulte une sorte de talon qui y forme une véritable échancrure. Jamais on ne l'observe avant six ans révolus; quand il existe, le cheval a toujours sept ans au moins ou est dans sa septième année.

Jusqu'à sept ans révolus, jusqu'au moment où le cheval prend huit ans, il est presque mathématiquement impossible de se tromper sur l'âge des sujets. A cinq ans le coin est sorti de la gencive, à six ans il touche au coin opposé, et à sept ans faits il s'est usé de deux millimètres environ, quantité souvent déterminée par le talon dont nous venons de parler; il accuse cette longueur à peu près quand le cheval entre dans sa huitième année : après cet âge, il ne sert plus de guide certain.

A commencer de cette époque, nous n'avons plus, pour asseoir notre jugement, des caractères aussi tranchés. Nous devons recourir à la forme de la table de la dent et à celle du cornet dentaire que l'on remarque vers son centre.

A mesure que les incisives rasent, on voit que leur table, élargie d'un côté à l'autre, et étroite d'avant en arrière, a dans son milieu une cavité qui offre la même disposition de dimension. Cette cavité est l'orifice externe du cornet dentaire. Elle a été formée par l'émail qui enveloppe la dent vierge et s'est replié en dedans de sa substance, comme nous l'avons vu. Mais après le rasement, elle en est séparée par une couche d'ivoire. Il en résulte que l'émail qui la forme désormais, et qui a été nommé *émail central*, n'a plus aucune communication avec celui dont il n'était d'abord que la continuation; on l'a appelé émail d'encadrement. La forme de ce cornet dentaire ressemble à celle d'un cône aplati ; de sorte que vu de face il nous offre la figure d'un triangle isocèle.

Si on prend une pince qui vient de raser, et qu'on la scie en travers de huit millimètres environ, on verra que sa nouvelle table aura perdu en largeur, d'un côté à l'autre, pour gagner en profondeur. Son cornet se sera rétréci dans le même sens, et la couche d'ivoire qui le sépare de l'émail antérieur sera beaucoup plus épaisse. Cette cavité se sera aussi arrondie en arrière. Sa forme suit assez celle de la table de la dent. D'un autre côté, on commencera à apercevoir le cul-de-sac du cornet interne, en avant de l'émail central; on aura enfin les caractères distinctifs du cheval de huit ans révolus, prenant neuf ans. En effet, les huit millimètres qui ont été sciés sont la quantité qui aurait usé pendant quatre ans, c'est-à-dire de quatre à huit ans révolus. Alors la table des pinces est ovale, et les mitoyennes tendent à prendre la forme qu'elles ont un an après, à neuf ans accomplis; à cette époque la table des pinces s'arrondit, surtout en arrière, le cornet s'éloigne encore du bord antérieur de la dent. A dix ans faits, la table des pinces et des mitoyennes, qui avait commencé à se creuser en avant de l'émail central, est plus arrondie et plus étroite d'un côté à l'autre. Le fond du cornet interne se fait remarquer comme une petite étoile de nuance moins foncée que celle de l'ivoire au centre duquel il se trouve. Le cul-de-sac du cornet dentaire externe, qui fait saillie, est tout près du bord postérieur, et affecte une forme triangulaire.

A onze ans, l'émail central touche presque à celui du bord postérieur des dents, et n'est plus que rudimentaire; les mitoyennes s'arrondissent de plus en plus, et les pinces ont une tendance à offrir un angle un peu obtus au milieu du bord postérieur de leur table.

A douze ans, on ne voit plus de trace d'émail central aux incisives inférieures; le cul-de-sac du cornet interne paraît au milieu de la table dentaire, et l'angle postérieur des pinces se caractérise mieux; celui des mitoyennes tend à se dessiner.

Cependant, quand le cornet dentaire externe est plus profond qu'à l'ordinaire, ce qui arrive quelquefois, son cul-de-sac persiste bien au delà de douze ans. Il n'y a pas, dans ce cas, d'époque fixe pour sa disparition, elle dépend uniquement de l'excédant de sa longueur. Les chevaux qui offrent cette particularité sont dits bégus : leurs cornets n'offrent aucun caractère distinctif par leur forme comme par leur présence, puisqu'ils sont une anomalie. On n'en tient donc aucun compte, pour ne s'en rapporter qu'à la forme des tables dentaires ; c'est un signe distinctif dont on est privé, et qui d'ailleurs n'est utile que jusqu'à l'âge de douze ans. Après cette époque on juge comme s'il n'avait jamais existé.

A treize ans, la triangularité des pinces est marquée, et un an après, à quatorze ans faits, elle est tout à fait caractérisée.

A quinze ans, les mitoyennes sont triangulaires à leur tour, comme les pinces l'étaient à quatorze ; ces dernières commencent à avoir leur table plus élargie d'avant en arrière, tandis qu'elle se retrécit d'un côté à l'autre.

A seize ans, ces caractères sont encore plus tranchés dans les pinces, et se font remarquer aux mitoyennes ; les coins tendent eux-mêmes à la triangularité.

A dix-sept ans, la table des pinces s'allonge d'avant en arrière, et celle des mitoyennes gagne aussi en profondeur.

A dix-huit ans, la surface de la table des pinces est plus profonde que large, et le triangle formé par celle des mitoyennes s'allonge aussi vers son sommet.

A dix-neuf et vingt ans, la table des pinces tend

à devenir ovale d'avant en arrière, et ce caractère se dessine aussi dans les mitoyennes.

Enfin, à vingt-cinq ans, les incisives sont aplaties d'un côté à l'autre. A cet âge elles sont usées jusque vers leurs racines, qui ont l'aspect d'un coin aplati dans un sens opposé à celui de la couronne des dents vierges. Cet aplatissement des incisives est toujours d'autant plus marqué que le cheval veillit davantage. Du reste, après vingt-cinq ans, et même quelques années avant, il n'est pas possible de déterminer à coup sûr l'âge d'un cheval, à deux ou trois ans près, et même plus.

La longueur totale des pinces vierges est de soixante-dix millimètres environ. Si leur usure est de deux millimètres par an, comme on l'a à peu près observé, elles peuvent frotter pendant trente-six ans avant d'être usées; et, comme leur frottement ne commence qu'à l'âge de trois ans, le cheval peut s'en servir jusqu'à l'âge de trente-neuf ans : alors il ne doit rester que l'extrémité de la racine, qui s'est un peu allongée dans les alvéoles par la disparition de la pulpe.

Nous avons vu que dans le jeune âge les incisives étaient recourbées les unes vers les autres; mais, à mesure qu'elles s'usent, elles se redressent, et forment un angle aigu en se rencontrant, au lieu de dessiner un contour assez régulier, comme à l'âge de quatre ou cinq ans : d'un autre côté, le cercle qu'elles figuraient alors, en s'élargisssant en éventail, se rétrécit et se déforme.

L'usure des molaires fait opérer des changements marqués aux maxillaires et à la physionomie de la tête. Lorsqu'elles sont chassées des alvéoles, les lames osseuses qu'elles tenaient écartées s'affaissent ; il en résulte que le chanfrein se trouve déprimé sur les côtés, et que les bords inférieurs des maxillaires deviennent étroits et tranchants.

Les incisives, qui se réunissent à angle aigu, obligent les lèvres à s'affaisser, à s'allonger en avant comme celles d'un chameau, ce qui donne aux chevaux un air de vieillesse non équivoque. Ce sont ces divers signes qui ont fait donner le nom de têtes de vieilles à celles dont la conformation offre des caractères qui se rapprochent de ceux que nous venons de décrire.

VIII.

USURE IRRÉGULIÈRE DES DENTS.

Tout ce que nous avons dit sur les moyens de reconnaître l'âge du cheval par l'étude de la conformation de ses incisives est applicable dans tous les cas où leur frottement est régulier ; mais quand l'ordre naturel de leur usure est interverti, lorsque les dents sont trop courtes ou trop longues à l'une des mâchoires seulement, ou aux deux, il faut recourir à des moyens de compensation fournis par leur irrégularité même.

Suivant les observations de Pessina, sanctionnées par la pratique en général, les incisives ont une longueur à peu près déterminée dans leur état naturel. Ainsi, les pinces sont environ de seize à dix-huit millimètres en dehors des gencives ; les mitoyennes plus courtes ont de trois à quatre millimètres, et les coins de cinq à sept. C'est là à peu près le terme moyen de la longueur proportionnelle des incisives. Nous avons vu que la quantité d'usure des dents était de deux à trois millimètres par an, ce qui varie d'une faible quantité suivant les races. Dans les chevaux de sang, dont les tissus sont plus denses, plus durs, l'usure serait un peu moins rapide que dans les races communes, suivant les observations de Pessina.

La longueur et la quantité d'usure ordinaires des dents étant connues, il nous sera plus facile de nous éclairer sur les anomalies qu'elles présentent.

Supposons des pinces qui ont quatre, six ou huit millimètres de longueur de plus qu'à l'état naturel : cela nous prouvera que leur usure a été trop lente, comparativement à leur quantité sortie des alvéoles. Leur table ne pourra donc pas avoir la configuration de celle des dents d'un autre cheval du même âge, et de longueur voulue. Celles-ci marqueront l'âge réel : celles-là rajeuniront d'autant d'années, qu'elles auront plus de longueur de deux à trois millimètres qui n'auront pas été usés. Si on les sciait de manière à les mettre à leur niveau naturel, on aurait les véritables signes exigés ; eh bien, il faut les scier par la pensée, se représenter la configuration de leur table à leur longueur ordinaire, puis ajouter à l'âge qu'elles marquent, autant d'années que l'excédant de leur longueur en accuse, à deux millimètres par an.

Citons un exemple : si la table dentaire d'un cheval marque sept ans, et que les incisives soient trop longues de six ou huit millimètres, il faudra ajouter trois ou quatre ans de plus. En effet, si on sciait ces dents pour leur donner leur longueur ordinaire, elles accuseraient réellement dix ou onze ans.

Pour les dents trop courtes, on opère suivant la même théorie, mais en sens inverse : on retranche autant d'années qu'il leur manque de longueur d'usure annuelle. Ainsi le cheval qui marque huit ans n'en aura que cinq environ, s'il faut à ses dents six ou huit millimètres de plus qu'elles n'ont pour avoir leur longueur exigée.

Si, comme nous en avons des exemplaires sous les yeux, les incisives sont fortement usées d'un côté, et peu de l'autre par frottement oblique, on établit à peu près une moyenne par le procédé suivant :

Lorsqu'une mâchoire, irrégulièrement usée d'un côté, marque à peu près seize ans, et dix ans de l'autre (nous prenons ces termes comme nous pourrions en prendre d'autres), on établit une moyenne qui sera de treize ans ; on nivelle ainsi par la pensée les incisives, en ajoutant au côté trop usé la quantité excédante de l'autre. Si on sciait horizontalement ces dents quand elles sont rapprochées, on les nivellerait par le fait, et leur table marquerait nécessairement les treize ans que nous avons trouvés par la combinaison que nous venons d'indiquer. Elle nous a toujours donné les résultats que nous pouvions désirer.

Enfin il est des circonstances telles, qu'il est impossible de préciser l'âge des animaux, par excès d'irrégularité de leurs dents. Les chevaux tiqueurs en offrent souvent des exemples. Dans ces cas on ne peut avoir pour guide que le jugement, donné par l'esprit d'observation, la pratique, et l'habitude de voir et d'étudier beaucoup de chevaux de tout âge. L'inspection des maxillaires, celle des incisives en général, la configuration de l'angle formé par le rapprochement des dents, enfin la physionomie générale de la tête, fournissent aussi des indices utiles. Un homme habile et éclairé se fixera toujours sur l'état de vieillesse plus ou moins avancée des animaux. L'étude de l'ensemble des individus lui en donnera les moyens, sans même avoir besoin de recourir aux caractères qu'une dentition trop irrégulière rend impossibles.

Pour tromper les acheteurs sur l'âge des animaux, pour les rendre plus vieux ou plus jeunes, les marchands emploient des fraudes faciles à découvrir.

Lorsqu'on veut faire marquer quatre ans à un cheval de trois, on arrache les mitoyennes de lait; mais la fraîcheur des pinces, qui doivent avoir rasé à quatre ans, ne permet pas de se laisser tromper; d'un autre côté, la nature de la plaie causée par l'opération, ou sa cicatrisation sans trace de la mitoyenne remplaçante, l'état des coins, sont encore des indices certains pour peu qu'on ait d'habitude : les ignorants seuls y seront pris.

Quant aux vieux chevaux qu'on veut rajeunir, on leur creuse la dent avec un burin, puis on noircit la cavité pratiquée au milieu de la table. Cette ruse est aussi facile à découvrir que la précédente.

En creusant la dent, on veut imiter la cavité du cornet dentaire externe; mais il faut attendre qu'il ait disparu : on ne cherche jamais à la simuler tant qu'elle existe; si on le fait, c'est une maladresse, parce qu'on est obligé de creuser une cavité factice à côté des traces de celle qui est naturelle, et qu'on aperçoit. Ce n'est donc qu'après l'âge de onze à douze ans que l'on contremarque les chevaux; mais nous avons vu que le cornet dentaire externe était formé par l'émail, plus dur que l'ivoire : comme il résiste mieux que ce dernier au frottement, il domine toujours vers le milieu de la table, et garnit d'un rebord bien marqué la cavité qu'on y observe. La blancheur de l'émail, d'ailleurs, tranche toujours au milieu de la couleur jaunâtre de la substance éburnée.

La table de la dent contremarquée n'a pas de point central qui domine la cavité qu'on y a faite, point de rebord saillant, ni blanc comme l'émail qu'il est impossible de simuler. Ainsi, quelles que soient les précautions et l'adresse des fraudeurs, ils ne pourront jamais tromper ceux qui feront attention aux caractères que nous signalons. D'ailleurs la table de la dent du cheval qui aura dépassé douze ans, comparée à celle de l'âge que l'on veut simuler par la contremarque, ne permettra pas de s'y méprendre. On ne confondra jamais son aplatissement d'avant en arrière, ou sa forme ovale ou arrondie d'un côté à l'autre, avec la triangularité ou l'aplatissement d'un côté à l'autre des incisives des vieux chevaux.

Des dents très allongées sont, pour beaucoup de personnes qui ne connaissent rien sur l'âge des chevaux, un témoignage de leur vieillesse. Des auteurs ont assuré que souvent des vendeurs les scient pour les raccourcir. Nous n'avons jamais eu occasion de voir ce mode de rajeunir, nous le croyons même impossible à pratiquer. Si cependant on l'observait, il serait trop facile à reconnaître : les incisives supérieures ne pourraient plus s'ajuster aux inférieures ; leurs tables ne se correspondraient plus, et seraient distantes les unes des autres en raison de la quantité du raccourcissement opéré, le contact des machelières ne permettrait pas leur rapprochement.

Tout ce que nous avons dit sur les moyens de reconnaître l'âge du cheval n'est pas toujours facile à appliquer, pour tout le monde, aux diverses périodes de sa vie. Nous avons eu des caractères tranchés, faciles à saisir jusqu'à l'âge de sept ans révolus. La forme de la dent, et la marche de l'usure du cornet dentaire externe, nous ont fourni des moyens d'appréciation assez satisfaisants jusqu'à douze ans; mais il n'en a plus été de même à partir de cette dernière époque. La forme de la table des dents qui a servi de base à la théorie que nous avons adoptée n'est point toujours un signe rigoureusement infaillible, malgré les assertions de Pessina; on peut se tromper d'un, deux, trois ans et plus, à mesure qu'on se rapproche de vingt-cinq, trente ans, etc. Vers ces dernières époques, le praticien le plus habile est souvent embarrassé pour se prononcer. Il faut donc beaucoup étudier, pratiquer encore plus, et observer long-temps pour bien posséder cette question importante de la connaissance du cheval. On peut errer de quelques années, quand on n'a pas eu occasion de bien se pénétrer des signes distinctifs fournis par les dents des vieux chevaux; mais aux diverses époques de sa vie on a des points de repère qui peuvent servir à diriger nos études, et nous fixer d'une manière assez satisfaisante.

Ainsi l'éruption des dents et leur croissance nous ont donné des signes certains jusqu'à sept ans révolus. L'arrondissement des incisives plus ou moins marqué, l'usure, le rapprochement de l'émail central du bord postérieur de la table dentaire, et sa disparition, nous ont conduit jusqu'à douze ans. A partir de cette époque à peu près, la triangularité plus ou moins marquée des dents nous indique l'âge de treize à dix-huit ou dix-neuf ans; enfin le triangle plus ou moins étendu de sa base à son sommet, et l'aplatissement des incisives d'un côté à l'autre, se font remarquer de vingt à trente ans et plus. A l'aide de ces divers jalons, il sera du moins facile de distinguer le cheval de onze ans de celui de huit, celui de douze de celui de dix-huit, et l'âge de vingt ans de celui de trente.

IX.

CONCLUSION.

L'étude du système dentaire qui a servi aux naturalistes pour la classification des mammifères nous a fourni les signes propres à reconnaître l'âge du cheval. En y réfléchissant bien, elle pourrait nous faciliter les moyens de juger de l'époque de la vie où ces animaux sont dans toute la plénitude de leur force. En effet, un animal ne peut être dans les meilleures conditions de puissance possible, que lorsque les fonctions de sa vie animale sont dans la période de leur plus grande perfection. Or cette période n'existe que lorsque les fonctions de nutrition s'opèrent dans toute leur étendue, par les bonnes conditions, le développement complet des organes par lesquels elles s'exécutent. Les dents jouent un des rôles principaux de ces importantes fonctions. Nous pouvons donc en conclure, à coup sûr, que l'animal ne jouit au plus haut degré de toutes ses facultés physiques que lorsque leur développement est complet. C'est en effet pendant ce temps qu'il peut rendre le plus de services. Sans s'en rendre compte, celui qui achète un cheval, et qui en règle le prix suivant l'âge, n'opère pas suivant d'autre principe que celui que nous signalons, et que la physiologie nous enseigne. Avant le développement complet du système dentaire, la vie n'est pas dans toute sa force, l'organisme est en travail de perfectionnement; et ce n'est pas le système dentaire seulement, c'est encore les systèmes osseux, ligamenteux, musculaire, pulmonaire, etc., qui se perfectionnent. Il faut donc attendre le développement complet des facultés physiques des animaux, avant d'en abuser comme on le fait.

Ce n'est qu'à six ans que le système dentaire est dans son entier développement: toutes les dents alors fonctionnent bien, et ce n'est qu'alors, suivant nous, que le cheval commence à être dans toute sa force. En nous en rapportant toujours aux signes fournis par les dents, cette période de bonnes conditions de mastication nous paraîtrait durer jusqu'à l'époque où le cornet dentaire externe des incisives a disparu, c'est-à-dire de dix à douze ans. Pour les animaux à l'état de nature, le cornet dentaire externe joue un rôle important; la crénelure qu'il forme aux incisives est utile pour faciliter à l'animal l'action de brouter l'herbe fine, et dure surtout. Les incisives, en effet, crénelées par les dispositions de l'émail central, imitent les pinces des treillageurs ou des cordonniers, et pincent mieux l'herbe pour l'inciser ou l'arracher; elle glisse, au contraire, quand la table des pinces n'offre plus d'inégalités, qu'elle s'est polie par le frottement, l'usure. Le même inconvénient n'existe pas pour les animaux nourris à l'écurie; ils n'ont pas besoin d'arracher l'herbe, et les mâchelières ont heureusement un autre arrangement des matières qui les composent; les dispositions de leur émail central, comme celles de leurs formes, sont les mêmes vers leurs racines comme vers leurs tables, ce qui leur permet de moudre les aliments de la même manière, à toutes les époques de la vie.

Ces considérations, qui paraîtront peut-être de peu d'importance à beaucoup de monde, méritent cependant d'attirer l'attention pour l'amélioration des races. Jamais on n'a vu autant de chevaux légers tarés qu'à notre époque, et cela ne tient qu'aux reproducteurs, tarés eux-mêmes, qui des hippodromes, passent dans nos établissements royaux : ils ont été ruinés à un âge où leur entraînement devrait seulement commencer. A l'imitation des Anglais, nous soumettons au travail les chevaux pur sang de deux ans à trente mois. A peine ont-ils trois ans, qu'ils ont dû supporter toutes les fatigues que nécessitent les préparatifs d'une lutte sur l'hippodrome. Il est regrettable que l'état encourage de semblables procédés, en accordant des prix de courses aux poulains et aux pouliches de trois ans (1). Cette mesure est contraire à l'amélioration des races. L'influence de l'administration est toujours d'une grande portée ; et quand ses actes sont nuisibles aux progrès, nous croyons la servir consciencieusement en le signalant. Les prix de courses de l'administration ne devraient être donnés à aucun cheval avant l'âge de cinq ans au moins ; loin d'être employés à encourager la fatigue des poulains de trois ans, ils devraient servir au contraire à la prévenir, en les empêchant de courir à cette époque de leur vie. Que l'état ne donne des prix d'hippodrome qu'aux sujets de cinq à sept ou huit ans, l'industrie alors ménagera ses bons produits

---

(1) Règlement des courses :

« Art. 7. — Il y aura pour les courses de Paris :

» 1° Un prix d'arrondissement de 3,000 fr. pour les poulains entiers et pouliches de *trois ans seulement ;*

» 2° Un prix d'arrondissement de 3,500 fr. pour les chevaux entiers et les juments de trois ans et au dessus ;

» 3° Un prix principal de 4,500 fr. pour les poulains entiers et pouliches de *trois ans seulement ;*

» 4° Un prix principal de 5,000 fr. pour les chevaux entiers et juments de trois ans et au dessus. »

Ces dispositions pour les poulains et pouliches de trois ans sont les mêmes pour les autres points de la France où l'état encourage les courses, au midi comme au nord. Il est impossible que l'administration ne revienne pas de cette fatale mesure.

pour les concours, au lieu de les étioler, de les ruiner avant qu'ils aient perdu une seule dent de lait, avant d'avoir une seule incisive d'adulte. Cette méthode est en opposition directe avec les principes les plus élémentaires de physiologie et d'amélioration des races. Mais nous bornons ici ces courtes observations pour les développer plus loin avec plus de détail, et prouver par des faits la vérité de ce que nous avançons.

Quatrième partie.

DES HARAS.

I.

La production du cheval a été de tout temps une des branches de l'économie rurale qui a le plus attiré l'attention du gouvernement en France. On a toujours fait pour elle plus de dépenses que pour toutes les autres branches réunies de l'industrie agricole ; cependant il ne paraît pas qu'on ait jamais atteint le but proposé. Toutes les administrations des haras qui se sont succédé ont provoqué des plaintes. En lisant tout ce qui a été écrit sur les chevaux à toutes les époques, on voit que leur dégradation a toujours été un sujet de récriminations de tout ordre. Voyons quelle peut en être la cause.

Le gouvernement de Louis XIV fut celui qui s'occupa le plus sérieusement de l'organisation d'une administration spéciale pour veiller aux progrès de l'industrie chevaline. Colbert n'ignorait pas que la multiplication et l'amélioration du cheval étaient de la plus haute importance ; mais, soit qu'il manquât d'hommes spéciaux pour poser les bases de la science des haras, ou qu'il ne jugeât pas cette science nécessaire, ses tentatives furent complétement inutiles. Il pouvait cependant avoir sous les yeux l'exemple des essais infructueux qui avaient été faits, une trentaine d'années avant (en 1639), sur l'amélioration des chevaux. Louis XIII avait voulu organiser des haras aux frais de l'état, mais il échoua faute d'employés instruits sur la question. Les efforts de Louis XIV, ses importations de juments poulinières et d'étalons de l'étranger, prouvèrent encore que, pour perfectionner le cheval, il faut autre chose que du pouvoir et de l'argent. Garsault vivait pourtant alors, et s'occupa des haras ; mais le célèbre écuyer, qui possédait si bien la science de l'équitation, ne se doutait pas de celle de la fabrication animale (1).

---

(1) Vers 1691, Garsault fut envoyé par Louis XIV dans le royaume de Naples pour importer des juments napolitaines. On en plaça quarante au haras de Saint-Léger, près Versailles. Elles ne firent rien de bon, et on s'en débarrassa. L'année précédente on avait aussi importé, pour le même haras, des juments de Turquie, de Barbarie et d'Espagne ; les résultats n'en furent pas plus heureux. On était dans une fausse voie : avant d'importer, il faut avoir étudié si l'importation est raisonnée, si elle convient aux conditions du pays qui la fait.

L'art de dresser et de monter un cheval est bien différent de celui de le faire ou d'en diriger la reproduction, quoique l'un puisse s'allier à l'autre.

Cependant le grand ministre de Louis XIV n'ignorait pas que les spécialités étaient indispensables, en général, aux progrès de toutes les carrières. Il fit venir en France des savants étrangers, des fabricants habiles, pour former des élèves et donner à l'industrie manufacturière l'élan qu'il méditait. Il ne fit pas de même pour l'art de cultiver la terre et de multiplier les animaux; sous ce rapport, il fut bien loin des opinions de Sully. « On attira dans le royaume, dit Chaptal (1), les savants les plus célèbres et les manufacturiers les plus habiles : Van-Robais pour la draperie fine, Hindret pour la bonneterie, Huyghens pour les mathématiques, Winslow pour l'anatomie, Cassini pour l'astronomie, Rœmer pour la physique. Les nombreux élèves formés dans les ateliers d'Hindret et de Van-Robais se répandirent dans le royaume. Les artistes les plus célèbres de l'époque apportaient de toutes parts leurs industries, parce qu'ils trouvaient protection et encouragements. En moins de vingt années, la France égala l'Espagne et la Hollande pour la belle draperie, le Brabant pour les dentelles, l'Italie pour les soieries, Venise pour les glaces, l'Angleterre pour la bonneterie, l'Alle-

---

(1) *De l'industrie française*, Discours préliminaire.

magne pour le fer-blanc et les armes blanches, la Hollande pour les toiles, etc. »

Certes, en ags ant ainsi, en s'adressant au savoir, aux hommes spéciaux, chacun dans sa partie, le succès était assuré. Toutes les fois qu'une industrie a été basée sur ce principe, elle a toujours progressé, comme elle a toujours périclité sans lui. C'est ici une règle sans exception ; l'histoire de tous les temps, de tous les faits, l'a prouvé. Sans instruction spéciale, point de progrès dans quelque carrière que ce soit; comme sans lumière point de clarté.

Si Colbert avait fait pour l'agriculture et les haras ce qu'il fit pour l'industrie manufactière, il eût réussi. Il ne le fit pas, il manqua son but. Les intendants des provinces, qui ne se doutaient guère des règles qui doivent présider à la confection du cheval, furent chargés de la haute direction des haras. S'ils avaient dirigé les manufactures (ce qui était bien moins difficile), ils n'auraient pas été plus heureux, et la France eût été loin des succès qu'elle obtint. Les efforts de Colbert pour le perfectionnement de l'espèce chevaline devaient donc être inutiles, comme les dépenses qu'il fit. Il était impossible qu'il en fût autrement. Du reste, il ne fut pas plus heureux pour les moutons mérinos qu'il fit venir d'Espagne et d'Angleterre. Il voulut les croiser avec nos races et améliorer nos laines; mais il confia leur multiplication, comme celle du cheval, à des hommes qui ne la comprenaient pas : on ne devait donc pas plus réussir d'un côté que de l'autre. On se contenta d'en conclure que le mérinos ne pouvait pas se reproduire en France, et il fut abandonné. Plus tard nous verrons que le manque de connaissances spéciales avait seul servi de base à cette erreur matérielle.

Cependant, le besoin d'améliorer nos races de chevaux était pressant ; il était impossible de les négliger comme les mérinos. Si on ignorait la marche à suivre pour obtenir un meilleur résultat, on ne comprenait pas moins l'indispensable nécessité de changer la triste situation où se trouvait notre industrie chevaline. Quand on parcourt les arrêts du conseil du roi de 1665, 1683, 1689, 1695, 1705, 1706, et surtout le fameux règlement de 1717, on voit que l'état ne pouvait plus se dispenser d'essayer de tous les moyens. En peu de temps il avait dépensé cent millions à l'étranger pour les remontes de luxe et de l'armée, sans compter les chevaux de commerce tirés de la Hollande, de la Frise, de l'Allemagne et de plusieurs autres pays voisins.

On lit dans un exposé des motifs du règlement de 1717 le passage suivant :

« L'épuisement de chevaux dans lequel les dernières » guerres ont mis la France, et la nécessité d'y faire » renaistre l'abondance, tant pour l'utilité du com- » merce intérieur que pour le service des troupes du » roy en paix et en guerre, demanderoient peu de » discours pour prouver de quelle importance il est » pour le bien de l'estat de s'appliquer au restablisse-

» ment des haras, si l'exemple du passé et le préju-
» dice extrême que le royaume a souffert de l'aban-
» don où ils ont esté par le deffaut de secours néces-
» saires n'exigeoient de traiter la matière en détail,
» et d'expliquer les règles que l'on doit suivre dans
» une affaire de cette conséquence, la possibilité dans
» l'exécution et les avantages qui en résulteront.

» Messieurs les intendants conviendront sans peine
» que rien n'est plus nécessaire au royaume que l'é-
» lève de chevaux de toute espèce pour les besoins,
» et que dans les estats les mieux gouvernez on les y
» compte au nombre des premières richesses.

» Que le manque de chevaux a fait connoistre ces
» vérités d'une manière bien sensible dans ces der-
» niers temps, où l'on s'est vu réduit à traicter l'ar-
» gent à la main avec les juifs pour tous les besoins
» de la cavalerie, des dragons, de l'artillerie, des vi-
» vres et mesme de la maison du roy, d'où il s'est
» ensuivi la nécessité de recevoir de toutes mains et
» de prendre au hasard des chevaux très médiocres
» pour ne pouvoir trouver mieux, et de voir sortir du
» royaume des sommes immenses, qui non seulement
» y seroient demeurées si le royaume s'estoit trouvé
» peuplé de chevaux, mais qui, par une circulation
» nécessaire, se seroient répandues en une infinité de
» mains et auroient maintenu les peuples dans l'abon-
» dance et dans le pouvoir d'acquitter les charges de
» l'estat.

» Les gens de guerre du premier ordre et une in-

» finité de marchands de chevaux, et autres, consultés » sur ce sujet, ont estimé cette évacuation à plus de » cent millions pendant les deux dernières guerres » pour les remontes seulement. Ce seul objet est » d'une assez grande considération pour devoir attirer » l'attention de messieurs les intendants, sans parler » des chevaux de carrosse que l'on tire de Hollande » et des Pays-Bas pour l'usage des particuliers (1). »

On crut alors que de nouvelles instructions administratives auraient plus de succès. On se trompait. On frappait à faux, et on ne fut pas plus avancé. Le règlement que nous venons de citer, fait avec beaucoup de détail et de soin, fut aussi complet que possible. Avec les priviléges et les moyens de contrainte dont on pouvait user alors, on serait nécessairement parvenu au but proposé, si la science avait présidé aux opérations. Mais la question administrative seule fut en cause, et les faits prouvèrent, comme toujours, que les efforts de ce genre n'étaient qu'une perte assurée de temps et d'argent. Le gouvernement voyait une lacune, il cherchait à la remplir. Il croyait y réussir en stimulant le zèle des employés, et des intendants de province surtout. « La rareté des bons

---

(1) Mémoire du conseil du dedans du royaume, pour servir d'instruction à MM. les intendans et commissaires départis dans les provinces du royaume, touchant le rétablissement des haras. (*Règlement des haras*, 1717, p. 73.)

» chevaux en France, disait-on, ne vient donc point
» du deffaut du pays, ou de bonne nourriture, ou
» pour n'avoir pas reçu de la nature les moyens né-
» cessaires; le mal vient du peu d'attention qu'on y a
» donné: aussi, en quelque foible réputation que les
» haras soyent en France, on les y peut voir fleurir
» au point mesme de la plus grande perfection dès
» que messieurs les intendants y travailleront avec
» le zèle, le goust et l'application qu'ils ont pour tout
» ce qui regarde le bien public et le service du
» roy (1). »

Les mesures administratives prescrites ne produisirent pas plus d'effet que celles de Colbert.

Bourgelat écrivait cinquante ans après (1769), en se plaignant toujours de la dégradation des races :

« Nous pourrions, au surplus, prévenir, avec quelques soins, la promptitude du déchet de l'espèce. A peine les étalons ont-ils été livrés par le département ou par le gouvernement, ou ont-ils été approuvés, qu'on les perd en quelque façon de vue; ils sont, pour ainsi dire, livrés d'une part à l'ignorance du peuple, souvent à l'avidité de la noblesse, et constamment à la direction de l'inspecteur que la faveur a mis en place, malgré la plus grande incapacité de diriger et d'instruire: *nulle étude de la nature, nul égard aux diverses nuances, nulle considération dans les appa-*

(1) *Loc. cit.*, p. 76.

reillements, nulle suite dans les opérations, nulle attention aux résultats d'un million de mélanges perpétuellement informes et bizarres, etc., etc., etc... Il s'agirait donc, de notre part, d'être plus éclairés et plus soigneux que nous ne l'avons été jusqu'ici (1). »

En 1789, de Lafond-Pouloti, dans son *Traité de la régénération des haras*, fut encore plus sévère que Bourgelat dans son jugement sur le personnel des haras :

« Dans le nombre des administrateurs qui ont eu les haras depuis Colbert, dit-il, quelques uns, sans connaissances relatives de cette partie, s'en sont rapportés aveuglément à des inspecteurs plus ignorants encore, placés et protégés par eux, et souvent guidés par l'intérêt le plus sordide (2). »

Présau de Dompierre, qui écrivait sur le même sujet à la même époque, se plaint dans le même sens. Suivant lui, on n'avait rien fait de raisonné ; on employait des étalons de tous pays, de toutes les espèces ; on *décomposait* les races sans les *recomposer :* de sorte que nos espèces étaient dans une confusion à ne plus s'y reconnaître. Aussi les haras du roi, qui dépensaient beaucoup, puisque, suivant l'auteur que nous citons, un cheval fait revenait à six mille francs,

(1) *Traité de la conformation extérieure du cheval*, p. 438.

(2) *De la régénération des haras*, p. 49.

ne produisirent rien de capable de régénérer, rien de digne de la reproduction.

Enfin les résultats de l'administration des haras furent tels, qu'en 1790 on la supprima, non seulement comme inutile au progrès, mais comme nuisible.

Cependant, l'industrie privée n'était pas plus apte alors à améliorer les races que l'administration qui venait d'être renversée. Il n'était pas possible d'abandonner ainsi à elle-même la production du cheval, du cheval léger surtout : l'armée en avait un si pressant besoin pendant les guerres de la république ! Les réquisitions enlevèrent la plus grande partie des poulinières, les étalons et les plus beaux élèves. Les bons esprits ne doutèrent pas que la France serait bientôt privée d'un des éléments les plus puissants de sa force, si l'état ne s'occupait plus de diriger la production des chevaux. Huzard père publia, par ordre du gouvernement, en 1802, son *Instruction sur l'amélioration des chevaux en France*. C'était certainement le meilleur travail qui eût paru jusque alors sur la question, qu'il avait étudiée et qu'il comprenait parfaitement. Il développait les causes passées de la dégradation des chevaux ; il savait que la plus grave avait été le défaut de connaissances spéciales. Mais la France n'était pas plus avancée sous ce rapport au moment où il écrivait. Il ne l'ignorait pas ; et on le voit embarrassé sur les moyens qu'on emploiera pour répondre dignement aux besoins de l'époque.

« Mais quels sont les moyens d'y remédier ? disait-il! faut-il rétablir l'administration dispendieuse des haras? faut-il recréer des places pour la faveur et pour l'ignorance? Faut-il faire dévorer par des administrateurs, et par des subalternes avides, des sommes énormes qui peuvent être employées avec tant d'avantages et bien plus directement à l'amélioration et à la multiplication? ou faut-il abandonner entièrement à l'intérêt particulier tout le bien à faire dans cette partie?

» Si l'on compulse la série nombreuse de mémoires adressés au gouvernement depuis la suppression des haras, on verra que presque tous les auteurs insistent pour le rétablissement de l'administration. Mais tous demandent des places dans la nouvelle organisation; et dès lors ils ne manquent pas d'accumuler les raisons qui peuvent en rendre la création nécessaire.

» Si, d'une part, on jette un coup d'œil sur la situation des haras, depuis la suppression prononcée en 1790, on sera convaincu que l'intérêt isolé, l'intérêt particulier seul, ne suffit pas pour donner à cette branche de la prospérité publique tout l'essor dont elle est susceptible (1). »

Huzard avait raison. La production du cheval léger surtout ne pouvait pas marcher sans guide. L'in-

---

(1) *Instruction sur l'amélioration des chevaux en France*, p. 8.

dustrie privée alors l'aurait perdue, parce qu'elle aurait toujours vendu les meilleurs produits à l'armée. D'ailleurs, il ne lui était pas possible de faire les dépenses nécessaires aux acquisitions d'étalons comme il les fallait. D'un autre côté elle n'avait ni le savoir ni les moyens d'unité d'action indispensables au succès. Le gouvernement seul était apte à remédier au mal, s'il comprenait bien les moyens de le combattre.

Napoléon savait qu'une branche d'industrie ne pouvait prospérer qu'à la condition d'être étudiée. Il n'oublia pas de créer des écoles d'expériences, en réorganisant l'administration des haras par son décert du 4 juillet 1806. C'était le seul moyen d'en finir avec les erreurs du passé.

Ce décret commençait ainsi :

Art. 1er. — Il y aura six haras, — trente dépôts d'étalons, — deux écoles d'expériences.

Ainsi, au premier coup d'œil, Napoléon vit par où avaient manqué tous ceux qui avaient administré les haras avant son époque. La création de deux écoles spéciales marchait en tête : à l'article premier de son décret. C'était ainsi qu'il opérait. Il mettait le savoir en première ligne, toujours et partout : par ce moyen il était assuré du succès ; il ne lui avait jamais failli.

Mais la guerre d'Espagne, les événements de Russie et 1815, empêchèrent de donner suite à l'idée féconde de Napoléon. Il y eut bien quelques étalons placés à l'école d'Alfort ; mais la science des haras fut négligée, abandonnée. Les écoles vétérinaires alors, pas plus qu'aujourd'hui, n'avaient pas les ressources matérielles nécessaires pour faire des expériences sur la production du cheval.

Sous la restauration, on ne songea guère à s'en occuper. Les haras devinrent, à très peu d'exceptions près, ce qu'ils avaient été avant la révolution. Ils ne conservèrent de l'empire que le rouage administratif; il était d'ailleurs excellent.

Quelques ministres amis de l'agriculture, tels que MM. Decazes, de Martignac, etc., auraient certainement pris des mesures propres à une bonne organisation; mais le pouvoir changeait trop fréquemment de mains pour qu'on eût le temps de fonder une institution solide et durable. En quinze ans, la direction spéciale des haras changea huit ou neuf fois de hauts fonctionnaires ou de système. Il était donc impossible de faire le bien; il n'y avait aucun principe d'arrêté pour une opération qui demande, avant tout : savoir, unité de vues, persévérance, et esprit d'observation.

Cependant la Chambre des députés, qui veillait à l'emploi des fonds du budget qu'elle votait, reconnut que ceux qui étaient dépensés pour la production chevaline ne donnaient pas les résultats qu'on avait droit d'attendre. Des attaques énergiques et réitérées furent dirigées contre l'administration des haras. La presse elle-même signalait les abus, et l'opinion publique ne tarda pas à se fixer sur la manière dont la régénération de nos chevaux était comprise et dirigée.

En 1825 la direction générale des haras crut satisfaire aux exigences naturelles de l'opinion en faisant de larges réformes suivant ses vues ; mais, malheureusement, elle ne vit encore la source du mal que dans la marche administrative, qu'elle crut vicieuse. En parcourant le règlement de 1825 on voit que l'on ne s'occupe sérieusement que des employés, et de leur avancement suivant leurs droits. On parut d'abord vouloir exiger d'eux quelques connaissances spéciales. L'art. 1er du règlement disait que ceux qui demanderaient à entrer dans l'administration devraient joindre à leurs demandes les attestations ou diplômes constatant leurs connaissances en équitation et en hippiatrique ; mais tout se bornait là en fait de science hippique et des moyens de la répandre. Le nouveau règlement, fort étendu d'ailleurs, ne s'occupa que des fonctions administratives du personnel, de ses uniformes, de ses grades, et de tout le matériel des établissements. Les moyens d'instruction des surveillants, qui étaient les élèves des haras alors, devaient se borner, suivant l'art. 34, *à assister toujours au pansage des chevaux et à la distribution des aliments.*

On conçoit facilement que les effets des nouvelles mesures furent les mêmes que précédemment. Ce n'est pas avec des règlements qu'on peut apprendre à diriger le perfectionnement des races d'animaux !

Cependant les employés supérieurs et leur influence ne manquaient pas à l'administration. L'ordonnance royale du 16 janvier 1825 portait le nombre des inpecteurs généraux à huit, et celui des agents généraux des remontes à deux, ce qui fit dix employés supérieurs, à Paris, pour vingt-neuf établissements. Le conseil des haras était composé de sept membres, sans compter M. le directeur de l'administration générale de l'agriculture, du commerce et des haras. Il était de droit membre du conseil, qui devait être présidé par M. le ministre en personne. Les réformes opérées dans les établissements, la vente des poulinières, la suppression des haras et de dépôts de poulains, en un mot, tout ce que l'on fit de bien ou de mal, avec les meilleures intentions, ne pouvait rien changer à la marche de la production chevaline. On était toujours dans une fausse voie, et bien loin de la solution du problème. A cette époque, le comité des haras, composé d'hommes que l'on disait spéciaux, fut dissous, pour être remplacé par une autre commission qui ne fut pas plus heureuse.

Pour prouver à quels résultats tous ces moyens pouvaient aboutir, nous reproduirons un passage écrit par un homme qui avait suivi pendant très longtemps la carrière des haras et observé la marche de l'administration. Nous voulons parler de M. le comte de Montendre, qui fut directeur du dépôt d'étalons d'abord, puis rédacteur du *Journal des Haras*, et nommé ensuite inspecteur général des haras. C'était certainement l'homme de France qui, par la nature de ses occupations, avait été à même de mieux étudier les rouages d'une administration dont il faisait partie dans les emplois élevés (1). « Le comité des haras, disait-il, composé des inspecteurs généraux, des directeurs des principaux haras et d'un secrétaire qui recevait un traitement, avait pour attribution d'examiner toutes les hautes questions de science hippique, telles que les meilleurs systèmes de croisement à adopter dans les diverses localités, les encouragements à donner à l'élève du cheval dans les différentes circonscriptions, et enfin tout ce qui lui était soumis pour avoir son avis, qui était mis sous les yeux du ministre. Il serait assez curieux de compulser le registre du comité des haras. Que de contradictions, que d'incohérences, que d'idées se contredisant mutuellement, on y trouverait! On a dit fort spirituellement, Rivarol je crois, que l'Encyclopédie, le vaste et colossal ouvrage publié de deux manières, dans le XVIIIe et le XIXe siècle, était les catacombes de l'esprit humain. *Le registre des déclarations du comité des haras, de* 1806 *à* 1825, *doit être le chaos de la science hippique.* Pouvait-il en être autrement, lorsque les membres de ce comité, quelles que fussent d'ailleurs leurs connaissances et leurs capacités, changeaient de directeur ou de ministre tous les six mois, et, par conséquent, n'étaient pas mus par une pensée unique et ne suivaient pas un sys-

---

(1) M. de Montendre est mort en février passé, inspecteur général des haras à la résidence de Paris.

tème appuyé sur des bases fixes et solides? Mais respect aux morts et paix aux vivants! car plusieurs des membres ne sont plus et d'autres vivent encore. Dissous par M. de Sirieys, le comité des haras fut remplacé par une commission mixte composée d'officiers des haras, de propriétaires éleveurs, à qui il ne manqua probablement pour faire de grandes et bonnes choses, et pour faire parler d'elle, que de se réunir. Sa création fut l'objet d'une ordonnance royale, qui parut avec fracas dans les journaux du temps, et notamment dans le *Journal des Haras*, qui l'annonça comme devant être le sauveur, le régénérateur de l'espèce chevaline en France. Au bout de quinze jours on n'en parla plus, et les choses marchèrent comme par le passé, ou plutôt ne marchèrent pas (1). »

Plus tard, sous le ministère Martignac, une nouvelle commission fut formée. Cette fois on devait en finir avec les mauvais procédés employés jusque alors. Tout ce qui avait été défait trois ou quatre ans plus tôt fut refait. Il fut arrêté que les haras seraient rétablis avec leurs poulinières: elles avaient été vendues par l'administration peu de temps avant; les dépôts de poulains furent aussi jugés nécessaires. Mais ce n'était encore qu'une question de revirement de matériel, et de dépenses inutiles; on ne s'occupa pas plus de la science des haras que précédemment. Au mo-

(1) *Institutions hippiques*, t. II, p. 6.

ment de mettre à exécution les nouvelles combinaisons, la révolution de juillet arriva ; elle arrêta, fort heureusement d'abord, toute exécution de projets nouveaux qui n'auraient abouti qu'à de nouveaux frais.

Deux ans après, une ordonnance royale du 19 juin 1832 supprima comme inutiles six dépôts d'étalons; elle fixa à quatre le nombre des inspecteurs généraux, qui avaient été d'abord réduits à six. Les dépôts supprimés furent ceux d'Arles, de Villeneuve-d'Agen, Parentignac, Grenoble, Corbigny, Perpignan, Auxerre, Saint-Jean d'Angely et du Bec.

Enfin une ordonnance royale du 15 décembre 1833 décida qu'il y aurait trois haras, trois dépôts de poulains, et seize dépôts d'étalons. Le haras de Pompadour, qui avait été réduit en dépôt d'étalons et de poulains, fut rétabli, ainsi que le dépôt d'étalons d'Arles. Un nouveau règlement fut fait et publié à la même époque. Cette fois encore on oublia l'indispensable nécessité de l'instruction. Suivant l'article 14, *l'élève surveillant devait assister tous les jours au pansage des chevaux et à la distribution des aliments.* Il n'y avait pas d'autre moyen officiel d'apprendre son métier d'employé des haras. A l'article suivant, il fut dit seulement *que le vétérinaire ferait tous les ans, deux mois avant la monte, un cours d'extérieur et d'hygiène pour les palefreniers.* On songea à faire professer des cours aux palefreniers, et tout se borna là.

Ce ne fut qu'en 1837 que le gouvernement commença à comprendre la nécessité de suivre une autre marche. L'arrêté ministériel du 7 juin 1837, signé par MM. Martin (du Nord) et Boulay (de la Meurthe), établissait dans chaque haras et dépôt : 1° un cours d'extérieur de cheval; 2° un cours de ferrure, de botanique fourragère et d'hygiène pour les officiers et les gagistes, et un cours d'anatomie pour les officiers seulement. MM. les inspecteurs généraux, dans leurs tournées, devaient examiner les employés des établissements sur différentes branches de la science des haras; les vétérinaires, sous la surveillance des chefs d'établissements, devaient être les professeurs des sciences exigées.

Le programme de l'enseignement était bien faible, il ne pouvait pas produire un grand effet; mais le principe était posé, et ce fut le premier jalon planté pour l'avenir.

Enfin l'Ecole des Haras fut fondée au Pin par ordonnance royale du 24 octobre 1840. Un arrêté ministériel du 25 du même mois, signé par MM. Gouin et Billaut, fixa le mode d'admission, la durée des cours, le nombre des chaires, qui devait être de cinq, et la nature des sciences à enseigner, etc. Elles comprenaient la science hippique proprement dite, l'étude des différentes races, l'hygiène, les accouplements et l'élevage; la botanique fourragère, l'anatomie, la physiologie, la zoologie, la maréchalerie, et les premiers éléments de médecine vétérinaire; des notions théoriques et pratiques d'agriculture et de comptabilité agricole, l'équitation théorique et pratique, etc.

Le nombre des élèves fut fixé à vingt. Ils ne pouvaient être reçus qu'après examen, devant un jury composé par les professeurs de l'école.

Les élèves sortants devaient être placés dans les établissements, par ordre de mérite, suivant leur numéro de sortie, ce qui a toujours été ponctuellement exécuté jusqu'ici.

Les effets d'une science, quelque rapides qu'ils soient, ne peuvent se faire remarquer dans l'espace de quatre ou cinq ans. En matière agricole, et surtout en amélioration des races, les résultats sont toujours lents; mais le temps prouvera plus tard qu'à partir de l'époque où l'état a songé à enseigner l'art de cultiver et de perfectionner les animaux, les procédés d'amélioration doivent changer : malgré la puissance de l'impulsion du passé, malgré la force des préjugés et des habitudes suivies depuis des siècles, la vérité mise en évidence doit l'emporter; les bonnes méthodes de régénération de nos races ne peuvent manquer de se produire. Le besoin bien senti de l'enseignement de l'agriculture sur tous les points de la France, le mouvement progressif qui en résulte dans toutes les branches de l'économie rurale, ne sauraient laisser continuer la dégradation de nos chevaux légers surtout.

L'exposé rapide que nous venons de faire de la marche de l'administration des Haras depuis son origine, prouve qu'il lui était impossible d'arriver à des résultats satisfaisants. Les incertitudes, les tâtonnements, les changements incessants et rapides des systèmes suivis, renversés et repris, démontrent qu'on n'avait ni méthode arrêtée, ni bases, ni principes; il était impossible de faire le bien. Les gouvernements étaient convaincus par l'expérience, qu'ils devaient s'occuper sérieusement de chevaux; mais ils n'avaient pas songé qu'il devait y avoir en administration des Haras deux questions bien distinctes: celle de la partie administrative du personnel et du matériel, et celle de la science de la fabrication animale. On fit tout pour la première; on ne fit rien pour la seconde. Sans elle pourtant, il ne pouvait y avoir de succès possible; les règlements des Haras publiés aux diverses époques le prouvent. C'était là l'unique source du mal, et celle des récriminations de tous les temps. Napoléon seul l'avait compris en 1806; mais on l'oublia jusqu'en 1840. Alors seulement son idée fut rappelée par MM. Gouin et Billaut, et mise en pratique par M. Cunin-Gridaine, ministre actuel.

Au lieu de créer et dissoudre des conseils et des comités de Haras; de vendre, racheter des poulinières, pour les revendre encore; de détruire et de recréer des établissements, etc., etc., l'administration aurait dû employer des procédés raisonnés; elle aurait dû nommer une commission composée de savants naturalistes et d'agriculteurs instruits, tels que Daubenton, Cuvier, Geoffroy Saint-Hilaire, Tessier, Gilbert, Huzard, Dombasle, de Blainville,

Thouin, Yvart, Rieffel, etc., pour étudier à fond les véritables moyens de régénérer nos races. Si elle l'avait fait, au lieu de nommer de grands dignitaires, fort compétents dans leurs spécialités, mais peu aptes à juger des influences de la nature sur ses productions végétales et animales, nous aurions aujourd'hui des principes arrêtés sur l'amélioration du cheval; on aurait évité des pertes de temps et d'argent qui n'ont fait que mieux démontrer les conséquences de nos erreurs. Que pouvaient faire les intendants des provinces et leurs employés, par exemple, pour régénérer nos races? Quels bons résultats la France pouvait-elle attendre des changements multipliés, et faits coup sur coup, par tous les hauts administrateurs qui se sont succédé jusqu'à notre époque? Que pouvait devenir avec de semblables moyens une opération aussi délicate, aussi difficile que celle de perfectionner le cheval?

La persévérance, l'esprit de suite et d'observation, la méthode la mieux étudiée et la mieux suivie, sont les premières conditions, les premiers éléments du progrès en amélioration des races. Sans eux, tout perfectionnement est absolument impossible, et l'on avait pris le contrepied de ce qu'on devait faire. On créait aujourd'hui pour renverser demain, et ainsi de suite, presque d'année en année, depuis 1806 surtout, jusqu'à notre époque.

« Il n'est pas une nation, dit M. Houel, hippologue instruit et directeur de haras, où l'on comprenne moins l'amélioration, et où l'on s'en occupe moins sérieusement et avec moins de suite qu'en France. A la place de la vérité, à la place des connaissances pratiques qui devraient faire le partage de tout homme, on ne trouve partout que *des préjugés*, *des idées vieilles et erronées*, d'autres adoptées légèrement et sans examen : *nulle part un corps de doctrine, nulle part une opinion arrêtée.... En France il n'y a point de science du cheval* (1). »

Sans *science*, sans *doctrine*, sans *opinion arrêtée*, sans fixité ni suite dans les idées, avec des changements incessants d'administrations et de sytèmes, que peut-on faire de bon?

Qu'on ne croie pas cependant que ce soient les seuls changements de gouvernements ou de ministères qui soient la cause unique de la dégradation des races, de nos insuccès ! on se tromperait. Si les bases de l'amélioration des chevaux avaient été bonnes, si les principes qui auraient dû présider à la marche de l'administration avaient été raisonnés, solidement établis, leurs conséquences auraient pu avoir quelques entraves, mais elles n'auraient pas failli : la vérité ne faillit jamais, pas plus que la nature. Les opérations auraient pu marcher plus lentement; mais elles n'auraient pas erre d'une extrémité à

---

(1) *Traité complet de l'élève du cheval en Bretagne*, p. 52 et 63.

l'autre, d'un système à un système opposé, elles auraient toujours suivi la même ligne. Pour le prouver, nous n'avons qu'à jeter un coup d'œil sur les administrations dont les rouages ont la science des spécialités pour éléments d'action. Observez l'administration des ponts et chaussées! Voyez si nos routes, nos canaux, nos travaux publics ont fait comme nos haras! Voyez la marche des administrations des mines, de l'enregistrement et des domaines, des finances, des postes, etc.! Où en seraient nos voies de communication, nos monuments nationaux, nos finances, etc., si leur direction avait fait depuis un siècle comme a toujours fait celle des haras, si elles eussent manœuvré comme elle!

Où en seraient nos constructions navales, la science de l'artillerie, celle du génie, l'état de nos fortifications, si on avait bouleversé le lendemain celles qu'on avait tracées ou construites la veille? Que ferait l'état, quand il a des travaux d'art importants à faire exécuter, s'il n'avait à sa disposition des hommes spéciaux, des commissions qui arrêtent la marche à adopter? Leurs principes sont presque invariables, parce qu'ils sont basés sur autre chose que sur la mode, le caprice, les opinions divergentes d'hommes étrangers au sujet qu'ils sont appelés à traiter.

Dans les haras, vingt commissions différentes ont eu vingt opinions opposées, contradictoires. Si elles avaient étudié, approfondi la nature dans ses détails; si elles avaient observé sa marche, bien jugé son influence incessante sur toute la création, sur nos produits agricoles, au lieu de discuter toujours sans se comprendre, elles l'auraient résolue à coup sûr. Une commission d'ingénieurs, d'officiers du génie, arrêtent un plan de fortification, de monument, un tracé de route, de canal, au travers d'obstacles souvent considérés comme insurmontables, et ils réussissent toujours.

La science de l'amélioration des races, malgré ses difficultés, a ses règles, ses préceptes, qui conduisent toujours au succès ceux qui les ont étudiés et les comprennent. Voyez en Angleterre! Le savoir de l'industrie privée a fait à lui seul depuis long-temps chez chaque éleveur ce que l'état cherche encore à faire en France après des siècles. Cependant il a fait des dépenses énormes, et un personnel officiel est prêt à obéir à toute bonne impulsion, toujours disposé à se soumettre à tous les ordres qu'il reçoit. Mais, nous l'avons déjà dit, ce n'est ni la puissance, ni l'argent, ni les meilleurs rouages administratifs qui enseignent à bien mouler un cheval, c'est la science seule, et les moyens qu'elle procure.

Du reste, qu'est-il résulté de la marche suivie, depuis le règne de Louis XIV, sur le perfectionnement de nos chevaux légers? La France, si féconde en esprits observateurs, en écrivains de tout ordre, n'a pas un seul ouvrage classique que l'on puisse consulter avec fruit pour l'amélioration des races. Les meilleurs travaux que nous possédons se bornent à quelques généralités incomplètes d'une part, à des idées qui n'ont rien d'applicable de l'autre. Le plus grand nombre des autres écrits sont erronés, sans cachet de la science qu'ils veulent répandre ; les nombreuses brochures qui ont été publiées, dans ces derniers temps surtout, n'ont servi qu'à embrouiller encore plus les questions. La défense des systèmes suivis ou combattus, l'exagération des principes développés avec passion plutôt qu'en vue de la vérité ignorée, pouvaient-elles produire d'autres effets?

Quand les erreurs de principes long-temps soutenues sont démontrées par l'évidence, elles entraînent toujours des défiances que la vérité même ne peut détruire qu'à force de temps et de persévérance. Aussi, qu'on ne croie pas que l'agriculture acceptera de long-temps encore comme bien fondées les nouvelles théories que pourra adopter l'administration des haras! Les éleveurs, souvent trompés par des conseils irréfléchis, écouteront; mais ils seront circonspects, et ils auront raison. D'ailleurs, cette réserve est dans la nature du cultivateur, qui a trop souvent à se repentir d'en avoir manqué. De long-temps encore nos races de chevaux légers ne seront pas ce que nous voudrions les voir. Outre le temps moral indispensable pour persuader les éleveurs et améliorer une race, il y a la difficulté de savoir bien améliorer un cheval, ce qui demande de longues études et beaucoup de persévérance. Nous ne sommes donc pas près de voir nos races chevalines légères transformées comme nous le désirons. L'amélioration des autres animaux est infiniment plus facile, par la nature des produits qu'on en exige. On ne leur demande, en effet, que de la viande, de la graisse, de la laine et du cuir ; pourvu qu'ils fournissent ces matières en abondance, en bonne qualité, et à meilleur marché possible, on n'en exige pas autre chose. On attache fort peu d'importance à leurs formes, à leur élégance, à leur beauté, à leur énergie souvent inutile ; et on fait bien. La première qualité d'un bœuf, d'un mouton et d'un porc, est dans celle de la viande, de la laine, dans la quantité de la graisse, etc. Mais quelle différence pour le cheval ! Pour lui, on ne tient aucun compte de tout ce qui fait la valeur des premiers ; peu importe sa viande, sa graisse, etc. Il est exclusivement élevé pour servir de locomotive, et jamais pour la consommation. Il n'a, sous ce rapport, aucune valeur dans le commerce. Mais il faut que sa race, que sa machine soit dans les meilleures conditions d'action possibles, pour bien fonctionner, pour bien payer son entretien. Il faut donc que son perfectionnement soit bien étudié de longue date, bien dirigé par le savoir persévérant, par l'expérience d'une longue pratique. Il faut qu'il soit non seulement bien élevé, mais modifié suivant les services de l'époque, les besoins du commerce ; il faut qu'il réunisse cent conditions de perfection : qu'il soit rapide, énergique, sobre, élégant, intelligent, docile, résistant aux fatigues de tout ordre ; il faut qu'il soit gracieux, souple; qu'il plaise à l'œil; il faut qu'il ait bonne vue; enfin il faut qu'il soit conformé de diverses manières, suivant qu'il est destiné au manége, aux messageries, aux voitures légères, au gros trait, à l'hippodrome, à la guerre, à l'agriculture. Et que d'études, que de savoir, que de temps et de suite dans les opérations de l'élevage ne faut-il pas, pour faire le cheval qu'on demande! Que de combinaisons dans les accouplements, dans les croisements, dans le choix des producteurs, dans celui des moules où il doit être coulé! Que de précautions, de bons procédés hygiéniques il exige pour être conduit à bonne fin! Que de déceptions il prépare à l'éleveur, s'il a été mal conseillé, mal dirigé dans ses combinaisons, comme c'est malheureusement arrivé trop souvent!

On peut juger de ce que pouvait devenir l'amélioration des races de chevaux en France d'après la marche suivie pour la provoquer! Aussi a-t-on vu, depuis quelques années surtout, autre chose que des plaintes et des accusations au sujet des budgets *des Haras!*

II.

DU PUR SANG ET DES COURSES DE NOTRE ÉPOQUE.

On crut avoir trouvé, il y a quelques années, deux moyens infaillibles d'améliorer nos races : ces moyens étaient l'emploi des producteurs qu'on nomme de pur sang, et les courses. Si cet ordre d'idées avait eu une application raisonnée, il aurait certainement produit d'heureux effets : il aurait exclu de la reproduction les animaux sans énergie, les mauvais chevaux qui n'ont qu'une apparence trompeuse pour valeur. Ce principe condamnait à tout jamais, par son application, les théories malheureuses qui ont été de tout temps si fatales à l'amélioration de nos races. Les écrits de Buffon et de Bourgelat contribuèrent à les rendre plus pernicieuses encore, en provoquant leur adoption générale. Ces deux hommes célèbres avaient cru qu'il ne s'agissait que d'éviter la consanguinité, et d'employer des producteurs élevés dans des pays opposés de climat, pour améliorer une espèce. D'après cette doctrine, ils avaient compris que les croisements seuls des races du Midi par celles du Nord, *et vice versa,* suffiraient pour perfectionner les produits.

Après avoir développé ses théories malheureuses sur le perfectionnement du cheval, avec tout l'attrait de sa brillante imagination, Buffon tira la conclusion suivante : « Dans le climat tempéré de la France, il faut donc pour avoir de bons chevaux faire venir des étalons de climats plus chauds ou plus froids. Les chevaux arabes, si l'on peut en avoir, et les barbes, doivent être préférés, et ensuite les chevaux d'Espagne et du royaume de Naples ; et, pour les climats froids, ceux du Danemark, et ensuite ceux du

Holstein et de Frise. Tous ces chevaux produiront ensemble avec les juments du pays de très bons chevaux, qui seront d'autant meilleurs et d'autant plus beaux que la température du climat sera plus éloignée de celle du climat de la France : en sorte que les arabes seront mieux que les barbes, les barbes mieux que ceux d'Espagne, et de même les chevaux tirés du Danemark produiront de plus beaux chevaux que ceux de la Frise (1). »

Bourgelat partagea absolument les mêmes idées, et soutint les mêmes principes ; il disait : « Pour avoir de beaux chevaux, il faut nécessairement croiser les juments nationales avec les étalons étrangers, ou les femelles de nos départements méridionaux avec les mâles des départements septentrionaux ; plus la température des climats où les étalons et les cavales ont pris naissance sera éloignée, plus les formes seront parfaites. Tout renouvellement entier de la race par le père et la mère de même pays hâtera les dégénérations. Dans l'union et le mariage de deux animaux de régions différentes les défauts se compensent en quelque sorte et surtout si l'on oppose les climats. Le mâle des pays chauds compense et corrige les défauts ordinaires de la femelle des pays froids, *et vice versa*, et le composé le plus parfait est le résultat de celui où les excès et les défauts de l'habitude du père sont

(1) Buffon, vol. XVI, p. 228, édition Lamouroux.

opposés aux excès ou aux défauts de l'habitude de la mère (1). »

Buffon et Bourgelat firent de l'amélioration des races, comme on peut le voir, une simple question de croisement de sujets pris dans des climats opposés. D'après eux, les succès des opérations devaient être en raison de la différence de température de la patrie des reproducteurs. Cette erreur, avancée par de semblables autorités, à une époque où les célébrités étaient si rares en histoire naturelle, fut acceptée comme acte de foi (2). Les étalons du nord, que l'on pouvait se procurer facilement, firent à nos races un tort considérable. Les danois surtout, employés en Normandie, donnèrent de mauvais produits, à tête busquée, à côtes plates, des cornards, qu'on est enfin

---

(1) *Traité de la conformation extérieure du cheval*, p. 439.

(2) On nous dira peut-être que Buffon et Bourgelat se trompèrent comme les autres, malgré leur science. Nous répondrons qu'ils n'avancèrent qu'une opinion, qu'une théorie, sans appui de faits pratiques. Ni l'un ni l'autre n'avaient été chargés par l'état de diriger le perfectionnement des chevaux; s'ils avaient eu cette direction importante, ils auraient expérimenté, étudié, et ils auraient donné des règles sûres. Lorsque Bourgelat fut nommé commissaire général des haras, sous le ministre Bertin, vers la fin de sa vie, il allait opérer les réformes commandées par les besoins, quand la mort arrêta ses projets.

parvenu à détruire par l'emploi des chevaux orientaux et de leurs descendants.

Le pur-sang est le type améliorateur de la race chevaline, parce qu'il est le type de la perfection du cheval; les courses sont l'unique moyen d'essayer leurs forces et leur résistance, et de juger par conséquent de leur valeur. Ces idées ne sont certes pas nouvelles. On a remarqué de tout temps que le sang-arabe de choix, considéré comme pur-sang, et son descendant, le cheval anglais, étaient employés avec succès pour croiser nos races; on avait reconnu aussi que les courses étaient le meilleur moyen de juger de leurs qualités. Mais les procédés fondés sur les théories les plus raisonnables peuvent nous tromper, quand nous les employons sans restriction, quand nous faisons une application fausse ou exagérée de leurs préceptes. C'est ce qui est arrivé en amélioration de nos races de chevaux.

Les courses, imitées des Anglais, sont connues depuis bien long-temps en France; et certes, si elles avaient été un véritable moyen d'amélioration telles qu'elles ont été faites, nos races légères ne se trouveraient pas au degré d'abâtardissement où elles se trouvent aujourd'hui. C'est vers le milieu du siècle passé que l'on commença à parler de la grande vitesse de quelques chevaux coureurs. En 1754 un Anglais fit le trajet de Fontainebleau à Paris en une heure quarante-huit minutes. En novembre 1777 une course de quarante chevaux avait lieu à Fontaibleau, et des paris furent faits pour ou contre des juments françaises et étrangères qui coururent à Vincennes le 2 et le 6 avril 1781.

D'autres courses bien plus anciennes avaient eu lieu dans divers pays de France, et se renouvellent tous les ans de temps immémorial en Bretagne, en Auvergne, etc., pendant des fêtes de village ou des foires.

Enfin des courses furent régulièrement établies et encouragées par l'état, à partir du 31 août 1805.

Si les épreuves étaient sérieuses; si l'entraînement, considéré comme gymnastique, n'avait pour but que de développer l'organisme, pour former des producteurs éprouvés par des courses de fond; si on excluait de l'hippodrome tout individu qui n'a pas les qualités que l'on doit toujours exiger d'un reproducteur, nous serions partisan des courses : nous ne voyons pas d'autre moyen de juger de la valeur des sujets qui réunissent d'ailleurs de bonnes conditions de conformation. Mais que fait-on? quel est le but? Il s'agit d'abord de gagner le prix. C'est là la première condition du coureur, nous dirions presque l'unique. Que lui importe l'amélioration des races s'il perd toujours! que lui fait aussi leur dégénérescence s'il gagne! Le joueur songe-t-il à autre chose qu'à gagner? Eh bien! qu'a-t-on fait pour gagner? On a tout sacrifié à la vitesse; rien au fond, rien à la puissance de la constitution. On a pris parmi les chevaux de sang les coursiers les plus rapides; on a haussé leur taille le plus possible, ou plutôt on a allongé leurs jambes, pour qu'ils pussent embrasser plus d'espace à chaque bond; on a élevé la croupe, on a donné beaucoup d'obliquité à l'épaule; on a allongé tous les muscles locomoteurs, sans s'occuper de les grossir; on a cherché en un mot à disposer toute la machine pour une grande vitesse de quelques minutes. C'est un tour de force de la science des Anglais, rien n'est plus vrai; mais il en est résulté qu'un très bon cheval peut être battu par un grand échassier, chargé d'un poids léger, sur un terrain choisi et préparé à l'avance. Le vaincu, qui peut être d'un sang tout aussi distingué, et construit en force, et non en vitesse d'un instant, aurait toujours distancé son vainqueur dans une course sérieuse; mais pour une épreuve de quatre minutes et quelques secondes il était trop près de terre; ses reins et son dos étaient trop courts; sa croupe n'était pas assez élevée, relativement à son garrot; ses membres postérieurs, trop courts, mais bien musclés, favorisaient moins la vitesse; ils ne s'engageaient pas assez en avant des pistes des antérieurs, comme ceux des lièvres, par exemple, etc. D'autre part, son entraînement avait été moins bien dirigé pour l'épreuve d'un ou deux tours d'hippodrome, quoiqu'il eût été mieux compris pour une longue résistance.

Nous ne parlons pas des combinaisons d'intérêt des entraîneurs et des jockeys, qui font gagner tel cheval qu'ils veulent; cela dépend des avantages particuliers qu'ils y trouvent. Il est bien reconnu aujourd'hui en France que les courses telles qu'elles se pratiquent sont devenues un jeu de hasard ou d'arrangements entre les intéressés, et que ce n'est pas toujours la probité qui préside aux moyens mis en œuvre pour gagner les prix. Au fond, l'amélioration des races y entre pour une part si faible, qu'on pourrait dire, sans crainte de se tromper, que les dix-neuf vingtièmes des coureurs n'en tiennent aucune espèce de compte.

D'un autre côté, un entraînement peu en harmonie avec le développement, l'âge des sujets, est une source d'une foule de tares, de vices d'organisation qui se transmettent. Pour faire courir les poulains à trois ans, on est obligé de commencer à les entraîner à deux ; il s'ensuit qu'à l'âge où ils devraient seulement débuter sur les hippodromes de bons produits sont déjà ruinés, et peu aptes à faire de bons reproducteurs, sans vices héréditaires. Il est positif que les tares des membres ne sont généralement connues aux Pyrénées, comme ailleurs, que depuis qu'on y a introduit des reproducteurs tarés par suite des travaux d'entraînement et de courses prématurées. On a fait cette remarque partout où on a élevé le cheval léger. A deux ou trois ans, en effet, les pièces de la charpente osseuse ne sont point encore affermies ; elles n'ont pas tout le développement qu'exige leur solidité ; les épiphyses des os ne sont point soudées ; les tissus des tendons des ligaments, etc., n'ont point encore la force de résister aux efforts musculaires : il en résulte des tiraillements, des lésions graves, qui font d'un bon élève un sujet sans valeur, avant l'âge d'être employé pour la reproduction. Rien n'est plus contraire à l'amélioration des races que ce triste procédé, et cependant l'administration, qui ne peut pas l'ignorer, l'encourage par des primes, comme nous l'avons dit ailleurs, en traitant de l'âge des sujets, page 397.

Ce n'est pas seulement en France que les esprits observateurs se sont élevés contre ces procédés, contraires aux lois de la nature comme à celles de la raison. Les Anglais ont remarqué depuis long-temps, comme nous, que les prix donnés à la vitesse et à des sujets de trois et même de deux ans avaient fait sacrifier de bons procédés d'élevage, et que l'amélioration de leurs chevaux de sang en souffrait. Ce n'était pas pour cette fin que les courses avaient été instituées, chez eux comme chez nous. *Eclipse*, *Childers*, etc., qui étaient, dit-on, fortement musclés et d'une constitution robuste, ne se présentèrent comme coureurs sur les hippodromes qu'à l'âge de cinq ans, et le premier ne fut pas employé à la reproduction avant sept ans. On attribue une grande partie des succès de cet étalon célèbre à son mode raisonné d'élevage, et nous le croyons. S'il avait été entraîné trop jeune, si on l'avait étiolé, si on n'avait songé qu'à allonger ses jambes et son squelette, pour lui faire gagner un prix de vitesse à l'âge de deux ou trois ans, *Eclipse* n'aurait probablement pas produit trois ou quatre cents vainqueurs; il n'aurait pas gagné à ses propriétaires, dit-on, de quinze à seize millions, comme coureur ou comme reproducteur.

Au commencement de l'établissement des courses en Angleterre, l'amélioration des races était l'unique but proposé. On excluait de la reproduction tout individu qui n'était pas fortement musclé et construit en père. D'un autre côté, l'honneur attaché à une victoire était le premier élément d'émulation des éleveurs. Plus tard, quand on fit des courses une spéculation à tout prix, les beaux modèles de fonds disparurent du turf; ils ne pouvaient plus concourir avec succès contre des sujets façonnés pour un ou deux tours d'hippodrome. Des hommes honorables, en concurrence avec des spéculateurs pour lesquels tous les moyens de gagner étaient bons, abandonnèrent la partie. Écoutons ce que dit à ce sujet le comte de Montendre :

« Les nombreuses tromperies s'y exercent, l'achat et la vente des chevaux et de poulains, enfin tout ce qui se rattache à l'industrie et même à l'escroquerie y a atteint une sorte de perfection, et y est pratiqué avec une rare impudence. Ces méfaits sont soumis à des règles, à des calculs, qui ont presque la certitude du succès. Depuis quelques années surtout, les courses ont acquis dans ce pays une importance incroyable. Elles occupent, comme jeu de hasard, comme spectacle dramatique, même comme science, la plus grande partie de l'aristocratie, et certainement, en elles-mêmes, on ne saurait pas les condamner. Mais l'abus qui en est fait a rendu les réunions de ce genre le théâtre *des escroqueries les plus insolentes et les plus hardies; tellement qu'une foule d'aventuriers et de chevaliers d'industrie n'ont aujourd'hui d'autre métier que celui de faire des dupes et des victimes par d'infâmes artifices, et n'ont pas d'autre moyen d'existence.*

» Il est prouvé, comme nous le démontrerons plus tard, que la supériorité la mieux constatée, les prévisions d'un grand nombre de parieurs, les espérances les mieux fondées, ne peuvent donner la certitude du succès, et ne suffisent pas pour contre-balancer et combattre avec avantage les efforts de ceux qui, n'ayant pas les mêmes chances, n'hésitent pas d'employer la ruse et les moyens les plus coupables et les plus étrangers à l'honneur et à la délicatesse. Une foule de parieurs est donc victime de ce nouveau genre d'escrocs; et de très grands personnages, qui élèvent des chevaux destinés aux courses, en sont réduits, pour ne pas toujours être dupes, à faire cause commune avec certains jockeys, et à s'associer en quelque sorte à ces honteuses manœuvres (1). »

Les mêmes abus sont signalés par M. le professeur Magne :

« Les courses en Angleterre, dit-il, donnent lieu aux plus basses intrigues, à des friponneries, à des actes criminels. Ce sont des charlatans qui prônent un cheval qui n'a aucune valeur pour le faire vendre

---

(1) *Institutions hippiques*, 3e vol., p. 247.

cher; ce sont des entraîneurs, des jockeys, qui rendent des chevaux malades, qui les empoisonnent avec l'arsenic, qui les engourdissent avec l'opium, qui s'entendent entre eux, qui font les maladroits pour faire gagner celui qui a fait les plus grands sacrifices pour payer ces friponneries. La France ne nous a pas encore donné tout le scandale que le turf présente en Angleterre; cependant on peut s'apercevoir que des accusations d'indélicatesse s'y font souvent entendre : tantôt c'est un cheval admis quoique n'ayant pas l'âge voulu; tantôt c'est un poulain qui est né à l'étranger, et qu'on fait passer pour français; d'autres fois c'est un jockey qui n'a pas fait son devoir, etc. (1)»

Si on pouvait voir de près ce qui se passe en France; si on devinait les secrets de Chantilly ou d'ailleurs, on serait peut-être convaincu que de blâmables manœuvres n'y sont pas méconnues. Si elles sont plus rares sur nos hippodromes, nous devons plutôt l'attribuer à la surveillance rigoureuse qui y est exercée par l'administration et la Société d'encouragement qu'à la bonne volonté et aux heureuses dispositions de la spéculation.

Dans une brochure qui fut adressée au pays et aux chambres par une réunion d'hommes les plus recommandables comme les plus instruits sur la question des courses, on lit :

---

(1) *Traité d'hygiène vétérinaire expliquée*, t. 1er, p. 46.

« Les courses ne sont plus en Angleterre, et même en France, ce qu'elles étaient à leur origine, ce qu'elles devraient être uniquement, *une épreuve nécessaire pour s'assurer de la vigueur et du fonds d'un cheval destiné à la génération.* Elles sont devenues pour les uns une spéculation, pour les autres une occasion de ruine et d'élégance, pour tous un jeu (1). »

Que peut-on attendre de bon d'une semblable institution ? Que peut-on améliorer par un principe qui a pour conséquence l'escroquerie perfectionnée et organisée, le jeu, la ruine, etc., d'après l'aveu des hommes les plus désintéressés personnellement, comme les plus instruits en semblable matière. Quels avantages peut en retirer l'agriculture, avec sa bonne foi naturelle ? Que peuvent y gagner les éleveurs honnêtes, pour améliorer leurs produits ?

Puisqu'il ne s'agit plus aujourd'hui que de gagner un prix de vitesse, on a disposé les coursiers de manière à être vainqueurs ; on ne s'occupe plus des conditions indispensables aux améliorateurs types. On conçoit donc quelle influence ont pu exercer les courses sur le perfectionnement des races. Nous avons suivi les hippodromes, autant qu'il nous a été possible de le faire, partout où nous avons voyagé, et nous y avons rarement vu des modèles comme *Agar, Cori-*

---

(1) *Au pays et aux chambres, le Comice hippique*, p. 47. — Nous citerons plus loin ce travail consciencieux.

sandre, *Sylvio*, et même *Fitz-Emilius*, quoiqu'il ne soit pas d'une forte charpente. Nous avons presque toujours remarqué des chevaux à membres longs et grêles, à corps allongé et aplati. Ils avaient d'ailleurs les qualités exigées pour la vitesse ; mais ils péchaient par la courbure des côtes, par trop de longueur des reins et des flancs, par le défaut de développement général des muscles; ils manquaient aussi par l'écartement des tendons, par la puissance des articulations, par tout ce qui caractérise enfin la force unie à la résistance, à la vigueur. On peut dire en un mot que les constitutions robustes, fortement charpentées, sont l'exception sur les hippodromes de notre époque. Cela s'explique, l'expérience a prouvé à tous les coureurs eux-mêmes qu'elles sont généralement incompatibles avec la grande vitesse exigée. Pour bien courir le temps voulu, il faut un sujet nerveux, irritable, avec de longues jambes, quelque grêles qu'elles soient, un corps allongé et de longs muscles, pour une grande étendue de jeu. Avec du sang et cette conformation, le cheval d'hippodrome réunit toutes les conditions de succès éphémère qui est l'unique but des spéculateurs. Ils n'en veulent pas d'autre. « *Plus actif, plus ardent, plus vif est l'animal, moins résistant et plus fragile il se montre* (1). »

Si le mal se bornait là, ce serait peu de chose ; mais il réagit sur la production générale du cheval léger, et les résultats sont aujourd'hui malheureux. *Puisque les*

---

(1) Eug. Gayot, *Études hippologiques* citées.

courses sont la meilleure épreuve à laquelle on peut soumettre les reproducteurs, dit-on, ce sont les vainqueurs qui sont les meilleurs types; ce sont donc les améliorateurs qu'il faut choisir d'abord pour croiser nos races et leur donner du sang (1). La conséquence est digne, comme on le voit, de son prin-

---

(1) Nous devons signaler, à ce propos, un fait assez curieux. De 1820 à 1829, il n'y eut que 1,322 chevaux d'engagés pour les courses des hippodromes; 1,214 concoururent, et il y eut 621 vainqueurs. Il n'y avait alors que 11 hippodromes. 663 prix devaient être gagnés.

De 1830 à 1839, six hippodromes nouveaux furent créés; il y eut 2,446 engagements; 2,183 chevaux se présentèrent au poteau; 582 vainqueurs gagnèrent 734 prix sur 787.

De 1840 à 1847, on compte 37 hippodromes; 6,042 chevaux ont été inscrits, pour gagner 1,740 prix; 10 seulement n'ont pas été donnés; 4,482 chevaux ont couru : il en est résulté 1,531 vainqueurs.

Jamais la France n'avait vu tant de courses, tant de couronnes, tant d'hippodromes, surtout tant de vainqueurs; jamais aussi elle n'avait vu ses espèces légères plus dégradées, suivant les observations de tous les esprits judicieux. Le centre et le midi se plaignent plus que jamais des mauvais étalons que leur envoient les courses et l'espèce de pur-sang qui en résulte. L'anarchie dans nos espèces de chevaux de selle marche de mieux en mieux, et nous n'avons plus de traces de race. Nous développerons cette idée plus loin.

Cependant, au milieu de ces victoires et conquêtes, de 6,042 engagements pour les courses et de 1,531 vainqueurs qu'elles ont faits, nous n'avons pas pu trouver un seul cheval pour le dépôt de Paris : nous avions acheté *Physician*, nous venons

cipe. Cette triste théorie, soutenue par des hommes influents, et d'ailleurs les mieux intentionnés, a déterminé sur beaucoup de points l'industrie agricole à en faire l'application. Mais aujourd'hui l'épreuve est faite. L'agriculture ne veut plus de ces *producteurs types ;* elle a cent fois raison : elle a été embarrassée de leurs produits, qu'elle a élevés avec perte. Le commerce n'en voulait à aucun prix, on ne savait à quel service les employer. Ce sont ces *précieux modèles améliorateurs* qui ont fait au pur-sang tous les ennemis qu'il a parmi les éleveurs. Ils ont dit : *Si c'est là la fine fleur de votre pur-sang, gardez-le pour vous ; nous n'en voulons plus. Nous aimons mieux donner nos juments au baudet, que nous ruiner en suivant vos conseils.*

Que répondre à ce raisonnement, fondé sur l'expérience, sur les faits accomplis, et sanctionné par la raison? Nous le répétons, nous avons nous-mêmes combattu et presque détruit le principe unique qui devait présider à l'amélioration de nos races, par la mauvaise application que nous en avons faite. La vicieuse conformation de la locomotive pur-sang, que

---

de faire l'acquisition de *Gladiator* et de plusieurs autres chevaux anglais, il y a six mois à peine, pour retremper, soi-disant, le sang de la Normandie.

Nos grands progrès nous conduisent donc à avoir plus que jamais besoin de porter notre argent aux Anglais, pour prouver la valeur de nos 1,531 vainqueurs d'hippodrome.

nous avons préconisée à tout prix et par tout moyen, a dégoûté nos éleveurs. Voyez maintenant quelles en sont les conséquences !

Et cependant, malgré ces déceptions, auxquelles l'agriculture ne veut plus s'exposer, l'emploi raisonné du pur-sang et les courses bien entendues, sont et doivent être le meilleur point de départ de toute amélioration de nos races! Mais il faut renoncer au passé; il faut qu'on en fasse justice d'un seul coup. Rien n'est plus facile. Commencez par exclure du concours tout animal taré, quelle que soit son origine; n'admettez que des coursiers de cinq ans et plus, jamais au dessous de cet âge; chargez-les du poids que porte un cheval de dragon en campagne, de quatre-vingts ou cent kilog., par exemple; puis établissez des distances de deux, trois lieues et plus si vous voulez, après avoir modifié la charge suivant les conditions reconnues par une expérience raisonnée; ou bien, mesurez le temps pendant lequel devra durer l'épreuve, ce qui vaudrait peut-être mieux encore : vous verrez alors les ficelles retourner à l'écurie ou rester en route; les spéculateurs de mauvaise foi, désappointés, disparaîtront, et les véritables bons chevaux auront enfin leur tour; ils amélioreront véritablement alors nos races. Sans cela, l'argent que vous dépenserez aux courses actuelles non seulement sera perdu comme celui que vous avez déjà employé, mais encore il continuera son œuvre sur nos chevaux légers : il sera nuisible. Voilà la vérité; si vous ne voulez pas y croire, le temps, la raison et l'expérience vous y forceront un jour.

Lorsque Napoléon institua les courses par son décret du 13 fructidor an XIII, ce n'était pas pour le but auquel nous sommes arrivés aujourd'hui. On lit dans le règlement des courses qui fut publié l'année suivante, 1806, art. 8 : «Tout cheval ou jument, pour être admis, doit avoir cinq ans faits au moins, ou sept ans au plus. Le propriétaire fera inscrire l'âge de son cheval, et dans le cas où il l'aurait déclaré plus jeune qu'il l'est en effet, il perdra son cheval, qui sera retenu au profit du gouvernement, et, de plus, il sera privé de faire courir aucuns chevaux à l'avenir pour des prix du gouvernement. L'époque fixée pour la naissance des chevaux est le 1er mai. Ainsi, tout cheval né en 1801 sera considéré, au 1er mai 1806, comme ayant cinq ans faits, et classé parmi les chevaux de cinq ans jusqu'au 1er mai 1807, qu'il sera classé dans les chevaux de six ans, et ainsi de suite d'année en année. »

Le règlement du 27 mars 1820 était rédigé dans le même esprit au sujet de l'âge des coureurs. L'art. 5 était ainsi conçu :

«Tout cheval ou jument, pour être admis à courir, devra avoir au moins cinq ans faits, etc. »

Est-ce dans un but d'amélioration des races qu'on a changé les dispositions de ces règlements sur l'âge des chevaux admis dans les hippodromes? Pour le savoir, on n'a qu'à voir les effets produits par les nouveaux règlements qui encouragent le triste système des courses actuelles par des primes aux poulains coursiers à l'âge de trois ans, au lieu de les défendre, de les prévenir par tous moyens possibles.

Il est un autre point important sur lequel il faut faire attention.

Il ne faudrait pas que tel vainqueur de Paris, de Chantilly ou d'ailleurs, eût le droit d'aller concourir à Limoges, à Aurillac où à Bordeaux, à Arles, etc. L'administration a mis à la disposition des éleveurs riches et intelligents des grands centres, les premiers types reproducteurs de vitesse, pour leurs poulinières de premier choix; ils ont les entraîneurs les mieux dressés. La lutte est trop inégale dans toutes ses conditions, et n'a servi qu'à dégoûter les éleveurs provinciaux du midi surtout. Après avoir fait des dépenses pour élever quelques bons produits, ils ne pouvaient pas même les présenter sur leurs hippodromes, où était arrivé la veille un cheval de Paris, au moment où on s'y attendait le moins. Il faudrait que les concurrents fussent pris, sans aucune exception, dans une circonscription déterminée à l'avance, et pour tous les prix. Les éleveurs de province alors lutteraient entre eux, et se stimuleraient mutuellement en faisant de bons chevaux de service, suivant les ressources de leurs localités et leurs moyens.

Les courses à toutes les allures, établies dans les pays où l'on élève des chevaux légers surtout, produiront toujours de bons effets. Elles persuaderont les populations, qui commencent à ne plus y croire, que la supériorité des produits dépend de la nature de leur origine et de celle de l'élevage. Ces réunions d'éleveurs et d'amateurs, qui se connaissent tous, sont toujours des fêtes qui attirent beaucoup de monde, captivent l'attention, et provoquent des conversations, des discussions raisonnées sur les meilleurs moyens de croiser les races. Là, d'ailleurs, point de ces raffinements de procédés de mauvaise foi de tout genre; point de jeu ruineux pour les joueurs qui ne combattent pas à armes égales contre la friponnerie organisée! Ce sont les propriétaires eux-mêmes, leurs fils, leurs amis, ou leurs domestiques, qui montent leurs chevaux, et les préparent pour la course. Ces chevaux sont connus; on sait où ils sont nés, de quel père, de quelle mère ils descendent. Ce sont enfin des courses de bon aloi; elles peuvent faire un bien réel à l'industrie chevaline, au lieu de lui nuire à coup sûr, comme l'ont fait les grandes courses raffinées. Que pouvait-il résulter des mauvais producteurs qu'elles ont fournis, et des exemples de mauvaise foi qu'on y a observés?

Nous savons bien que les mesures que nous proposons ne seront pas du goût de tout le monde; les intéressés surtout les blâmeront comme absurdes, impraticables, parce qu'ils n'y trouveraient pas leur compte. Mais tout ce qu'on pourra dire ne détruira pas la verité, qui seule intéresse tous les honnêtes gens amis du progrès. Nous n'avons personnellement rien à perdre, rien à gagner à proposer des réformes. D'ailleurs, les temps et les besoins les commanderont, quand les populations agricoles seront assez instruites sur la matière pour faire justice de tout ce qui s'oppose aux véritables intérêts du pays.

Du reste, nous ne sommes pas seul à signaler la dégradation toujours croissante de nos chevaux légers, malgré les dénégations inutiles de ceux qui y ont contribué avec les meilleures intentions du monde. Il y a trois ans à peine, une société d'hommes graves se forma pour étudier la question chevaline, et prévenir le pays et les chambres de sa situation. Nous citons leurs noms pour que personne ne puisse douter de leur haute capacité, et de la confiance qu'ils commandent. Cette honorable assemblée, qui avait pris le nom de *Comice hippique*, était composée de MM. le lieutenant-général duc de Grammont, président; le lieutenant-général comte de Girardin, vice-président; le lieutenant-colonel de Rochau; le baron de Curnieu; de Champagny, inspecteur général des haras; Dailly, maître de poste à Paris; Darblay, membre de la chambre des députés; le baron Daru; le comte de Hocquart; Yvart, inspecteur général des écoles vétérinaires de France; le baron de Laussat; le comte de Lancosme-Brèves; le duc de Larochefoucauld-Liancourt; le duc de Marmier, membre de la chambre des députés; le comte de Montendre, inspecteur général des haras; le comte de Morny, membre de la chambre des députés; le marquis de Miramont; Renault, directeur de l'école vétérinaire d'Alfort; le comte de La Tour-du-Pin; le marquis de Torcy, rapporteur.

Certes, les noms que nous venons de citer sont une garantie de savoir en agriculture, comme en matière des haras et en perfectionnement des races. Eh bien! voici ce que publia le comice hippique, après avoir étudié à fond la question, et les réflexions qu'il adressa au pays et aux chambres.

« La question chevaline, qui a vivement préoccupé l'opinion publique, doit appeler les méditations de nos hommes d'état, et fixer l'attention des esprits qui savent descendre au fond des choses.

» Jusqu'ici l'on n'a point suffisamment apprécié la gravité de cette question, et cependant, ainsi que l'a dit à la tribune un honorable général, « *elle est d'une » importance toute nationale*, elle intéresse à la » fois l'agriculture, l'industrie et l'armée; et la solu- » tion des difficultés qu'elle fait naître doit influer » puissamment sur la prospérité du pays, puisqu'il » s'agit d'un des principaux éléments de sa richesse » et de sa force. » Le conseil général d'agriculture, défenseur vigilant et zélé des intérêts qu'il représente, a le premier ouvert une discussion dans laquelle la presse, les chambres et l'administration sont intervenues. »

» Quel a été le résultat de cette intervention? Le mal signalé de toute part a-t-il disparu? Le remède est-il découvert? L'armée, le commerce, doivent-ils trouver de nouvelles ressources dans cette production, qu'ils accusaient jusqu'ici d'insuffisance; et la production elle-même a-t-elle reçu des encouragements qui garantissent son développement et lui assurent la juste rémunération de ses efforts?

» Si les intérêts des producteurs ont été négligés, le gouvernement a-t-il, par quelque grande mesure législative ou administrative, modifié l'état des choses, de manière à préserver l'avenir des difficultés du présent? Sommes-nous entrés dans une ère nouvelle, ère d'amélioration et de progrès? Hélas! non.

» Une question nationale s'est trouvée réduite devant les chambres aux proportions minimes d'une question ministérielle, que les chambres ont résolue en accordant au ministre de l'agriculture une augmentation de 60,000 fr., dont celui de la guerre a fait les fonds sur le crédit qui lui était précédemment alloué.

» Sans doute, ce n'est point pour arriver à un pareil résultat que tant d'écrivains ont pris la plume, que tant d'orateurs sont montés à la tribune? L'intérêt agricole pour les uns, l'intérêt militaire pour les autres, pour tous l'intérêt national, dominaient la discussion, et sollicitaient de la part du gouvernement une solution *qui importe à la prospérité du pays, à sa puissance, peut-être à sa sécurité.*

» Cette conviction, partagée par de bons esprits, a présidé à la réunion du comice hippique, réunion à laquelle furent appelées les opinions les plus opposées, les personnes qui variaient le plus dans les moyens à employer, mais qui se réunissaient toutes dans un même but, *la production pour le pays.*

» On a trouvé qu'il était bon de revenir à la force de l'association pour lutter avec persistance et avantage contre les difficultés de toute nature, les entraves de tout genre ; et des hommes qui ne doivent point parler de leur capacité et de leur caractère, mais qui peuvent se faire forts de leur indépendance et de leur patriotisme, se sont réunis pour jeter quelques lumières sur la question, pour stimuler l'administration, et, s'il le fallait, *combattre son incurie.*

» A une époque d'examen et d'analyse, où il faut tout emporter à la pointe du raisonnement, le comice s'est proposé de suivre la marche la plus modérée et la plus logique ; sa force, il la trouvera dans une discussion calme, mais consciencieuse et approfondie. »

Après avoir traité, dans son intéressant travail, de la production chevaline sous tous les rapports, des ressources que la France offre à sa prospérité, et des moyens moraux et physiques de la favoriser, le comice termine ainsi :

« C'est donc l'intérêt national qui est en cause, c'est lui seul qui nous préoccupe.

» Cette idée nous a constamment suivis durant le cours de notre travail ; c'est elle qui a présidé à la formation du comice, c'est elle qui l'a occupé pendant ses délibérations ; c'est encore elle qui a tracé le cercle d'investigations dans lequel nous avons dû nous renfermer.

» Les rayons de ce cercle convergent tous au même centre, comme les membres du comice tendent tous au même but, *le développement de la pro-*

duction nationale, et son amélioration dans l'intérêt du pays.

» En recherchant les moyens propres à obtenir le résultat demandé, nous avons dû nécessairement apprécier ce qui est, combattre ce qui nous a paru mauvais, dire ce qui nous semble bon.

» Dans le cours de la discussion, nous aurons sans doute contrarié quelques idées, blessé quelques susceptibilités : c'est le propre de la polémique, même la plus inoffensive.

» Pour ce qui nous est personnel, nous avons éloigné de nous tout esprit d'hostilité, toute préoccupation antérieure : nous avons cherché la vérité.

» *Cette vérité est triste, car le mal est grand ;* mais le remède est à côté du mal.

» *La France est dans une position exceptionnelle quant à la production chevaline ; il faut l'en faire sortir.*

» *Nous manquons d'un cheval léger* propre à l'agriculture, au roulage accéléré ; au luxe, pour la selle et l'attelage ; à l'armée, pour la cavalerie et l'artillerie. Il faut créer cette nouvelle race, et modifier les conditions de travail imposées aux chevaux, puisque ces conditions le rendent presque impossible aujourd'hui.

» La position des éleveurs est mauvaise ; il faut la rendre bonne.

» *Avec des économies mal entendues, on est arrivé à des dépenses exorbitantes ;*

» Avec des intentions bienveillantes, *à des résultats déplorables.*

» *Il y aurait folie à persévérer dans le système qui nous a conduits où nous en sommes, et l'administration engagerait grandement sa responsabité, si elle continuait à suivre la même voie. Ce système doit être abandonné.*

» On ne comprend pas la gravité de la position, quand on se préoccupe d'abord de perfectionnements. Avant de songer à améliorer les races, il faut commencer par améliorer les conditions de la production.

» Il faut rendre le cheval de guerre faisable en France, avant d'aller demander à l'Orient des générateurs que l'on ne trouvera peut-être pas à utiliser, par le manque de producteurs.

» Il faut montrer aux agriculteurs l'honneur à côté du profit, et surtout ne point accuser le pays d'impuissance, *quand il se plaint à bon droit qu'on ne sait pas employer ses ressources.*

» *Si les institutions sont vicieuses*, comme nous croyons l'avoir établi, *elles doivent être réformées.*

» *Il faut créer celles qui nous manquent, et dont le besoin se fait si vivement sentir.*

» Il faut que le législateur s'occupe de développer dans le pays un des éléments de sa richesse, une des premières garanties de sa force. Il faut enfin modifier un état de choses tel, que M. le Ministre de la guerre a pu dire à la tribune :

« Il est certain que, si ce système se prolongeait davantage, il y aurait un préjudice notable, non seulement pour les finances de l'état, mais encore pour le service de la cavalerie; et la force effective, la force réelle du pays, en serait d'autant plus affaiblie (1). »

Que répondre à ces observations judicieuses, à ce compte-rendu des faits accomplis, publié et adressé au pays et aux chambres par des autorités comme celles qui composent le comice hippique? Que peuvent dire nos optimistes de leur système d'amélioration, *si bien compris, si conforme à la nature et à la raison, et si bien adapté à nos besoins?*

III.

DES TYPES REPRODUCTEURS.

Si le croisement d'une race est souvent le plus prompt comme le plus sûr moyen de l'améliorer, le choix du type améliorateur, et l'opportunité de son emploi, demandent une grande réserve. Le succès dépend toujours de ces deux conditions. Il ne s'agit pas seulement de trouver un beau cheval, un bœuf ou un

---

(1) *Au pays et aux chambres*, le Comice hippique, pages 9 et suivantes.

mouton perfectionné, il faut, avant de s'en servir, être assuré qu'ils conviennent au pays auquel on les destine. Si le mode d'agriculture, les races, le genre d'industrie ou les mœurs des éleveurs, ne permettent pas de les accepter avec bénéfice, le croisement sera vicieux ; ses effets porteront toujours une atteinte fâcheuse à ce moyen de perfectionnement, puissant quand il est bien opéré. Suivant ce que nous pouvons observer sur la multiplication des animaux domestiques, on doit les classer en deux sortes d'individus bien distincts dans les mêmes espèces. Les uns forment des groupes, des races, dont les caractères distinctifs sont uniquement dus à la nature du sol, à son mode de culture, à celui de son climat ; ils ne doivent rien, ou peu de chose, aux combinaisons de l'éleveur. Certains pays sont assez favorisés pour ne pas avoir besoin de s'occuper du perfectionnement de leurs espèces ; la nature fait presque tout, parce que les animaux sont bien adaptés à ces conditions diverses, comme à celles du sol qui les produit. Mais ces avantages ne sont pas toujours les mêmes partout ; tant s'en faut.

L'homme, qui s'est répandu sur toute la surface du globe habitable, et qui sait s'y conserver par les moyens que lui procure son génie, a voulu naturellement avoir avec lui les animaux domestiques indispensables à ses besoins. Mais très souvent les conditions du lieu où il les importe sont tout à fait opposées à celles de leur patrie originaire et à son mode d'élevage ; il en résulte des modifications dans leur organisme, des changements contraires aux bénéfices qu'ils doivent produire, et qui sont l'unique but de leur adoption.

Pour prévenir ces effets, pour neutraliser avec succès les influences qui les provoquent, l'agriculteur a dû les étudier et les connaître ; ce n'est qu'à cette condition qu'il a pu avoir des chances de succès ; c'est là la question de vie ou de mort de son industrie. Comment, en effet, suivre une route inconnue, quand on n'a pas les moyens de la découvrir ? Comment combattre un ennemi qui nous frappe, si nous ignorons où il est, et comment il opère. Eh bien ! est-ce ainsi que nous avons toujours agi en France pour combattre les influences de lieu ? Avons-nous toujours importé les types améliorateurs, soit d'une province à l'autre, ou de l'étranger en France, après avoir sérieusement étudié toutes les nouvelles conditions dans lesquelles nous allons les mettre ? Avons-nous assez analysé les races que nous voulons croiser et leur mode d'élevage, pour savoir si le croisement sera fructueux ou onéreux pour l'agriculture ? Avons-nous calculé toutes les chances de succès ou d'insuccès à l'avance ? Avons-nous expérimenté de manière à les connaître, pour avoir une idée exacte sur les avantages ou les inconvénients de nos opérations ?

Si ce n'est pour l'espèce ovine, dont l'amélioration, depuis 1766, a été confiée par l'administration à des agriculteurs éclairés, nous ne voyons nulle part des travaux propres à nous instruire sur l'amélioration des races. L'agriculture, les éleveurs, se plaignent; la presse condamne les opérations; telle contrée refuse tel type qu'on a voulu employer pour modifier, à tort ou à raison, ses espèces. Mais des instructions raisonnées suivant de bonnes lois de la nature, des principes vrais, en avons-nous, en existe-t-il dans les archives de l'administration ou ailleurs?

Si nous manquons de documents propres à éclairer l'agriculture sur l'amélioration de ses animaux, ce n'est certes pas plus la faute de l'administration centrale que des administrations départementales; elles font annuellement assez de dépenses pour avoir de meilleurs résultats, pour obtenir des renseignements exacts, des conséquences déduites de principes appliqués, vrais ou faux. Les erreurs même sont des leçons précieuses, elles nous montrent les écueils que nous devons éviter : nous les a-t-on signalées? Et pourtant l'agriculture sait s'il y en a! Les faits prouvent de combien de déceptions les éleveurs ont été victimes, sans être mieux éclairés par les opérations pratiquées dans les établissements de l'état.

Cependant, sans parler des races bovines, on a dépensé pour l'amélioration chevaline la somme énorme de 82 millions au moins depuis 1806 seulement, sans remonter plus haut. Nos chevaux, qui l'ont provoquée, sont-ils meilleurs qu'ils ne l'étaient avant cette dépense? Leur perfectionnement est-il en raison de ce qu'il a coûté? Nous le demandons à ceux qui le savent. Les plaintes réitérées qui s'élèvent de toutes parts sont-elles fondées? L'administration a employé des hommes d'intelligence et de savoir depuis tant d'années! comment se fait-il donc que nous sommes si pauvres en bons écrits sur la question, quand toutes les autres industries en ont qui leur servent de guides si assurés?

Le mouton a été plus heureux que le cheval ou le bœuf, quoiqu'on ait fait relativement, pour lui, infiniment moins de dépenses. Colbert, qui avait essayé de l'améliorer, s'était servi des mêmes moyens que pour le cheval, et il échoua.

Cependant, quand on voulut s'occuper sérieusement de faire prospérer l'éducation de l'espèce mérine en France, au lieu d'opérer comme l'avait fait Colbert, l'état eut recours aux naturalistes, à des agronomes modestes. Ce furent, en France, les Daubenton d'abord, sous Trudaine; plus tard, les Gilbert, les Tessier, les Huzard, les Yvart, qui furent consultés; puis une école d'expérience fut fondée à Rambouillet, avec une bergerie royale; une commission d'hommes réellement spéciaux fut chargée d'en surveiller les opérations: les membres qui la composaient étaient Bertholet, Lhéritier, Cels, Vilmorin, Dubois, Gilbert, Huzard, Parmentier, Rougier-Labergerie et Tessier. Avec un enseignement théorique et pratique pour les bergers (1), une bergerie de l'état, et une commission de l'ordre de celle dont nous venons de parler pour en surveiller la marche, on conçoit que l'amélioration du mouton ne pouvait manquer de réussir, et elle a réussi. « Depuis 1807 jusqu'à 1809, dit Grognier, cette bergerie (de Rambouillet) avait disséminé ou procréé en France 100,000 bêtes pures, et 400,000 de métis (2). »

D'après les expériences et les études faites dans les bergeries royales, on vous dira aujourd'hui quels effets produisent les croisements de telle race avec telle autre ; on vous décrira la forme des métis, leur aptitude, la nature de leur laine; on vous dira quelles sont leur sobriété, leur rusticité, la force ou la faiblesse de leur organisation sous tel ou tel climat, sous les différentes conditions de lieu , d'élevage, dans lesquelles ils pourront se trouver ; on vous fera l'histoire de la race

---

(1) L'école des bergers de Rambouillet fut fondée sur la proposition qui en fut faite, par Gilbert et Huzard, à la commission exécutive d'agriculture. L'idée leur en avait été donnée par Daubenton, qui avait lui-même une école de bergers à Montbard ; mais ses occupations ne lui donnaient pas le temps de s'en occuper comme il l'aurait voulu. Ses élèves terminèrent leurs études à la nouvelle école, quand l'enseignement y fut organisé.

(2) *Précis du Cours de multiplication des animaux domestiques*, p. 174.

mérinos à laine soyeuse, de Mauchamp, par exemple ; on vous dira que, produite sur un sol calcaire, sec et peu fertile, elle lui doit une partie de ses qualités, qu'on a développées par le choix d'un bélier mérinos qui eut par hasard une laine analogue à celle que l'on voulait obtenir.

Si M. Graux, au lieu d'agir avec persévérance, avec suite, dans ses opérations savamment combinées, avait fait comme les haras, s'il avait défait le lendemain ce qu'il avait pratiqué la veille, serait-il parvenu à créer sa sous-race mérine ? Rambouillet, Alfort, etc., seraient-ils arrivés au perfectionnement qu'on admire dans leurs troupeaux ? Vous dirait-on ce que vous obtiendrez d'un premier, d'un deuxième croisement des Dishley avec les mérinos, par exemple ? quels sont les avantages ou les inconvénients de toutes les espèces importées, New-Kent ou mérinos, South-Douwn ou Dishley ?

La France ne fut pas la seule à comprendre que les principes raisonnés, les études sérieuses et les expériences bien conduites étaient l'unique moyen de bien faire réussir les importations du mérinos ; la Suède fonda une école de bergers, sous la direction d'Alstroemer, en 1739 ; la Saxe fonda des écoles du même genre et publia des écrits spéciaux pour instruire les éleveurs ; la Prusse en fit autant, son savant agriculteur Fink fut surtout chargé de diriger l'enseignement spécial de ce royaume pour le perfectionnement de l'espèce ovine ; l'Autriche, l'Angleterre, le Danemark, la Hollande, l'Italie, etc., eurent recours aux mêmes moyens, et tous réussirent. En France, les éleveurs instruits, dirigés par des principes raisonnés, heureusement appliqués, firent prospérer l'espèce mérine au delà de toute espérance ; les laines que fabriqua l'agriculture éclairée purent satisfaire aux besoins, et notre industrie n'eut rien à envier sous ce rapport aux nations étrangères, pas même à l'Angleterre, dont nous ne cesserons jamais d'être tributaires pour le cheval ou le bœuf, si nous continuons à opérer comme nous l'avons fait jusqu'ici.

Mais nous reviendrons plus loin sur cette question importante pour appuyer le principe que nous défendons.

L'autorité chargée de veiller à l'amélioration des races sous Louis XVI et la République aurait dû faire pour le cheval et le bœuf ce qu'elle fit pour le mouton ; nous l'avons dit, elle aurait dû nommer des commissions de savants naturalistes, d'éleveurs instruits, pour diriger les opérations des haras, et publier des travaux propres à éclairer l'agriculture sur ce point. Nous serions au moins aussi avancés aujourd'hui que les Anglais, puisque nous l'avons été pour le mérinos ; les chevaux français, avec les heureuses dispositions de notre territoire, seraient les premiers d'Europe : il n'est pas de nation plus favorisée que nous pour l'élevage de l'espèce chevaline propre à tous les services.

Nous ne pouvons passer sous silence la remarque d'un fait qui nous prouvera combien nous nous sommes égarés. Le cheval est infiniment plus difficile à faire que le mouton ; il exige une plus grande somme de connaissances en anatomie, en mécanique animale; il faut pour l'obtenir plus de persévérance, plus de temps, plus de suite dans les opérations : et on a fait justement le contraire de ce qu'il fallait. Non seulement on a agi de manière à ce que la science ne s'en est jamais occupée, mais encore on a changé à chaque instant de systèmes, de modes d'amélioration, de races; les opérations ont toujours été aussi saccadées qu'irréfléchies, et opposées les unes aux autres ; et cela à des intervalles toujours très rapprochés. On a fait enfin, avec de bonnes intentions d'ailleurs, tout ce qu'il fallait pour s'opposer au succès, pour arriver où nous en sommes aujourd'hui; si on l'avait fait exprès, on n'aurait pas mieux réussi. 1840, qui est bien près de nous, fournit à notre industrie, l'occasion de voir quelles sont nos ressources en chevaux propres à remonter notre cavalerie légère surtout. Eh comment en aurait-il été autrement ! Citons quelques faits parmi des centaines que nous pourrions reproduire ici, pour prouver qu'il était impossible qu'on fût plus heureux.

Pendant notre séjour, comme cultivateur, dans le Cantal, nous avons fait de fréquentes visites au dépôt d'étalons d'Aurillac ; nous voulions nous assurer si les producteurs qu'on y entretenait convenaient au pays, s'ils étaient bien adaptés à l'agriculture et à l'espèce chevaline du lieu. Nous pouvons affirmer que, sur quarante étalons environ, il y en avait fort peu de capables non seulement d'améliorer la race auvergnate, mais encore de l'empêcher de dégénérer comme par le passé.

Le cheval considéré alors comme un des meilleurs reproducteurs était *Fang*, pur-sang anglais, par *Langar* et *Steam*. Ce cheval, importé d'Angleterre, devait faire merveilles; il avait obtenu de beaux succès sur le turf britannique : il ne pouvait donc pas manquer, disait-on, d'améliorer le cheval auvergnat. Nous ne discutons pas ici sur le mérite individuel de *Fang*, il peut en avoir beaucoup; il peut être excellent producteur ailleurs qu'aux montagnes où nous l'avons vu, mais il n'y laissa que de tristes souvenirs sous tous les rapports. Les éleveurs séduits par sa renommée se repentirent tous de lui avoir donné leurs juments. Nous avons vu vendre de ses produits, à l'âge de deux ans, 70 et 80 francs, sur les marchés d'Aurillac, et personne n'en voulait. Nous avons été témoin de ce fait, et nous citerions le nom des éleveurs s'il le fallait. Enfin, par suite des réclamations réitérées des éleveurs, *Fang* quitta Aurillac pour aller à Cluny, puis à Blois.

Le second cheval pur-sang anglais sur lequel on avait la bonhomie de compter aussi beaucoup était *Young-Reveller*, par *Reveller* et *Scornful*. Cet étalon, qui a donné à la Normandie quelques bons produits que nous avons étudiés, ne laissa en Auvergne que des fluxionnaires, ou de mauvais poulains sans valeur.

Mameluck, dont le sang a fait ses preuves sur nos

hippodromes, avait été retiré avec raison du Cantal par l'administration ; les Auvergnats le réclamèrent, parce qu'il avait produit quelques bons coureurs. Eh bien ! *Mameluck*, avec les précieuses qualités qui le distinguent, ne convient ni à l'amélioration de la race auvergnate, ni au pays qui l'élève ; sa conformation, le mode d'élevage qui la fait, et la nature de ses produits, que nous avons étudiés en Auvergne, comme en Normandie, nous ont prouvé que le type auvergnat ne peut être perfectionné par ce producteur, d'ailleurs fort distingué. Le temps et l'expérience prouveront si c'est nous qui nous trompons.

Sauf quelques rares exceptions, le sang anglais n'a pas réussi, et ne pouvait réussir en Auvergne ? Il n'y a que ceux qui, rapprochés de la race orientale, ont une conformation spéciale propre aux chevaux des montagnes, qui peuvent faire espérer quelques succès par leur emploi. Le cheval anglais, en général, est le produit des combinaisons les plus raffinées, de l'élevage qui exige le plus d'esprit d'observation et de science en théorie comme en pratique : il ne peut bien prospérer que dans les pays à riche culture ; les éleveurs qui savent faire pour lui ce que les Anglais font eux-mêmes peuvent seuls réussir. Le sang anglais a naturellement besoin des mêmes procédés d'élevage, des mêmes soins que ceux qui ont servi à le faire ; s'il était négligé en Angleterre même, il dégénérerait bientôt. Eh que peut-il produire en Auvergne, pauvre pays de montagnes, où les combinaisons de l'éleveur sont nulles? Les poulains sont abandonnés à eux-mêmes tout l'été dans les herbages, au milieu des vaches, sans avoine, sans abri; ils sont exposes, dans les beaux comme dans les mauvais temps, sur les hauteurs, près des neiges, à tous les changements brusques de température, que les Anglais savent si bien neutraliser par l'emploi des étoffes de laine et de bons logements. L'hiver, on les rentre dans les étables; le plus souvent on les nourrit avec les refus des bêtes à cornes, qui font la richesse des cultivateurs. Ce que nous disons ici nous l'avons vu nous-même. Comment en serait-il autrement! Comment faire des dépenses quand on est sûr d'avoir un mauvais poulain qui ne les paiera pas, parce qu'il est d'une origine qui ne convient pas au pays. Il lui faudrait le *gamin quadrupède,* comme l'appelle M. de Sourdeval, qui *s'élève avec un morceau de pain et des horions.* Il faut qu'il puisse réussir, non *en serre chaude, mais en pleine terre, sous forme de sauvageon robuste* (1).

Le sang anglais, tel qu'il a été choisi et élevé, ne saurait réussir en Auvergne, comme on le voit: aussi ce pays renonce-t-il à l'accepter, après des épreuves qui lui ont coûté cher; il livre ses juments au baudet, malgré son goût naturel pour l'élevage du cheval léger.

(1) *Journal des haras,* mars 1847.

Pour multiplier et améliorer le cheval auvergnat, produit brut de la nature des montagnes, il faut un cheval qui, comme lui, soit produit brut, et ne doive pas ses qualités aux raffinements long-temps étudiés d'un élevage artificiel. Non seulement une saine théorie l'indique, mais les faits le prouvent. Pendant que nous observions les poulains de *Fang* et de *Reveller*, nous avions en même temps sous les yeux ceux d'un autre cheval sans beaucoup de noblesse de sang ni de distinction; c'était tout simplement un cheval que nous avons connu pour être un barbe fort ordinaire, mais assez bien construit : c'était *Mascara*, qui y est encore; son prix ne devait pas être au dessus de quinze cents francs en Afrique, au moment où il y fut acheté. Eh bien! *Mascara* satisfait les éleveurs; ses poulains sont ceux qui conviennent le mieux à leur industrie, et réussissent; il est à peu près le seul qui ait maintenu le goût et l'espoir de quelques éleveurs. Les chevaux de son espèce ne sont pas difficiles à trouver sur nos côtes de Barbarie; on en choisirait facilement une centaine, pour le prix de deux mille francs en moyenne, depuis Tunis jusqu'à Oran ou à Maroc. Nous avons étudié ce pays et ses ressources, et nous ne croyons pas nous tromper. On a dit que l'armée ne s'y recrutait que difficilement, et que par conséquent il n'y en avait plus; mais l'armée paie de quatre à six cents francs seulement ses chevaux de troupe, et une tribu ne lui livrera pas un bon étalon pour ce prix : qu'on les paie bien, et les

Arabes ne manqueront pas d'en amener de l'intérieur.

Si *Mascara* a du succès, c'est qu'il a été élevé rustiquement par le Bédouin de l'Atlas, comme le Bédouin lui-même; il n'y a pas d'autre cause. Vingt-cinq chevaux comme lui ne coûteraient pas plus de quarante à cinquante mille francs, et régénéreraient la race auvergnate, perdue aujourd'hui.

Qu'on nous permette de citer un second fait, à peu près analogue. Nous avons étudié avec quelques détails les races des Pyrénées, et surtout les aygatades du département de l'Aude (1). On sait que ce pays élève un assez grand nombre de chevaux dont il se sert pour dépiquer le blé; beaucoup d'éleveurs y font de bons petits chevaux propres à la cavalerie légère. Les étalons qui peuvent faire un peu de bien dans l'Aude sont encore ceux qui n'auront pas été le produit d'un élevage artificiel. Nous avons vu à Cuxac, aux environs de Narbonne, qui n'a pas moins de quatre à cinq cents juments, un étalon à peu près du genre de *Mascara*, et de la même origine : il avait donné quelques produits passables ; un de ses fils, qui nous fut présenté, avait même servi d'étalon avec quelque succès. Un deuxième étalon, élevé à Mille-

(1) On entend par aygatades, dans l'Aude, les haras assez nombreux que plusieurs agriculteurs entretiennent pour le dépiquage du blé.

grand, dans une terre des environs de Carcassonne, quoiqu'un peu léger, mais d'origine barbe par le père, a été utilisé avec avantage. Nous avons la certitude que le sang anglais, que *Kam*, par exemple, dont nous connaissons l'origine de père et de mère, et le mode d'élevage qui a été employé pour le faire, sera loin de produire les mêmes résultats. Il a été placé en 1846 à la station de Narbonne : l'expérience nous prouvera si notre prédiction est juste. *Kam* cependant est d'un très bon sang ; il est frère de *Fitz-Emilius* par son père ; *Odine* est sa mère, et il a été élevé au haras du Pin, où nous l'avons connu jeune poulain.

Ce que nous disons ici de l'Auvergne et des Pyrénées, nous pourrions le dire de la Provence, de la Gascogne, du Rouergue, du Limousin, du Morvan, etc., de tous les lieux où on élève le cheval léger par des procédés simples et peu dispendieux. L'agriculture y est arriérée, et n'est pratiquée que par des cultivateurs pauvres, incapables de faire les sacrifices commandés pour l'élevage des poulains de sang anglais ; ils ne peuvent faire que de très mauvais poulains de cette origine, d'après les moyens actuels de leur agriculture. Les petits fermiers ou métayers, qui en définitive forment la masse des éleveurs de ces provinces, n'ont ni les avances ni le savoir indispensables aux combinaisons de l'élevage du cheval de luxe, et encore moins de course. Ils ne peuvent faire avec avantage que le cheval de service ; l'expérience leur a démontré, et leur prouve tous les jours, que le sang oriental a plus de rusticité, et s'adapte mieux à leur mode de culture, comme à leurs ressources morales et physiques. Nous savons que l'abus du sang anglais, et surtout du mauvais sang anglais, est une des causes directes de l'extension qu'a prise la production du mulet dans toutes les montagnes du centre et du midi, où il est si répandu aujourd'hui. Les chevaux anglais n'y ont eu quelque succès, par rare exception, que chez les propriétaires riches qui ont voulu élever des chevaux pour les hippodromes. Beaucoup d'entre eux y ont renoncé aujourd'hui, parce que cet élevage est trop onéreux.

Citons ce qu'a dit à ce sujet un homme dont le jugement est une autorité. M. de Saint-Ange, directeur du haras de l'école royale de cavalerie de Saumur, aussi habile écuyer que savant hippologue, écrivait à M. Gay, de Vernon, le 26 mars 1846..... « Je pense que la race limousine est propre à donner le cheval de selle par excellence; *que le pur-sang anglais l'a tuée;* que le sang arabe va aujourd'hui la régénérer; que l'école (de Saumur), en mettant ses qualités en évidence, apprendra aux amateurs d'équitation à l'employer au profit du pays. Que les éleveurs se mettent à l'œuvre, qu'ils fassent du limousin arabe, et ils pourront compter sur un plein succès, etc. (1). »

(1) *Bulletin hippologique de la Société d'encouragement de Pompadour*, livraison d'octobre 1846, p. 43.

L'agriculture des montagnes du centre, comme les mœurs et les ressources de leurs éleveurs, demande donc le cheval rustique ; il faut qu'il soit sobre, robuste, capable de s'habituer aux intempéries des saisons, à une mauvaise nourriture, et souvent même aux privations pendant les mauvaises années ; il faut que, livré à lui-même dans les herbages, sans soins, il réussisse comme les animaux sauvages, dont la nature seule fait les frais d'éducation. Ils font ainsi de bons chevaux de guerre, habitués d'avance à toutes les misères qu'elle entraîne pour eux, aux fatigues et aux privations qui en sont toujours la conséquence.

Si on avait bien étudié les cultivateurs éleveurs dont nous parlons, on se serait gardé de les prendre pour des lords anglais, et capables d'élever les chevaux comme eux. Au lieu de leur imposer des ***Fang***, des ***Kam***, des ***Reveller***, des ***Djinn***, des ***Comus***, des ***Problèmes***, des ***Marc-Antoine***, des ***Mars***, des ***Carlin***, des ***Ben-Agar***, des ***Karamba***, des ***Laocoon***, etc. etc., qui ont empoisonné leurs races, on leur aurait donné des étalons bien adaptés à leur genre de culture et à leurs ressources, à leur sol ; nous aurions du moins nos anciennes races, détruites aujourd'hui, et remplacées par des individus sans caractère tranché de destination, sans type, et sans valeur dans le commerce.

IV.

PERFECTIONNEMENT DES RACES DES ANIMAUX EN GÉNÉRAL.

« Il n'est aucune branche de l'art agricole, dit Mathieu de Dombasle, sur laquelle on ait plus écrit que sur l'amélioration des races de chevaux, et il n'en est aucune dont le gouvernement se soit occupé avec plus d'activité et de persévérance (1). »

Dans quelque industrie que ce soit, particulière ou régie par l'état, le progrès est loin d'être toujours en raison des efforts et des dépenses qu'il cause : nous en trouverons la preuve dans le coup d'œil rapide que nous allons jeter sur nos variétés d'animaux domestiques.

Si l'on étudie, dans les foires et les marchés, ou dans les concours pour les primes, les diverses races de nos animaux, on est frappé d'un fait que nul ne contestera : c'est qu'une des espèces dont l'état s'est le plus occupé de tout temps, et pour laquelle il a fait le plus de dépenses, est précisément celle qui est la plus éloignée du but proposé ; c'est aussi celle contre

---

(1) *De la production des chevaux en France, de l'amélioration des races, et de l'inefficacité des moyens employés par le gouvernement pour atteindre le but*, p. 1.

laquelle on a le plus écrit et discuté, et qui offre partout le plus d'anarchie et de désordre dans sa composition.

Citons les faits.

Quand nous allons aux marchés d'approvisionnement des grandes villes, à Sceaux, à Poissy, etc., pour observer nos animaux de boucherie, nous y voyons plusieurs groupes d'individus ayant chacun un cachet tel, qu'il est impossible de les confondre. Chaque race a un caractère parfaitement distinct qui la fait reconnaître par les moins habiles. Il n'est pas possible de prendre le bœuf cotentin pour le breton, par exemple. La robe du premier est souvent variée, mais le fond en est généralement de couleur rouge plus ou moins clair; on y remarque quelquefois des rayures noires (ce qui lui fait donner le nom de *brangé* dans le pays), de grandes taches blanches ou de simples mouchetures; sa taille et son poids sont quelquefois énormes : on en voit de près de deux mètres de haut, et du poids de deux mille kilogrammes; sa tête est souvent camuse, assez courte; ses cornes sont dirigées assez ordinairement en avant, et contournées l'une vers l'autre à leur pointe. Le cotentin est quelquefois assez mal fait, surtout quand il est très grand. Sa ligne du dessus n'est pas droite, elle se courbe à la croupe, au dos et au garrot; ses membres, quelquefois mal articulés, manquent d'aplomb; il marche la tête un peu basse, ce qui rend son allure et son port peu gracieux.

Pour peu qu'on ait d'habitude pour distinguer une race, la cotentine en général a un type particulier : sa structure, les dispositions de l'ensemble de ses individus, sa sorte enfin, la feront reconnaître partout.

Le bœuf breton a des caractères si tranchés, qu'on peut le distinguer au premier coup d'œil partout où il est : ses formes sont anguleuses ; sa robe est noire, avec de grandes taches blanches qui le rendent souvent pie ; sa tête est fine, avec de grands yeux noirs et vifs, à paupières souples ; les cornes sont noires, minces, écartées, très effilées, et se contournent légèrement en haut ou en avant vers leurs extrémités ; la peau, recouverte de poils fins, est mince et souple ; la taille est petite, et son poids ne s'élève guère au dessus de trois cents kilogrammes environ.

Cette petite race, précieuse comme laitière, est répandue dans presque tout le midi de la France, comme dans beaucoup d'autres lieux : on se procure une petite vache bretonne pour du lait. Elevée sur la lande, elle se contente de si peu de chose pour son entretien ! Elle est presque aussi sobre qu'une chèvre, qu'elle remplace dans les familles qui en ont besoin ; c'est enfin une petite source à lait. Ce n'est que comme telle qu'elle est exportée. Cette race est donc aussi parfaitement distincte ; il est impossible de ne pas la reconnaître partout, quand on l'a vue une seule fois.

Le bœuf Salers d'Auvergne est tout aussi bien caractérisé dans son genre ; son poids s'élève de six cents à mille kilogrammes ; sa taille est d'un mètre trente à quarante centimètres environ ; son poil est toujours rouge vif foncé sans tache ; il est très rare de lui voir du blanc ou toute autre couleur, qui n'est qu'un accident ; sa peau est souple ; sa tête est courte et large ; ses cornes, écartées, sont élevées vers leur pointe. Il a la poitrine large, le système musculaire très développé, les membres forts, le corps trapu, le ventre peu volumineux : l'organisation de toutes ses parties indique à tout observateur judicieux un animal robuste et de bonne nature.

L'espèce bovine charolaise se reconnaît aussi facilement : la tête est courte et large, avec des cornes un peu fortes, horizontales, et souvent de couleur verdâtre, ce qui n'indique jamais une bonne nature de bœuf, dans les individus comme dans les races ; sa robe est blanchâtre : un cheval de cette couleur serait appelé alezan lavé clair, ou poil de vache ; la peau est épaisse, dure, peu souple ; le poil est court, mais rude et un peu sec ; le corps est trapu, généralement bien musclé ; les formes sont arrondies, potelées, ce qui fait du bœuf charolais un animal séduisant, joli pour les amateurs. Mais les vrais connaisseurs ne se tromperont jamais sur la nature de son mérite. Quoi qu'il en soit, les caractères qui le font distinguer sont tranchés, et ne permettent pas de le confondre avec d'autres races.

Nous pourrions en dire autant du bœuf agenais, très estimé pour le travail comme pour la boucherie, s'il manque de qualité laitière ; du bœuf camargue, toujours noir; de la race d'Aubrac de l'Aveyron; des comtois, des manceaux, etc. Toutes nos races bovines, en un mot, sont parfaitement distinctes.

Notre espèce ovine offre les mêmes particularités. On ne confondra jamais le mouton berrichon avec le flammand, celui du Quercy avec celui de Causse de Rodez, ce dernier avec le solognot ou avec le champenois. L'agriculture, qui s'est surtout occupée de l'amélioration du mérinos, ne confondra jamais la race rambouillet avec le naz, le mauchamp, les métis dishley, avec les new-kent ou les south-down. toutes ces espèces sont remarquablement différentes. Nous distinguerons aussi partout nos races de porcs, telles que celles du Limousin, du Poitou, de Normandie, etc.

Nos chiens des Pyrénées ne ressemblent pas plus à ceux de nos bergers de la Brie ou de la Beauce que le lévrier à l'épagneul, le braque au bouledogue.

Nos races de chevaux que l'agriculture a élevées, perfectionnées, sans l'intervention de l'état, pour son usage et son commerce, sont aussi très distinctes les unes des autres; elles sont de plus très propres aux diverses spécialités de service auxquelles elles sont employées. Ainsi, la forte race boulonnaise, si puissante pour le gros trait, ne sera jamais confondue avec la percheronne légère, si précieuse pour les postes et messageries. La première a la tête forte, droite, l'encolure épaisse, les épaules grosses, le dos et les reins courts et larges, la croupe arrondie et fortement musclée ; ses membres sont vigoureux et d'aplomb ; elle fournit des individus du plus beau type connu, comme puissance musculaire. La conformation du percheron, plus léger, a quelque analogie avec celle du boulonnais : sa tête est carrée, son encolure est un peu forte, le garrot est moyennement sorti, le dos et les reins sont courts, la côte est bien arquée ; la croupe, arrondie, est bien musclée ; les membres sont forts et nerveux ; sa robe est ordinairement grise.

Les percherons se reconnaissent partout, et partout on est satisfait de leurs qualités et des services qu'ils rendent.

Les chevaux comtois sont plus forts, plus lourds que les percherons ; ils ont moins d'aptitude à la vitesse exigée par les postes, les diligences, mais ils sont très bons pour le roulage ; leur taille est d'environ 1 mètre 50 à 60 centimètres ; ils ont la tête forte, l'encolure mince ; leur dos et leurs reins sont plus longs que dans les races boulonnaise et percheronne ; leur croupe est avalée, courbée en forme de toit, plate et élargie ; leurs membres sont bien musclés ; leur robe est généralement bai ou noir mal teint.

On reconnaît aussi les chevaux bretons à leur tête camuse et carrée, à leur corps trapu, à leur encolure courte et charnue, à leurs croupes doubles, à leurs côtes arrondies ; leurs membres sont forts, court-jointés ; leur robe est généralement grise. Comme les percherons, ce sont de bons serviteurs ; à quelque travail qu'on les emploie, ils paient toujours largement leur consommation.

Toutes nos races d'animaux élevées par l'agriculture livrée à elle-même, à son bon sens naturel, sans conseils, sans guides officiels, ont le cachet de leur localité, leur type ; presque toutes répondent parfaitement aux besoins de leur destination. Personne ne se plaint des services de nos percherons, de nos bretons de trait, de nos boulonnais, de nos comtois, de nos bœufs Salers, de nos moutons mérinos, etc. ; la seule variété d'animaux qui satisfasse moins que jamais aux exigences est précisément celle dont l'état a toujours dirigé la production. Lisez tout ce qui a été dit et écrit par des hommes spéciaux de tous les temps, et surtout depuis une vingtaine d'années ; consultez l'agriculture, elle qui doit être le premier comme le meilleur juge, puisqu'elle paie cher les écoles qu'elle a faites elle-même : vous verrez que le perfectionnement du cheval léger n'a jamais répondu aux dépenses énormes qu'on a faites pour lui depuis tant d'années. On a pu voir qu'il était impossible qu'il en fût autrement avec la marche qu'on a suivie ; nous croyons l'avoir démontré clairement.

Allez visiter tous les pays d'élevage de chevaux légers, comme nous l'avons fait nous-même ; étudiez leurs produits dans les foires et marchés, dans les dépôts de remonte, dans les réunions de tout ordre : vous ne trouverez ni type français, ni race, ni famille, ni tribu, pas plus au midi qu'au nord, à l'est qu'à l'ouest. C'est une anarchie, une confusion de produits dans laquelle nous défions le plus fin connaisseur de se reconnaître. Il trouvera bien les indices de la route qu'on a voulu suivre; mais elle a été tracée de manière à arriver aux tristes résultats que nous déplorons. On voit dans presque tous les chevaux des marques de noblesse de sang, ici dans la tête, là dans les membres, ailleurs dans le garrot, la croupe, l'encolure, la peau, les pieds, dans tout le corps; mais au milieu de tout cela, on trouve si peu d'harmonie, d'ensemble, les rouages de la locomotive sont si mal coulés, si mal agencés partout où on les étudie, qu'il est impossible qu'ils fonctionnent convenablement et long-temps.

Aujourd'hui, il n'y a plus trace des anciennes races légères de chevaux français. En examinant nos régiments de cavalerie, ce que nous avons fait bien souvent, il est impossible de reconnaître un cheval né en Auvergne, en Limousin, aux Pyrénées, ou ailleurs. On a défait les races : qu'avons nous fait pour les remplacer? Voici ce que dit à ce sujet M. Yvart :

« Le hasard, l'ignorance, ont contribué à mêler les races qui auraient dû rester distinctes. *L'administration des haras a pendant long-temps placé des chevaux de toutes figures et de toutes races dans des mêmes dépôts;* il est résulté de toutes ces causes réunies, non seulement que nos races de chevaux sont nombreuses, plus nombreuses même que cela n'est à désirer, mais encore *que beaucoup de nos chevaux n'ont plus de race, dans ce sens qu'ils proviennent de mélanges faits sans suite et sans but* (1). »

M. le duc de Guiche, aujourd'hui duc de Grammont, a écrit absolument la même chose.

« Sans entrer ici, dit-il, dans l'énumération des différentes races de chevaux français décrites par plusieurs auteurs, *et qui sont aujourd'hui tellement abâtardies* qu'on a de la peine à en reconnaître le type, nous nous bornerons à faire remarquer qu'elles peuvent être réduites à deux principales, dans lesquelles il est facile de classer toutes les variétés que présente l'espèce chevaline (2). »

Le naturaliste-agriculteur chargé d'améliorer une race de chevaux préférera toujours qu'elle soit avec son type local; il aimera mieux opérer sur une matière brute que sur une matière mal pétrie, façonnée de mille manières diverses. Rien n'est plus difficile à refaire qu'un ouvrage manqué.

Si nous devions améliorer une race de chevaux légers en France, nous prendrions, de préférence à toute autre, la race camargue. Elle a seule conservé son type primitif : les propriétaires ne l'ont pas mélangée. On comprendra facilement pourquoi nous avons cette opinion. Comme cette race offre les mêmes caractères dans tous les individus qui la compo-

---

(1) *Maison rustique du XIXe siècle*, 2e vol., p. 392.
(2) *De l'amélioration des chevaux en France*, p. 15.

sent, nous pourrions employer les mêmes moyens pour les perfectionner tous, puisque tous ont les mêmes défauts à corriger. Dans les races limousine, auvergnate, navarrine, etc., chaque individu demanderait aujourd'hui une étude à part, un procédé particulier pour lui seul, puisqu'il ne ressemble nullement à son frère, à son compatriote. Si ce principe est juste, et nous espérons qu'on ne le contestera pas, nous serions certes plus éloignés du but que nous nous sommes proposé que si on avait laissé l'agriculture opérer suivant ses idées, souvent très judicieuses, d'amélioration des races par elles-mêmes. Nous aurions au moins nos anciennes espèces, que nous n'avons pas étudiées nous-même, mais dont on a tant vanté les qualités pour la guerre. Où sont elles maintenant? Qu'en avez-vous fait?

Nous direz-vous qu'elles ne convenaient plus aux besoins de notre époque, et qu'il fallait les changer? Mais tout le monde est d'accord sur les précieuses qualités qui les faisaient distinguer pour l'armée, et nous serions fort heureux aujourd'hui de les retrouver avec l'aptitude que nous recherchons partout, et qu'elles n'ont plus. Il leur manquait de la taille, dites-vous! Mais vous saviez bien que c'était une simple question de progrès agricole, une affaire de quelques boisseaux d'avoine. Vous n'ignorez pas que le développement est là. Nous avons laissé de côté la cause, pour tout sacrifier à l'effet; et à quel effet? Nous avons détruit, d'accord; qu'avons-nous construit?

Malgré les graves erreurs qu'on observe dans le règlement des haras de 1717 en amélioration des chevaux, on voit qu'à cette époque déjà l'état s'était aperçu du mauvais effet des étalons mal adaptés aux races qu'on voulait perfectionner. On lit, page 89 de ce travail, au sujet des instructions données par le gouvernement aux intendants des provinces et commissaires des haras : « Le choix des chevaux convenables à la nature du pays est une chose si essentielle au progrès et au soutien des haras, que l'on peut citer pour exemple que les barbes, si propres au Limousin, auraient perdu les haras de Bourgogne, et les chevaux danois et de Prusse, si renommés, et qui réussissent si parfaitement en Normandie et en plusieurs autres provinces (1), auraient également produit le même mauvais effet en Béarn, si après les expériences qu'on a faites en 1700, on ne se fût retenu sur de pareils choix, *et il conviendra toujours, à défaut de chevaux étrangers de l'espèce convenable à chaque pays, de se contenter de prendre les étalons du pays même.* Il est donc très nécessaire de donner aux juments des étalons proportionnés à leur taille et à leurs qualités ; et quoique cette attention roule particulièrement sur les soins des inspecteurs, MM. les intendants ne doi-

(1) Le temps et l'expérience ont fait aujourd'hui justice de cette erreur, qui fut partagée plus tard par Buffon et Bourgelat.

vent pas moins entrer dans la connaissance de cet assortiment, lors de leur tournée, pour juger par eux-mêmes du bien qui s'observe généralement dans leurs départements, le succès des haras dépendant de l'attention qu'ils y donneront et du choix des étalons convenables aux juments. »

Sauf l'erreur relative à l'emploi des chevaux danois en Normandie, tout ce que disait le règlement de 1717 était judicieux. Il vaut toujours mieux améliorer une race par elle-même, si on n'a pas des types qui conviennent pour la perfectionner : on a au moins l'avantage de la conserver telle qu'elle est ; on ne l'empoisonne pas par des reproducteurs mal choisis et mal adaptés à son type, au genre d'agriculture et d'industrie du lieu où on les importe.

« Importer une race perfectionnée (et la perfection n'existerait pas sans la part des influences d'un régime approprié), dit M. Gayot, sur un sol ingrat où elle ne trouvera que des conditions d'existence insuffisantes, *c'est jeter une semence de bon choix sur une terre qui n'a pas encore été labourée*, qui n'a reçu aucun travail préparatoire ; *nul à coup sûr ne s'étonnera de la pauvreté de la récolte*. Semer dans ces conditions, n'est-ce pas condamner la terre à la stérilité ? Commençons donc par labourer, nous sèmerons ensuite, quand le sol aura été convenablement préparé, et lorsque la saison propice sera venue (1). »

(1) Eugène Gayot, *Études hippologiques*, p. 29.

Rien n'est plus juste que cette observation de M. Gayot, sous-directeur actuel des haras. Nous avons pris, et nous prenons encore tous les jours, le cheval pur sang anglais, l'animal le plus perfectionné de la création, dit-on, celui pour lequel l'homme a dépensé autant de science que de temps, de persévérance et de capitaux ; *cette semence du premier choix ;* et nous la mettons, où ! en Limousin, en Auvergne, les pays les plus mal cultivés du territoire ; dans les Pyrénées, où la culture de l'avoine est presque inconnue, etc., etc. Nous l'avons semée partout, cette semence, dans les mauvais pays comme dans les bons, dans les sols incultes comme dans les mieux cultivés. Nous avons voulu en faire une panacée universelle, sans distinction de circonstances même opposées, sans raisonnement ni esprit d'observation. Mais c'est un contre-sens dont notre agriculture a été victime, dont elle a payé les frais par l'abâtardissement de ses espèces légères. Faut-il maintenant s'étonner de *la pauvreté bien prévue de la récolte ?* Nous aurions dû commencer *par préparer le sol,* et nous ne l'avons pas fait. qu'avons-nous récolté ?

Du reste, il n'est pas un seul observateur de savoir et de sens qui n'ait toujours jugé la question de la même manière, qui n'ait *prévu* ce qui nous est arrivé. M. Huzard fils, homme d'érudition et d'expérience, écrivait en 1829 : « On aura bien conçu, par ce qui précède, que l'amélioration des races de chevaux, dans un pays comme la France, ne sera possible qu'autant qu'elle sera en rapport avec les systèmes d'agriculture ; qu'elle ne pourra s'effectuer chez les petits cultivateurs malaisés, qui laisseront toujours leurs animaux dans un état de misère, et que par conséquent *les tentatives du gouvernement pour améliorer ces races en masse devront toujours être infructueuses, parce qu'il lui est impossible aussi de faire changer la position du cultivateur*. Je n'en parlerai donc que pour dire qu'elles doivent être totalement négligées (1). »

Nous sommes de l'avis de M. Huzard en ce qui concerne l'impossibilité d'améliorer une race dans les conditions dont il parle ; nous concevons comme lui que dans le cas qu'il signale, par exemple, le pur-sang anglais surtout est un contre-sens malheureux, *la charrue avant les bœufs*. Mais si l'état enseigne l'agriculture et l'art de perfectionner les animaux, on réussira partout où l'on reconnaîtra qu'il y a avantage à faire des chevaux. Si l'on doit négliger l'effet pour le moment, ce ne doit être que pour s'occuper judicieusement de la cause, *pour faire changer la position du cultivateur, et lui faire préparer le sol*, ce qui n'est pas du tout *impossible*, au contraire.

Il est des hippologues qui ont dit que l'on pouvait faire le cheval anglais pur sang partout. Cette théorie, dont l'application a été malheureuse, a fait bien du mal. Il

(1) *Des haras domestiques en France*, p. 94.

n'est pas douteux que c'est elle qui a présidé à l'idée adoptée pour l'amélioration de nos races, puisque le sang anglais a été importé et introduit indistinctement dans tous les dépôts d'étalons du royaume; ce sang est celui qui domine le plus aujourd'hui et qui se présente presque seul sur nos hippodromes. Eh! mon Dieu, oui, on peut faire le cheval anglais partout, comme partout on peut produire l'ananas, le bananier, le palmier, l'oranger, etc., à force d'argent et de savoir! Oui, avec beaucoup de savoir, des moyens au dessus des forces de tous nos éleveurs de chevaux légers, et des capitaux, vous ferez comme les lords anglais, ce n'est pas douteux; vous imiterez nos riches et savants éleveurs du nord de la France, des environs de Paris; vous ferez comme MM. le prince de Beauvau, de Pontalba, de Morny, de Cambis, Rothschild, Fasquel, Calenge; comme tous les éleveurs instruits et riches enfin. Mais n'oublions pas que, dans l'état actuel de notre agriculture et de notre instruction, la fabrication de la bonne espèce anglaise est la très rare exception; l'expérience ne l'a que trop malheureusement prouvé partout. Comparer nos petits éleveurs du midi à ceux qui ont fait les chevaux qui luttent tous les ans sur les hippodromes, et les diriger vers cette voie, a été un malheur! Ce n'est pas avoir étudié la question, observé les faits; et quand vous donnez pour modèle, et pour type à imiter, un *Mameluck* à un Auvergnat, un *Na-*

poléon, un *Eylau* à un Limousin (1), un ***Reveller*** à un Rouergas, un ***Bizarre*** à un Béarnais, c'est absolument comme si vous lui disiez de cultiver dans ses champs les plantes précieuses que des jardiniers habiles font prospérer, à force de soins de tout ordre et de persévérance, dans les riches jardins que vous réservez à vos plaisirs. Si vous leur donnez de vos précieux végétaux, en leur disant qu'on peut les faire réussir partout, et qu'ils vous écoutent, leur récolte sera comme celle du sang anglais : bientôt ils aimeront mieux faire *des mulets, des hybrides,* qui leur paieront bien leurs travaux ; ils préféreront leurs plantes rustiques, bien appropriées à leur sol, à leur savoir actuel, et ils auront raison, car elles les feront vivre quand les autres les ruineront. Voilà ce qui arrivera, soyez-en certains.

Du reste, croyez-vous que ce soit le sang, la race, qui fasse toujours ces merveilles que nous observons chez les peuples comme chez les éleveurs instruits? Croyez-vous qu'il fallait aux Anglais des ***Godolphin-***

---

(1) *Napoléon*, comme *Eylau*, ont été au haras de Pompadour. Des éleveurs du Limousin, où nous avons été, nous ont assuré qu'ils n'avaient laissé que de tristes souvenirs dans leur pays ; on nous a affirmé que *Napoléon*, notamment, n'avait donné que des produits élevés sur jambes, tarés, et sans valeur.

Arabian, des *Éclipse*, des *Loth*, des *Marske*, des *Orville*, etc., pour faire leurs races? Mais s'ils n'avaient pas eu ces types précieux, ils en auraient eu d'autres; ils auraient réussi toujours et quand même, parce qu'ils avaient, 1° la volonté, 2° le savoir et l'intelligence du métier, 3° la persévérance de suivre jusqu'au bout une ligne judicieusement tracée, 4° de l'argent pour attendre l'effet produit. Voilà quels ont été les moyens principaux des Anglais! Ils ont fait pour le cheval ce qu'ils ont obtenu pour toutes leurs races d'animaux. Qu'avez-vous de plus extraordinaire, comme originalité de modèle, que leurs Durham, leurs Dishley, leurs bouledogues, leurs coqs de combat, leurs diverses espèces de chiens, de porcs, de lapins, d'animaux de tout ordre? Ils n'avaient certainement pas dans chaque espèce des *Godolphin-Arabian* ni des *Éclipse*; et cependant qu'ont-ils laissé à désirer dans tous les animaux qu'ils ont modelés, et devant lesquels nous nous extasions (1)?

Quand on nous dit que l'Angleterre doit ses races précieuses de chevaux à ses souverains, et surtout

---

(1) Un de nos amis, qui a étudié l'Angleterre, nous a assuré que les Anglais avaient des chevaux d'hippodrome, spécialement destinés aux courses, genre d'industrie particulière, et des chevaux étoffés pour faire les chevaux de service : on les nomme *étalons de comtés*. Ils sont aussi de pur sang, mais ils ne sont pas employés aux luttes de vitesse.

aux règnes des Henri Ier, II, VII, VIII, à Jacques Ier, aux princes de la maison des Stuarts, à Cromwel, à Charles Ier, à Charles II, à tel cheval, à tel type, nous disons qu'on se trompe : ils y ont contribué, et voilà tout. Sans son savoir, cette nation ne serait pas plus avancée que nous, et le sang de *Godolphin* serait passé inaperçu, si des éleveurs intelligents, de la trempe des ducs de Newcastle, des Backwel, des Colling, etc., n'avaient pas su le modeler comme il convenait. Que la France apprenne le métier de perfectionner les animaux, et elle fera comme l'Angleterre, et même mieux, parce qu'elle est plus favorisée par la nature de son climat.

Les saillies des chevaux célèbres du turf coûtent trop cher pour les chevaux de commerce ordinaire.

Les Anglais façonnent leurs animaux chacun pour sa spécialité, et nous croyons volontiers ce qui nous a été assuré sur la distinction qu'ils ont établie entre le cheval de vitesse et celui de service. Adoptons la même méthode en France : faisons des chevaux d'hippodrome pour ceux qui y trouvent plaisir ou profit, nous serons d'accord; mais ayons aussi des chevaux étoffés pour améliorer nos races de service. Si on veut continuer le système suivi jusqu'à ce jour, l'épreuve est faite : elle a coûté trop cher à l'agriculture pour être continuée. Si nous voulons suivre l'exemple des Anglais, imitons au moins leurs bons procédés; ayons comme eux des chevaux propres à améliorer véritablement nos races, et ne les empoisonnons pas par une nature d'animaux qui ne leur conviennent pas.

Nous avons une telle confiance dans le savoir des Anglais, dans la supériorité de leurs moyens, comparés aux nôtres, que nous ne craignons pas d'affirmer que des *Godolphin* et des *Éclipse*, en France, ne rendraient pas nos chevaux meilleurs. Et croyez-vous que nous n'avons pas eu de bons, de très bons types depuis que nous en cherchons, que nous en achetons partout à tout prix, même en Angleterre? Mais nous avons aussi du sang de *Godolphin-Arabian* et d'*Éclipse*, si nous consultons le Stud-book! Et qu'avons-nous fait, que faisons-nous avec eux?

« Le sang *d'Éclipse* est heureusement le plus répandu en France par les pères. On retrouve, dans la nomenclature de ceux de ses descendants qui l'ont fourni à un degré plus ou moins rapproché de lui, quatre de ses propres fils, qui sont les mieux famés, savoir : *Chaunter*, *Don Quixotte*, *Météor et Pot-8-os* (1). » Nous avons eu, et nous avons encore assez de descendants d'*Éclipse* (2) et de *Darley-Arabian*.

---

(1) De Montendre, *Institutions hippiques*, volume 3, p. 217.

(2) Les plus remarquables ont été ou sont *Allington, Alteruter, Amadis, Byron, Brighton, Brougham, Cardignan, Crispin, Catton, Cédric, Chance, Clarion, Egyptus, Dangerous, Darlington, Edmund, Félix, Fitz-Candid, Forcland, gén. Mina, Harlequin, Hercule, Jonas, Koverdal, Lottery, Mahomet, Minister, Minster, Novelits, Peter-Liberty, Pikle, Rowlston, Royal-George, Royal-Oak, Sche-*

Nous n'avons manqué ni de quantité, ni de qualité de sang. Nous avons aujourd'hui environ quinze cents têtes de pur sang de toute origine ; nos établissements des haras possèdent trois cents étalons qui sont sur le Stud-book ; nous avons quatre volumes de ce livre des généalogies remplis de noms de sujets de *nobles souches ;* jamais la France n'en a vu autant depuis qu'elle fait des chevaux. Ce n'est donc pas le sang qui nous a manqué ; c'est autre chose, bien autrement important.

Lorsque nous voyons la France s'empresser d'acheter à tout prix un cheval célèbre d'Angleterre ; un *Cadland,* un *Physician,* un *Gladiator,* etc., parce que les Anglais ont fait des sortes de prodiges avec eux, nous nous représentons un amateur qui, entendant un grand artiste, achète son instrument à tout prix, croyant en tirer le même parti et produire le même effet.

Vous avez eu de fameux chevaux de tête, des *Lottery*, que vous avez tant vanté, des *Physician,* des *Cadland,* des *Raimbow*, etc (1) ; vous avez des *Gla-*

---

doni, *Skirmischer, Slang, Sonnant*, *Terror, Tétotum, Voltaire, Waxy, Whisker, Young-Emilius,* etc., etc.

(1) Lorsqu'on acheta *Physician*, il n'y a pas long-temps encore, jamais, disait-on, nos races n'avaient eu un si noble améliorateur. Il mourut, comme on sait, par accident Ceux qui le prônèrent tant prétendent aujourd'hui qu'il ne fut qu'un

diator, des *Nautilus*, des *Plover*, des *Young-Emilius*, des *Commodore Napier*, des *Mameluck*, des *Bizarre*, etc. : que faisons-nous avec les célébrités du turf? Vous avez eu *Massoud, le roi du jarret*, comme l'a baptisé M. Gayot ; ce fameux étalon qui, d'après cet auteur, *est un des meilleurs chevaux arabes qui soient jamais venus d'Arabie en Europe* (1) : qu'avons-nous fait avec lui pour améliorer nos races? Nous avons eu jusqu'à soixante juments pur-sang de premier ordre au haras du Pin, sans parler de celui de Pompadour : qu'avons-nous obtenu avec ces précieux éléments, que nous avons étudiés sur les lieux? Allez examiner leurs produits dans les dépôts ; de-

---

mauvais étalon, qui n'a donné que de mauvais produits. On n'avait cependant pas économisé l'argent pour l'avoir ; avec celui qu'il coûta on aurait facilement acheté alors trente ou trente-cinq étalons du genre de *Mascara*, sur les côtes d'Afrique, pour nos espèces du centre et du midi. Nous verrons ce que fera son célèbre successeur *Gladiator* pour améliorer nos races. Nous l'avons analysé dans ses détails, et, sans vouloir préjuger à coup sûr, nous avons peu de confiance dans la part qu'il pourra prendre au progrès de notre industrie chevaline. Suivant nous, ce n'est pas là le type qui convient à la France, tant s'en faut ; mais nous nous abstenons de nous prononcer d'une manière absolue Nous suivrons de près cet étalon, et nous verrons plus tard ce qu'il aura fait pour perfectionner nos chevaux légers.

(1) *Études hippologiques*, p. 100.

mandez aux éleveurs du centre et du midi de la France, surtout, ce qu'ils ont obtenu avec eux (1)?

---

(1) Nous avions toujours cru, avant de les connaître comme aujourd'hui, que les haras entretenus par l'état étaient le meilleur moyen de régénérer nos chevaux; nous l'avions même écrit dans le temps, avant d'avoir étudié à fond les faits pratiques au haras du Pin pendant sept ans, et sur les divers points de la France. Cette opinion, raisonnable d'ailleurs, avait été soutenue par beaucoup d'hippologues distingués, si elle fut combattue par d'autres. Nous pensions, avec quelque raison, que l'état seul pouvait avoir le personnel et le matériel nécessaires pour faire des étalons légers propres à régénérer nos espèces abâtardies. Beaucoup de personnes de sens, et bien intentionnées surtout, ont confiance dans l'efficacité de ce moyen, dont elles n'ont pas étudié l'application. Nous en sommes nous-même partisan en théorie; mais la pratique nous a fait modifier cette idée, du moins à notre époque : nous ignorons si, plus tard, d'autres mesures, d'autres moyens d'action, provoqueront d'autres résultats; mais ceux qu'on a obtenus jusqu'ici ont été loin du but désiré. L'administration elle même semble s'en être aperçue, quand elle a réduit le haras de Rosières en simple dépôt d'étalons, et la nombreuse jumenterie du Pin à onze ou douze têtes.

Nous partageons donc sans restriction aujourd'hui l'avis de la chambre des députés, qui ne veut pas, pour le moment, d'élevage par l'état. Nous ne blâmons pas le principe de l'institution des haras, nous le trouvons, au contraire, en harmonie avec une saine théorie; mais la nature de l'application qui en a été faite jusqu'ici nous en fait improuver les conséquences.

On blâma beaucoup la direction générale des haras de 1825

Nous le répétons, notre système d'amélioration est vicieux. Nous ne pouvons absolument rien faire de bon même avec le meilleur type, avec le meilleur sang, auriez-vous *Éclipse*, *Priam*, *Godolphin-Arabian*, etc., etc., et tout l'argent que vous voudrez. Nous l'avons dit ailleurs, il faut autre chose que de l'argent, du sang et du pouvoir, pour perfectionner nos chevaux. Nous ne cesserons de le répéter, c'est le savoir qu'il nous faut d'abord et avant tout; le reste viendra toujours à temps.

L'état devrait employer, sans crainte de faire fausse voie, la moitié de la somme donnée annuellement aux haras, pour répandre la science de l'amélioration des races. Si, sur les quatre-vingt-deux millions dépensés depuis 1806, le vingtième avait été employé pour l'enseignement bien dirigé de l'agriculture, pour

---

quand elle fit vendre les juments de l'état, et réduisit les haras en dépôts; nous avions pensé nous-même, avant d'avoir observé attentivement les faits de près, que l'idée qui avait présidé à cette détermination était malheureuse: nous ne pouvons la blâmer maintenant, si les circonstances de cette époque étaient les mêmes que celles d'aujourd'hui, ce qui est plus que probable; nous l'approuvons, au contraire, convaincu qu'on pouvait faire un emploi infiniment plus judicieux des capitaux employés pour l'entretien des jumenteries, inutiles pour le véritable progrès. S'il y a lieu, nous appuierons, par des faits de détail bien circonstanciés qui nous sont familiers, notre opinion actuelle, et les motifs qui nous l'ont fait adopter.

l'étude du perfectionnement des animaux, croyez-vous que nous tâtonnerions en aveugles comme nous le faisons encore?

Le capital matériel le mieux dépensé en toute occasion, sans exception aucune, est toujours celui qui est employé à augmenter le capital du savoir d'un peuple, comme celui d'un individu : avec lui on fera tout ce qu'on voudra, partout et en tout; sans lui, on ne réussira jamais nulle part en rien.

Les Pyrénées sont le pays de France où on élève le plus de chevaux de cavalerie légère aujourd'hui : c'est aussi celui où l'état a placé le plus d'étalons de pur sang. On en compte cinquante-trois à Tarbes et trente-six à Pau, ce qui fait quatre-vingt-neuf; le tiers environ des chevaux de pur sang de l'administration, placés à dix lieues de distance. Sur ce nombre, il y a seize arabes; les autres soixante-treize sont anglais ou anglo-arabes. Certes, si le sang, comme on l'a compris, améliore si bien, les Pyrénées n'ont plus rien à désirer, jamais elles n'ont été mieux partagées, plus largement dotées. Eh bien! allez étudier leur chevaux, comme nous: vous leur trouverez à tous des traces de sang, des beautés d'un côté, des vices de l'autre. Ils ont tous des caractères de distinction, il ne saurait en être autrement; mais si on a songé à donner de l'âme, de la puissance de vapeur à la machine, on ne s'est pas occupé de la confection de ses rouages. De tous les chevaux que nous avons étudiés, et nous en avons vu beaucoup, nous avons rarement trouvé un type comme nous le comprenons ; tous pèchent surtout par les rouages les plus essentiels, par ceux de la locomotion. Les membres sont manqués ; ils sont allongés et minces, long-jointés ; les tendons sont faibles, les muscles allongés et grêles ; la plupart des jarrets sont tarés ; la poitrine est serrée, le corps trop élevé et trop long en proportion. On voit qu'il doit y avoir de la vitesse, mais qu'il n'y a ni résistance ni puissance ; c'est mathématiquement impossible. Ce sont de jolis chevaux, légers, gracieux, séduisants pour l'œil de l'amateur, bons pour une promenade par un beau temps sur le boulevart, au bois de Boulogne ; ils peuvent encore faire de charmants attelages pour les élégantes et légères voitures qu'on sait si bien faire aujourd'hui. Mais des chevaux de guerre capables de supporter la faim, les fatigues, capables de résister à toutes les misères, au rude travail des hussards ou des chasseurs en campagne ! n'y croyez pas. Ceux qui voient un cheval de guerre dans celui de la plaine de Tarbes, tel qu'on le fait aujourd'hui, l'ont mal compris, ou ne connaissent pas le métier auquel ils le croient bon. Les officiers de cavalerie ne s'y trompent pas ; ils savent bien qu'un colonel qui partirait des Hautes-Pyrénées avec une remonte de six cents chevaux, pour aller faire la guerre en Allemagne, ne passerait pas la frontière avec ses cinq escadrons au complet. Quand il se trouverait sur un champ de bataille avec ce qui lui resterait, ses premières charges seraient d'une grande impétuosité, ce qui est un avantage énorme pour culbuter l'ennemi; mais il n'y reviendrait pas souvent. Sauf quelques montagnards de l'Ariége, et quelques chevaux de premier choix comme conformation, le régiment serait bientôt obligé de se remonter de nouveau.

Consultez les colonels de cavalerie de l'armée : ils vous diront tous qu'ils préfèrent des chevaux plus communs, plus froids, mais bien construits et ayant du fond, aux élégants tarbéens actuels, avec leurs fines jambes, leurs jarrets tarés, et leur tempérament vaporeux. Les habitants du pays eux-mêmes vous assureront qu'ils regrettent leurs anciens chevaux; ils ne connaissaient pas les tares il y a vingt ou vingt-cinq ans : aujourd'hui rien n'est plus commun.

Parmi les régiments de cavalerie légère que nous avons observés, nous en signalerons deux surtout. dont il est inutile de spécifier l'arme et le numéro. L'un était à Tours: il avait des chevaux assez bien étoffés, mais froids; l'autre était à Carcassonne et à Perpignan: il avait beaucoup de chevaux pyrénéens. Si ces deux régiments faisaient campagne ensemble, avec la même quantité d'hommes montés et soumis aux mêmes conditions de travail et de traitement, nous avons la certitude qu'ils prouveraient la vérité de notre opinion sur les qualités des chevaux de guerre. On observa, il y a deux ans à peine, un régiment de lanciers et un régiment de chasseurs au camp de Bordeaux : le premier était monté avec des tarbéens, jolis et séduisants, pleins de feu et de bonne volonté au commencement des travaux ; les chevaux des chasseurs étaient plus froids, moins distingués ; ils avaient moins de noblesse de sang, mais ils étaient mieux construits en force. Ceux-ci résistèrent le mieux aux manœuvres, tandis que les lanciers firent des pertes énormes, qu'on attribua aux eaux, aux conditions de lieu, à tout ce qu'on voulut, peu importe ; les chasseurs furent soumis aux mêmes inconvénients, et furent plus heureux.

L'armée a perdu, depuis quelques années surtout, une énorme quantité de chevaux de la morve. On en a cherché la cause dans les écuries, dans les procédés hygiéniques, dans la nature des garnisons, dans celle des fourrages ; on l'a cherchée partout, et on la cherche encore. Nous la trouvons, nous, dans la nature des chevaux. Expliquons-nous.

Les chevaux de troupe issus du sang anglais ne sont pas du premier choix. L'état ne peut pas payer en moyenne 1,500 à 2,000 fr. par tête de cheval, pour remonter sa cavalerie ; il est donc obligé de descendre aux prix de cinq à six cents francs pour sa cavalerie légère. Eh bien ! à ce taux, il ne peut avoir que les sujets de deuxième et troisième ordre comme conformation : pour nous, ce sont des produits manqués. Or, comme ces animaux, qui ont autant de sang que ceux d'un prix plus élevé, mais bien conformés, sont tout aussi irritables, aussi énergiques, aussi ardents, leur machine, leurs rouages ne peuvent résister long-temps aux travaux des manœuvres.

Les poumons souffrent, s'irritent peu à peu, soit par des arrêts de transpiration dans les haltes, soit par une fatigue au dessus de leur force; de là des affections lentes de poitrine, des morves, des farcins. S'ils avaient été mieux conformés, quoique plus communs, plus froids, sans pour cela manquer de fonds et d'énergie, ils auraient pu résister long-temps.

Si l'on veut s'assurer de la vérité de ce que nous avançons, on peut aller dans les infirmeries des régiments étudier les conformations des chevaux farcineux ou morveux, ou atteints de vieilles maladies de poitrine : on leur trouvera un tempérament nerveux, irritable; ils auront la poitrine étroite, le flanc long et levretté, les membres allongés et grêles; du reste, les traces de sang, les marques de distinction n'y manqueront pas. Après cet examen, allez dans les escadrons, et faites-vous montrer ces vieux serviteurs qui sont dans les régiments depuis dix, quinze ans et plus, ayant toujours bon appétit, toujours prêts pour les manœuvres, comme pour les escortes, pour tous les services; vous leur trouverez toujours le modèle suivant : poitrine forte, côte arrondie, dos, reins, flancs et membres courts et bien musclés, corps trapu et près de terre. Ces vieux troupiers n'ont pas la vitesse des coursiers de l'hippodrome; certes, ils ne brilleraient pas comme eux sur le turf, ni dans le Stud-book, par la noblesse de leur généalogie, souvent inconnue; mais ils se portent toujours bien, ils durent vingt ans au régiment; ils passent la frontière quand il le faut, et rentrent dans la garnison après la campagne, ce qui vaut mieux que des titres de noblesse de sang, sans autres qualités pour la guerre.

Que les officiers se souviennent de la conformation des chevaux de troupe qui, ramenés des guerres d'Allemagne ou de Moscou, sont encore restés long-temps au régiment pendant la restauration ; ils verront qu'ils ont dû avoir la conformation que nous avons indiquée. Les modèles taillés comme celui des élégants fashionables dont nous avons parlé n'ont jamais résisté, c'est impossible ; ils ne vieillissent jamais dans l'armée, leur temps de service y est toujours très court.

Une des premières qualités du cheval de troupe, c'est d'être froid, et de ne pas dépenser à propos de rien, en fanfaronnades, le fonds qui lui reste pour une meilleure occasion. S'il faut qu'il ait le plus de sang possible, il doit être calme, peu irritable, et toujours dispos. Il faut que le cavalier le retrouve quand il en a besoin ; sans cela, c'est un mauvais type de guerre, ce n'est qu'un cheval de parade.

On a cherché à tourner en ridicule ceux qui ont dit que le cheval de guerre devait être un modèle à part. Mais à l'époque où nous vivons, rien n'est plus judicieux que cette opinion pour les hommes du métier qui ont un peu d'esprit d'observation. Le goût du jour veut la vitesse et l'élégance pour le luxe, la mode, pour les promenades, pour les calèches légères. Certes, ces brillantes qualités ne nuiraient pas au cheval de régiment ; un colonel qui aurait son corps d'officiers, de sous-officiers et ses soldats, bien dressés et bons cavaliers, serait sûr d'avoir des succès devant l'ennemi; mais il faudrait alors élever le prix de la remonte à deux, trois et quatre mille francs, ce que les chambres n'accorderont jamais. Le cheval de troupe se passe très bien d'élégance, de brillant, et même de la grande vitesse que veut la mode actuelle; mais il lui faut du fonds, de la rusticité, de la sobriété, de la résistance à tous les services: ce sont là les premières qualités; s'il ne les réunit pas, c'est un très mauvais cheval d'escadron, quelque brillant qu'il soit. Le cheval de troupe est donc bien différent de celui de luxe.

Mais, nous dira-t-on, les chevaux refusés par le luxe seront bons pour l'armée. Nous soutenons que c'est une erreur matérielle. Les refus du luxe sont des chevaux de sang manqués, des ficelles de boulevarts, des animaux sans poitrine, sans reins, sans flancs, sans membres, sans le fonds indispensable aux chevaux de guerre; ce sont des sujets trop ardents, trop nerveux, trop irritables; des locomotives dont les engrenages, les rouages, les leviers, ne peuvent résister à la puissance de l'âme, de la vapeur; ce sont des chevaux à feu de paille, sans ressources pour la campagne. Ils exigent d'ailleurs beaucoup trop de ménagements : or, dites à un soldat de ménager son cheval en face de l'ennemi, quand son métier ne le permet pas! Le cheval de cavalerie doit être un cheval rustique avant tout; il doit avoir la conformation que nous avons indiquée, un tempérament à toute épreuve. Or le luxe repousse ces sortes de types, qui ne paient pas de mine, comme on dit; ils ne sont pas assez élégants, assez sémillants, et ce sont justement ceux-là que l'armée doit rechercher. Avec ses prix de remonte, elle ne peut pas aller au delà. Il lui faut avant tout l'utile; l'agréable, le fashionable, coûtent trop cher pour ce qu'ils valent pour l'usage du soldat.

On plaisanta beaucoup un agronome de sens qui avait dit que les chevaux percherons pourraient remonter la cavalerie. Certes, nous sommes loin de regarder le percheron comme type de selle; s'il a une spécialité, ce n'est pas celle-là : il n'a pas le corps disposé pour se prêter aux exigences diverses du cavalier, pour obéir avec facilité aux indications des aides. Nous préférerions donc, si nous l'avions, un cheval avec plus de branche, plus de souplesse, plus propre à la selle, en un mot. Mais aujourd'hui, si, colonel d'un régiment, on nous laissait le choix des races pour nous remonter et faire campagne, nous préférerions les percherons légers aux chevaux de sang manqués qui composent nos espèces de selle, malgré les railleries des plaisants. Nous serions moins brillants dans une parade, c'est vrai; mais nous serions plus nombreux et plus solides au feu : c'est là la première condition. D'un autre côté, nous aurions des chevaux de même espèce, de même coupe, de même tempérament; les mêmes soins conviendraient à tous; s'ils avaient mêmes inconvénients, ils auraient mêmes avantages; il y aurait au moins de l'harmonie dans les modèles, dans les locomotives et leurs allures, il y aurait de l'union dans les mêmes groupes; nous partirions et arriverions ensemble, ce qui est un avantage énorme: à la guerre, mieux que partout ailleurs, l'union fait la force, qui est-ce qui en doutera?

Nos chevaux légers actuels, nos produits de sang gâté(1), ont chacun une conformation à part; ils ont une condition, une disposition d'être qui varie dans chaque individu, suivant qu'il est issu d'un anglo-normand, d'un anglo-limousin, etc., ou d'un pur-sang manqué lui-même. Certes, nous en avons assez en France, Dieu merci! Il s'ensuit que chaque cheval aurait besoin d'une hygiène particulière, d'un régime à part, d'un traitement comme d'un service différent. Rien n'est plus désavantageux pour un régiment que d'avoir dans ses escadrons des chevaux de tout tempérament, de toute conformation, de toute origine. Nos anciennes races, du moins, n'offraient pas cet inconvénient: un régiment remonté en Navarre, en Li–

(1) Buffon avait donné le nom de chiens des rues à ceux qui n'avaient pas de type, de race distincte. S'il vivait aujourd'hui, il trouverait que nos chevaux légers sont devenus chevaux des rues.

mousin, en Auvergne ou ailleurs, avait de l'uniformité; les mêmes moyens hygiéniques convenaient à tous, puisque tous sortaient des mêmes conditions d'élevage, de climat, etc., etc. Cet avantage est immense pour l'hygiène générale d'un corps de cavalerie, comme pour ses travaux. Des escadrons composés d'individus de races différentes ne peuvent jamais avoir beaucoup d'ensemble; un cheval trop ardent, à côté d'un autre qui l'est moins, se fatigue et se ruine en pure perte, parce qu'on le force à conserver les alignements dans les manœuvres. Si vous exigez pour un attelage deux chevaux de même vitesse, de même tempérament, de même nature enfin, pour que leur usure, leur durée soit uniforme, n'est-ce pas à peu près la même chose pour les chevaux de troupe?

Nous avons dit que les Pyrénées étaient le point de France pour lequel l'état avait fait le plus de frais de sang pour améliorer ses chevaux, d'ailleurs très nombreux. Nous allons rapporter un fait qui nous donnera la mesure des améliorations produites; nous espérons d'ailleurs que nul ne contestera le jugement de l'autorité que nous rappelons, en matière hippique et en chevaux de troupe.

Monseigneur le duc de Nemours visita le dépôt des remontes de Tarbes il n'y a pas bien long-temps encore; après avoir examiné les chevaux, il n'en fut pas satisfait, et il le manifesta. Les journaux de l'époque signalèrent ce fait; quelques uns même (et ce n'étaient pas les plus forts sur la question à coup sûr) trouvèrent le jugement du prince un peu sévère. Le prince vit les effets tels qu'ils étaient, dignes de leur cause. Il les apprécia comme ils doivent l'être. Ce qu'il vit à Tarbes, il le verra à Auch, à Agen, à Aurillac, à Guéret, et partout où le sang des hippodromes d'aujourd'hui est chargé de féconder les rustiques juments des cultivateurs sans capitaux, celles des pays *dont on n'a pas préparé à l'avance le sol pour recevoir la précieuse semence.* N'aurait-on pas dû le prévoir?

Voilà ce que le prince a vu, ce qu'il verra malheureusement long-temps encore avec le système suivi. Pour combattre avec un succès assuré ce triste état de notre production du cheval léger, il n'y a qu'un seul moyen, c'est l'instruction. Il faut qu'un vaste plan d'enseignement agricole projeté par M. le ministre de l'agriculture soit exécuté sur tous les points du royaume; il faut que l'état veille à ce que les sciences qui peuvent éclairer la nation sur le perfectionnement des animaux soient répandues dans les provinces. Sans ce moyen, on dépenserait tous les capitaux du budget qu'on ne serait pas plus avancé.

Celui qui ne voit le perfectionnement d'une race que dans le sang d'un ou plusieurs individus, sans s'occuper de la direction qu'il recevra, des mains qui seront chargées de les mouler, n'a pas pris la question d'un point de vue assez élevé; il est trop au dessous d'elle. S'il faut des matériaux pour construire, il faut le savoir pour bien les employer; sans lui vous les gâcherez, vous ferez d'une perle précieuse un bijou sans valeur. Pour réussir comme les Anglais, il faut apprendre comme eux. Et qu'on ne nous parle pas de pratique et d'expérience, etc., etc.: l'une et l'autre ne sont qu'un empirisme dérisoire, une routine aveugle, à la discrétion du hasard, si elles ne sont pas basées sur des principes raisonnés. L'amélioration d'une race n'est que l'application combinée et plus ou moins directe des sciences naturelles et agricoles; or, comment les appliquer quand on ne se doute même pas de leurs plus simples éléments!

V.

DE LA MARCHE A SUIVRE POUR PERFECTIONNER LES RACES.

Dans son remarquable ouvrage sur l'amélioration des chevaux en France, M. le duc de Guiche, aujourd'hui duc de Grammont, disait en 1829 : « L'administration des haras et l'amélioration des chevaux en France ont donné lieu à un grand nombre d'écrits et de projets; néanmoins aucun des auteurs qui ont traité ce sujet ne nous paraît l'avoir considéré sous son véritable point de vue.

» Les uns, en effet, après avoir jeté un coup d'œil rapide *sur la dégénérescence progressive de nos chevaux et sur l'abâtardissement des races qui distin-*

guaient autrefois les produits de nos différentes provinces, se contentent d'indiquer la nécessité où on se trouve de recourir à des chevaux de *pur sang* pour améliorer l'espèce. Ils proposent la création de quelques haras, pourvus d'un certain nombre d'étalons ; et, entrant dans l'évaluation des dépenses qu'occasionnerait l'entretien de ces établissements, ils se bornent à affirmer que, si le projet qu'ils présentent était mis à exécution, l'espèce de nos chevaux serait bientôt régénérée.

» D'autres, et c'est le plus grand nombre, après quelques considérations générales sur la nécessité d'encourager les éleveurs de chevaux, entrent dans des détails relatifs au choix des étalons, à la monte des juments, et à l'éducation des jeunes poulains. Mais ces aperçus sont loin d'être suffisants, et pour parvenir à connaître tout ce qu'on peut attendre d'une sage administration dans cette branche importante de notre industrie agricole, il faut s'élever à des considérations plus générales et examiner la question sous toutes les faces . . . .

. . . . Favorisée des plus heureux dons de la nature, la France possède dans son sein tous les éléments de ce genre de prospérité ; il ne s'agit que d'en féconder les germes et d'en accélérer le développement. Le climat, le sol, l'abondance et l'excellente qualité des fourrages, sont un gage certain de succès ; mais il faut que l'impulsion soit donnée par une volonté ferme et imposante, qui, sagement dirigée vers le but principal, ne se laisse ni entraîner par le désir d'y arriver trop rapidement, ni arrêter par les obstacles qu'elle aura à surmonter. Il faut qu'aidée des lumières de l'expérience et des règles d'une saine théorie, cette puissance marche d'un pas mesuré dans la carrière des améliorations, et ce n'est que de son heureuse influence que l'industrie peut attendre le grand bienfait de la régénération de nos chevaux (1). »

Il y a bientôt vingt ans que l'honorable duc publiait ce travail. Il paraît qu'alors les étalons de l'état manquaient de distinction, et il plaida en hippologue habile en faveur du principe des courses et du pur-sang (2), le seul, nous l'avons dit, qui puisse nous

---

(1) *De l'amélioration des chevaux en France*, p. 7 et suiv.

(2) « Jusqu'à présent l'administration des haras et presque tous les propriétaires d'étalons paraissent, il faut le dire, avoir méconnu ce principe (du pur sang), et avoir cru qu'il suffisait de se procurer des sujets distingués par des formes régulières, à quelque race d'ailleurs qu'ils appartinssent. Aussi voit-on dans les établissements de l'état et chez les particuliers des étalons provenant de croisements qu'il est souvent bien difficile de caractériser. *De là naît un mélange, une confusion des races qui est la principale cause de la dégénérescence des chevaux.*

» *La manière dont sont composés les haras et les dépôts d'étalons appartenant au gouvernement ne justifie que trop les plaintes qui se sont élevées plusieurs fois sur leur insuffisance.* A peine l'état a-t-il la centième partie du nombre d'étalons de

conduire à une bonne solution; mais l'auteur du traité sur l'amélioration des chevaux en France ne se doutait pas, au moment où il écrivait, des conséquences malheureuses où sa fausse application nous a conduits. Quel est l'homme de bonne foi, et ami de son pays, qui aurait pu le prévoir ?

Du reste, quand M. de Grammont présida, il n'y a pas bien long-temps, le comice hippique qui se plaignait au pays et aux chambres de la dégradation toujours croissante de nos races; quand cette Société publia que les courses étaient devenues *une spéculation pour les uns, une occasion de ruine pour les autres, pour tous un jeu,* ne prouvait-elle pas à tout homme de bonne foi que, si la théorie des courses et l'emploi du pur-sang sont vrais en principe, ils ont été faux en fait? L'expérience devait donc faire justice de son application actuelle, du triste procédé qui a ruiné nos espèces légères.

L'honorable duc, toujours guidé par sa rectitude d'esprit et son dévouement au pays, avait développé un vaste plan d'organisation générale d'amélioration de nos races de chevaux légers, qu'il classait dans la

---

race qu'il devrait avoir; encore même plusieurs d'entre eux ont-ils été achetés sans essai, et seulement à cause de la beauté de leurs formes. »

(*Nouvelles observations sur l'amélioration des races de chevaux en France*, p. 10 et 14.)

même catégorie (1). Il voulait que l'état fondât douze haras, et que la France eût de 6,667 à 7000 étalons de pur sang, et 3,333 étalons de gros trait, pour constituer un effectif de 10,000 producteurs types au moins (2).

Mais l'auteur que nous citons avait parfaitement compris que le savoir devait présider à toutes les opérations qu'il proposait; il s'était aperçu que la France ne le possédait pas encore, quand il disait :

« ... Enfin, la topographie de chaque département, sa température, sa division en terres labourables, en prairies et en bois, le genre de culture qui y est adopté, la quantité et l'espèce de fourrages qui y sont récoltés; tous ces renseignements, disons-nous, auraient rendu facile une amélioration dont personne ne conteste l'utilité.

» On eût pu, à l'aide de ces documents, assigner à chaque localité l'espèce de chevaux que les propriétaires auraient le plus d'intérêt à élever, *car il ne faut pas oublier que le seul moyen d'obtenir des résultats satisfaisants et durables est d'éclairer les producteurs* et de leur démontrer tous les avantages qu'ils doivent trouver dans un meilleur choix de juments et

(1) M. de Grammont n'admettait que deux espèces de chevaux en France, ceux de selle et ceux de trait. (*De l'amélioration des chevaux*, p. 15.)

(2) *Loc. cit*, p. 20.

d'étalons, et dans le perfectionnement des soins à donner à leurs élèves.

» *Privé des ressources que nous aurait offertes la connaissance de ces faits*, nous avons dû nous borner à quelques indications générales, qui, indépendantes de telle ou telle circonstance particulière, trouveront toujours leur place dans un traité plus complet sur cette matière (1). »

Ainsi, on voit que M. de Grammont était convaincu que la science spéciale des haras manquait à la France, à l'administration. *Privé des ressources que lui auraient offertes* les conditions de savoir dont il signale le déficit pour faire son ouvrage comme il le comprenait, il n'ignorait pas, comme il le dit lui-même, que « les observations des naturalistes et l'expérience démontrent évidemment que les espèces de chevaux varient suivant le terrain, le climat auquel ils appartiennent, et les lieux où ils sont élevés (2). »

Rien n'est plus judicieux, plus juste que cette opinion de M. de Grammont : chaque pays comporte son climat, ses habitudes, son genre d'industrie, son agriculture, riche ou pauvre, ses ressources morales et physiques, toutes les conditions enfin qui guident l'homme de savoir dans ses opérations d'ensemble ou

---

(1) *De l'amélioration des chevaux*, p. 12.

(2) Ouvrage cité, p. 21.

de détail. La nature a ses lois, toujours uniformes, immuables ; leur action est incessante, rigoureuse comme la marche des éléments qui la subissent : ceux qui n'en tiennent pas compte en amélioration des races, ceux qui prétendent que l'on peut faire partout les mêmes individus par les mêmes moyens, manquent d'esprit d'observation ou de jugement, ou n'ont pas étudié le principe qui régit la marche de la création ; ils erreront toujours en aveugles. Si des intelligences supérieures luttent avec un certain avantage passager, par des procédés factices que la science enseigne, ce ne sont que des exceptions favorisées par la fortune, et les moyens dispendieux dont elle peut disposer sans préjudice. Mais les privilégiés sont rares en France parmi nos cultivateurs, et ces exemples exceptionnels ne sauraient servir de guides assurés ; ils ne sont, au contraire, qu'une déception, dont l'éleveur doit toujours se défier, quelque séduisant que soit le moyen employé pour le persuader. Une guerre déclarée à la nature, une lutte perpétuelle contre la force de son influence est trop inégale ; elle ne peut durer qu'à force de méditations, de soins persévérants et soutenus, et de sacrifices d'argent. Ce serait folie de les continuer, quand on peut parfaitement s'entendre avec elle, et réussir suivant ses vues comme suivant les nôtres, en dirigeant convenablement ses opérations dans le sens de nos intérêts bien entendus.

Le plan d'amélioration proposé par M. de Grammont était large et bien conçu ; c'était un sujet vu de haut et traité en maître. Il n'y manquait qu'un point essentiel, que l'auteur avait lui-même compris, c'étaient les moyens moraux d'exécution : il avait construit la lanterne, il ne fallait plus que la lumière pour éclairer la marche tracée; mais malheureusement la masse des éleveurs français ne l'avait pas. Si le gouvernement avait fondé douze haras, et acheté 7,000 étalons de pur sang, nous aurions dépensé 40 ou 50 millions de plus à ajouter aux 82 millions déjà employés depuis 1806 sans être plus avancés. Nous ne comptons pas les sommes énormes votées annuellement pour le perfectionnement des chevaux légers par les conseils généraux des départements. La raison en est bien simple : tout l'argent de l'univers ne moulera pas un seul cheval suivant tel modèle exigé, s'il n'y a pas un artiste pour en diriger la confection. Tout est là en fait d'amélioration des races d'animaux, et non dans les coffres de l'état, ni dans le budget de ses dépenses.

Avant de terminer ce que nous avons à dire sur l'intéressant travail de M. de Grammont, nous devons formuler notre opinion sur celle qu'il a émise au sujet du sang anglais et du sang arabe. Il donne la préférence au premier pour améliorer nos races, et on a pu voir que nous ne sommes pas de son avis. Il disait : « Plusieurs auteurs pensent qu'il est indispensable de revenir au sang arabe, et que la race anglaise elle-même finirait par dégénérer si l'on ne remontait pas au cheval primitif. Cette considération (quoique l'opinion qui l'a fait naître ne soit pas unanime), jointe à la nécessité de proportionner les étalons à la taille et à la conformation des juments qu'ils auront à saillir dans quelques localités, nous fait penser qu'il faudrait avoir à la fois des haras de race anglaise et de race arabe; non pas que nous croyions devoir les mettre sur la même ligne : *nous pensons, au contraire, d'après les motifs que nous avons donnés, que l'étalon de pur sang anglais est préférable, et qu'il est à peu près le seul qu'on doive employer dans les croisements;* mais il nous paraîtrait utile d'établir chez nous, à l'exemple des Anglais, une race de pur-sang français résultant de l'accouplement de juments et d'étalons arabes, et de leurs produits sans mélange de sang.

» On ne saurait douter que l'influence du sol, du climat et de la nourriture, ne dût apporter successivement dans cette race de grandes améliorations analogues à celles qu'on a obtenues en Angleterre (1). »

Nous comprenons comme M. de Grammont la création d'un sang français par le sang arabe conservé pur; mais il faut d'abord apprendre à le faire. Nous concevons aussi sa prédilection pour les étalons anglais, qu'il voudrait voir *être à peu près les seuls employés pour les croisements*. L'honorable duc administra pen-

(1) *De l'amélioration des chevaux*, p. 32 et suiv.

dant huit ans les haras de Meudon et de Saint-Cloud avant 1830. Le sang anglais avait parfaitement réussi entre ses mains. Cela s'explique; il avait le savoir et l'argent; il avait à sa disposition tous les éléments d'un succès assuré : il ne pouvait donc pas échouer avec le sang anglais. Quand on a fait à Meudon des *Sylvio*, père de *Frétillon*, des *Vittoria*, mère de *Nautilus*, et d'autres producteurs de cette trempe; il est impossible de ne pas prôner le sang anglais pour croiser nos races.

Mais si M. de Grammont, quittant Meudon et Saint-Cloud, avait étudié sur les lieux les moyens d'action du pauvre petit cultivateur de l'Auvergne, du Limousin, des Pyrénées, etc.; s'il avait examiné comme nous les pâturages de ces pays pendant les mauvaises saisons surtout, les étables, les communaux des villages, où les poulains sont souvent abandonnés; s'il avait observé l'espèce des juments et ce qu'elles peuvent produire, il eût été convaincu que les éleveurs qui font les *Vesta*, les *Louise*, les *Chevrette*, les *Piloss*, les *Jocko*, etc., etc., sont de très rares exceptions; nous lui connaissons trop de jugement, trop d'esprit d'observation, pour n'avoir pas modifié son opinion et être descendu au niveau de la nôtre. Il aurait dit, comme nous : *Le pur sang anglais, tel qu'on l'a fait aujourd'hui surtout, pour le jeu, les hasards de l'hippodrome, empoisonnera nos races légères du centre et du midi. Il est impossible que les petits cultivateurs de ces contrées, qui forment la masse des éleveurs, puissent faire germer et conduire à bonne fin la précieuse semence. Récoltée dans des serres chaudes admirablement disposées pour les plaisirs de ceux qui peuvent procurer, elle réussira mal dans les champs qui ne sont pas préparés pour la recevoir.*

M. le lieutenant-général comte de Girardin a proposé un autre moyen simple, et qui nous paraîtrait d'une application plus immédiate. Il veut que les routes soient améliorées et que le roulage change ses charrettes à deux roues contre des chariots à quatre, à l'imitation de l'Allemagne. Suivant cet auteur judicieux, les chevaux légers, propres à l'arme de la cavalerie de ligne et au cabriolet, remplaceraient le gros cheval de trait, qui ne peut marcher qu'au pas. Les relations pourraient être plus accélérées, et la France trouverait par ce moyen toute la quantité de chevaux qu'elle n'a pas, en cas de guerre inattendue. Nous aurions ainsi un plus grand nombre de chevaux légers; mais seraient-ils meilleurs avec le système de perfectionnement suivi? Cela n'est pas probable. L'observation des faits a démontré que la France manque moins par la quantité que par la qualité de ses chevaux.

Lorsque de petits cultivateurs reçoivent pour étalons, pour modèles à imiter, des chevaux du genre des *Royal-oak*, des *Sylvio*, etc., il nous semble voir un pauvre diable de barbouilleur d'enseignes de village engagé à faire des tableaux comme ceux des grands maîtres. Il a aussi des pinceaux, des couleurs, des toiles, etc.; mais, si on le persuade qu'il peut faire comme les Raphaël, les David, etc., sans études, dont il ne se doute même pas, il ira mourir à l'hôpital, à coup sûr.

Instruisons donc ces gens-là, nous le devons avant de les lancer dans une voie qui leur est inconnue; ils ont autant d'intelligence que d'autres. Nous leur donnerons ensuite ce que nous voudrons à faire, et ils le feront.

Pour améliorer nos races, il faut donc procéder bien différemment qu'on ne l'a fait. Or voici les moyens que nous emploierions si nous étions chargé de diriger cette importante opération.

Nous commencerions d'abord par ne pas proposer de plan d'organisation de haras, comme l'ont fait jusqu'ici tous les auteurs qui ont écrit sur la matière. Suivant notre principe, nous chercherions, avant tout, à répandre la véritable science des animaux. Nous mettrions ainsi les bœufs avant la charrue: c'est le seul moyen de labourer. Nous veillerions donc à ce que les cours professés, dans les écoles d'agriculture et d'économie rurale vétérinaire, sur l'amélioration du bétail, et notamment du cheval, fussent bien compris et bien dirigés. Nous organiserions l'Ecole spéciale des haras de manière à ce que ses études fussent fortes sur toutes les sciences naturelles, indispensables pour faire de bons employés de l'administration; ils nous éclaireraient plus tard avec succès sur toutes les branches qui se rattachent à l'industrie chevaline en France, comme ailleurs. Cette grande question est extrêmement compliquée, parce que, nous l'avons dit, le cheval est de tous les produits du sol le plus difficile à bien faire suivant les exigences variées des besoins et des époques. On a compris que les élèves de l'Ecole polytechnique doivent être très forts en sciences mathématiques, chimiques et physiques, pour être bons ingénieurs, bons officiers d'artillerie, etc., etc. Eh bien ! ceux qui sont chargés de diriger le perfectionnement des races des machines animales sont aussi des ingénieurs d'un autre ordre qui n'est pas moins exigeant, moins difficile : ils doivent donc être aussi très forts en sciences naturelles, pour en faire une judicieuse application, si on veut véritablement progresser.

Quoique directeur de l'Ecole des haras, nous ne dirons pas que tout y est pour le mieux ; au contraire : nous trouvons que notre enseignement est insuffisant, malgré les louables efforts de l'administration et la sollicitude particulière de M. le ministre pour le rendre le meilleur possible. Le Pin manque des éléments matériels les plus indispensables au but à atteindre. Depuis bientôt sept ans, nous n'avons vu qu'une seule espèce de cheval français à l'école, le normand, et quelques types anglais du même ordre. Nous n'avons eu qu'un seul cheval arabe, que nous devons au discernement du roi (1). Point ou peu de

(1) Le roi a mieux compris la question de l'amélioration des races de nos chevaux légers. Il fait faire des expériences,

tares à démontrer; point de races diverses pour les comparer entre elles, suivant leurs conformations différentes. Cependant elles seraient indispensables pour former, par des études pratiques, comparatives, le jugement des élèves sur les avantages ou les inconvénients des uns ou des autres.

Du reste, nous convenons qu'il est impossible que M. le ministre puisse procurer à un établissement isolé le matériel qui lui est indispensable. On ne peut l'avoir que dans les grands centres où l'état fait les collections de tous les objets nécessaires aux études générales de la nature. Voici le moyen que nous mettrions en pratique pour réussir à coup sûr, si notre avis pouvait servir à quelque chose.

Nous choisirions chaque année les sujets les plus distingués des écoles d'agriculture ou d'économie rurale de tous les points de la France, quand ils y auraient terminé leurs études. Nous ouvririons ensuite un concours spécial pour décider de leur admis-

---

au haras de Villeneuve à Saint-Cloud, avec trois étalons arabes. Nos amis, qui en ont vu les produits, nous ont assuré qu'ils sont plus beaux que ceux de sang anglais, ce qui ne nous étonne pas. On assure que Sa Majesté veut faire établir une succursale à la ménagerie de Versailles pour donner plus d'étendue à son haras. Nous sommes convaincu que cet exemple ne sera pas perdu pour le perfectionnement de nos races, et que le sang arabe prouvera sa supériorité sur le sang anglais que nous faisons aujourd'hui.

sion à l'Ecole des haras ; le jury d'examen serait composé de savants naturalistes et d'agronomes instruits, pour juger de leur savoir et de leur capacité. Une fois admis, ils appartiendraient à l'administration, et une solde de douze à quatorze cents francs leur serait affectée. Cinq ou six élèves du premier choix suffiraient tous les ans, ce qui ne ferait pas une grande dépense, comme on peut le voir. Nous leur ferions faire un stage à Paris, pendant deux ans, pour y suivre les leçons des grands maîtres du Muséum d'histoire naturelle, et étudier spécialement le cheval. Les marchés de la capitale, les écoles d'entraînement qui l'avoisinent, les manéges, les enseignements de tout ordre offrent d'immenses ressources, que Paris seul possède pour le but que nous nous proposerions.

Après ces études, que nous ferions surveiller ou que nous surveillerions nous-même avec attention, une nouvelle commission d'examen classerait les élèves, par rang de mérite, dans les établissements de l'état ; ceux qui n'auraient pas travaillé seraient révoqués. Une fois placés dans les haras tels qu'ils sont encore aujourd'hui, nous exigerions des travaux semestriels sur toutes les branches de la production chevaline ; nous ne donnerions l'avancement qu'au concours, à l'appréciation du talent et du mérite éprouvé.

Du reste, nous ne produisons pas ici tous les détails que comporterait notre idée ; nous n'en donnons qu'un léger aperçu. S'il le fallait, il nous serait facile de développer toutes les considérations indispensables à un projet de ce genre, aussi économique d'ailleurs, aussi simple dans son exécution, qu'avantageux dans ses conséquences. On peut en juger par les résultats obtenus, à la suite des fortes études faites pour chaque spécialité, aux écoles polytechnique, normale, de médecine, des ponts et chaussées, des mines, aux écoles militaires, etc.

En attendant les effets de l'instruction que nous signalons, nous exigerions des employés actuels de l'administration des travaux sur la science pratique de l'industrie chevaline, des statistiques raisonnées, des documents de tout ordre, que nous répandrions par la publicité : c'est là un point capital. Ils prouveraient que l'administration des haras a dans son sein des hommes distingués qui ont le talent de se rendre véritablement utiles au pays. Ces travaux seraient lus, discutés, commentés ; de ces commentaires jailliraient les lumières, la vérité, dont la France a tant besoin en matière hippique ; l'opinion publique se formerait aux bonnes leçons qu'elle recevrait.

Cependant, en nous occupant ainsi des conditions scientifiques de la production chevaline, nous ne négligerions pas d'opérer quelques réformes jugées indispensables dans le matériel, dans les reproducteurs, qui ne remplissent pas le but proposé. Nous ferions étudier avec soin les différentes contrées de la France où se trouvent nos dépôts d'étalons; nous consulterions les sociétés d'agriculture, les hommes spéciaux qui les composent, sur les effets qu'ils ont produits. Nous ferions surtout examiner avec attention l'état de l'agriculture, le genre d'industrie, la nature des mœurs, les besoins, les ressources morales et physiques des agriculteurs éleveurs. Nous recommanderions de s'attacher à voir si les races des juments poulinières conviennent, dans chaque pays, au sang, à la nature des chevaux employés pour leur croisement ou leur accouplement; nous ferions réformer impitoyablement tout étalon qui serait impropre à une véritable amélioration.

En fait de chevaux légers, il y a beaucoup plus de mauvais producteurs qu'on ne croit en France; nous pouvons l'affirmer d'après des observations consciencieuses faites sur les lieux. Nous nous sommes attaché à étudier d'une manière toute spéciale cette question partout où nous avons voyagé à cet effet, et surtout depuis que nous servons dans l'administration des haras; nous pouvons assurer qu'il y a là de larges et profondes réformes à opérer dans l'intérêt de l'agriculture comme dans celui de l'administration et de son budget. Nous trouverions facilement dans ce moyen, sagement employé, des économies pour répandre les sciences qui feraient bientôt juger si nos opinions sont erronées, si nos procédés sont judicieusement applicables et conformes aux besoins, à une bonne pratique.

Il est encore un autre point très important que

nous ferions étudier avec soin : c'est l'encouragement de l'industrie privée par des primes aux étalons. Nous connaissons plusieurs pays où l'état trouverait dans ce moyen des ressources énormes, et de grandes économies à faire. Après avoir examiné d'une manière toute particulière la Normandie, nous sommes convaincu qu'elle se suffirait en étalons, de demi-sang surtout, sans l'intervention de l'état; il n'y a qu'à lui appliquer un système de primes bien conçu. Nous connaissons des propriétaires, que nous pourrions citer, qui ont des dépôts d'étalons aussi bien choisis, aussi bien tenus que ceux de l'administration. On trouverait un grand nombre d'éleveurs qui en feraient autant, s'ils étaient encouragés et bien dirigés. Ce procédé offrirait au gouvernement 1° l'avantage de ne pas débourser des capitaux pour les achats annuels des étalons, 2° de ne pas s'exposer aux pertes, aux non-valeurs du matériel, dont le renouvellement nécessite de si grandes dépenses ; le personnel pourrait être lui-même diminué. Il serait facile de porter sur d'autres points plus nécessiteux, et qui ne peuvent pas faire comme la Normandie, des ressources indispensables à leur prospérité.

Nous aurions bien encore d'autres moyens à mentionner ; mais nous finirions par sortir du plan que nous nous proposons, et par développer des théories que l'administration comprend infiniment mieux que nous.

Du reste, en traçant au galop ces quelques lignes,

nous ne faisons que rappeler le principe que M. le ministre de l'agriculture et du commerce a adopté depuis long-temps déjà. Dernièrement encore il l'affirmait dans son discours à la séance annuelle de la Société centrale d'agriculture, son projet de fonder partout des enseignements théoriques et pratiques d'agriculture recevra bientôt son exécution. Si ce vaste plan d'enseignement est mis en pratique par M. Cunin-Gridaine, nous pourrons dire que jamais ministre n'aura fait plus que lui dans le but de favoriser les intérêts de la production du territoire. Ils sont d'ailleurs trop graves pour continuer à être négligés.

Nous avons dit, en parlant des succès obtenus en amélioration de l'espèce ovine, que nous reviendrions sur le principe de l'instruction que nous soutenons : sans lui, il ne peut y avoir de progrès possible en administration des haras. Comme d'habitude, nous appuierons par des faits nos théories, qui ne sont que l'expression d'une pratique étudiée avec conscience. Nous allons rappeler succinctement ce que fit l'administration quand elle songea judicieusement à l'amélioration de nos laines, la seule production animale qui ait bien répondu aux dépenses faites par l'état pour la favoriser.

Nous reconnaissons quatre périodes bien distinctes par la nature des opérations pratiquées pour le perfectionnement de ce produit de l'industrie agricole. La première période date de Colbert. Nous avons vu que nous lui devons les premiers essais faits pour l'amélioration des laines françaises par le mérinos ; mais il appliqua malheureusement, dans ce cas, le même principe de perfectionnement que pour le cheval ; il devait échouer, et il échoua. Quelques autres essais de même nature furent faits par d'autres ministres, sans plus de succès ; mais, vers le milieu du siècle passé, il se trouva un administrateur qui comprit enfin la question sous son véritable point de vue. C'est à son discernement que la France doit la plus grande parties des succès rapides qu'elle a obtenus pour l'amélioration de ses laines.

Daniel-Charles Trudaine, intendant des finances, avait dans son département l'administration du commerce ; il vit que nos manufactures de Sédan, d'Elbeuf, d'Abbeville, dont Colbert avait si bien favorisé les développements, etc., étaient tributaires de l'étranger, et surtout de l'Espagne, pour des sommes énormes. Ce dernier royaume surtout avait presque le monopole des laines fines. Il résolut d'en affranchir la France, malgré les inutiles efforts tentés jusqu'à lui. L'Espagne établissait des manufactures de drap sur tous les points de son territoire, et il pensait avec raison que, quand elle pourrait faire manufacturer toutes ses laines, elle ne les exporterait plus pour vendre ses draps aux puissances de l'Europe. La France leur en fournissait alors pour des sommes considérables.

L'administrateur habile de Louis XV était lié avec le célèbre naturaliste Daubenton, dont la réputation était européenne. Il lui demanda, en 1766, si la France ne pourrait pas faire des laines fines, comme l'Espagne. Le naturaliste lui répondit que, puisque le mouton descendait du mouflon, dont le poil est si grossier, la France pouvait parfaitement faire ce qu'avaient fait ceux qui en avaient obtenu le mérinos. Il ajouta que, puisque le hasard faisait tant de races diverses d'animaux domestiques de toute espèce, les combinaisons savamment dirigées dans les accouplements ou les croisements du mouton nous conduiraient à coup sûr à d'heureux résultats.

A cette réponse, faite avec l'assurance que donne le savoir profond, Trudaine proposa à Daubenton la mission délicate de mettre en pratique ses théories. Elles n'avaient pas eu d'application jusque alors. Le savant consentit à faire des essais, et se mit immédiatement à l'œuvre : il expérimenta sur des animaux de diverses races françaises, et notamment sur l'espèce du Roussillon, qui était alors en réputation (1). Deux ans après, il lisait à l'Académie des sciences de Paris un travail sur le tempérament des bêtes à laine, et sur la rumination. L'année suivante, il en soumettait un deuxième à cette savante assemblée sur le parquage des troupeaux.

(1) Colbert avait mis les mérinos qu'il avait obtenus d'Espagne dans les Pyrénées, et ceux d'Angleterre dans le nord de la France. Ils ne furent pas mieux soignés à un point qu'à un autre, et ils périrent.

Trudaine mourut vers 1769; mais trois ans avaient suffi à Daubenton pour planter le premier jalon de la route à suivre : elle était si bien tracée, qu'il n'y avait plus qu'à marcher.

Trudaine fils succéda à son père, et favorisa comme lui l'entreprise de la bergerie de Montbard. Elle était toujours en pleine prospérité. Au bout de huit ou dix ans, les laines arrivèrent à un degré de finesse tel, que beaucoup d'échantillons pouvaient rivaliser avec ceux d'Espagne, quoiqu'ils ne fussent produits que par des races françaises. Les draps qui servirent à fabriquer les laines du *crû*, comme on les appelait alors, étaient déjà d'une qualité supérieure comme finesse et comme solidité, d'après l'opinion des premiers fabricants de l'époque, et surtout d'après M. Van-Robais d'Abbeville.

Ce ne fut qu'en 1776 que Daubenton reçut des béliers et des brebis d'Espagne; à cette époque, sa bergerie-modèle avait déjà façonné des béliers types. Un assez grand nombre avaient été vendus à plusieurs agriculteurs, qui les avaient fait admirablement prospérer, en suivant la méthode que leur avait enseignée le naturaliste agriculteur.

Daubenton expérimenta jusqu'aux derniers jours de sa vie, qui se termina vers la fin de l'an VII. En quittant Montbard, où son âge avancé ne lui permettait plus de se rendre, il continua ses travaux à Alfort, où il avait une chaire d'économie rurale. Il y avait fait établir une bergerie, qu'il dirigeait, et il avait aussi au Muséum d'histoire naturelle son petit troupeau d'expériences. Il avait publié en 1782 la première édition de son instruction pour les bergers et les propriétaires de troupeaux. Ce travail important, qui servit de code alors pour l'éducation du mouton, fut traduit en plusieurs langues, en Allemagne, en Italie, en Espagne, foyer dont nous avions tiré nos laines fines. Il devait être réimprimé par décret de la Convention du 1er nivôse an III (1); mais les événe-

(1) Extrait du procès-verbal de la séance de la Convention nationale du 1er nivôse an III.

Un membre fait le rapport suivant :

« Je viens vous parler, au nom de vos comités réunis d'instruction publique, d'agriculture et des arts, du patriarche des sciences, du vénérable Daubenton.

» Cet infatigable physicien, qui a formé les collections immenses du Muséum d'histoire naturelle, qui les a soignées et démontrées au public pendant cinquante-trois ans, a employé une partie de sa fortune et plusieurs années de sa vie à faire croître sur le sol de la France des laines aussi fines que celles d'Espagne, dont l'importation coûte chaque année plusieurs millions.

» Ces moyens d'amélioration sont prouvés et confirmés par vingt-cinq années d'expérience; grand nombre de citoyens ont mis en pratique avec succès le *Traité des moutons* donné par ce naturaliste célèbre.

» Cet ouvrage important vient d'être retouché par l'auteur, et enrichi de nouvelles expériences faites à sa bergerie de Montbard.

ments, qui se succédaient alors avec la rapidité de la marche des progrès de tout ordre, retardèrent l'exécution de ce décret. Ce ne fut qu'en l'an X que Chaptal le fit réimprimer par l'imprimerie de la république.

Outre son traité sur le perfectionnement du mouton, Daubenton publia plusieurs mémoires sur le même sujet; ils furent lus à l'Académie des sciences de Paris en 1768, 1769, 1777, 1778, 1779, 1780, 1784, 1785, 1786, en l'an IV et l'an V. Il tenait ainsi l'agriculture au courant de ses expériences et de ses

---

» Appauvri par le bien même qu'il a fait aux sciences et aux arts, réduit par la révolution à une fortune très bornée, Daubenton ne peut pas faire la dépense de l'impression de son ouvrage; cependant l'intérêt de l'agriculture la réclame, et la justice demande de la faire tourner au profit de l'auteur. Il est en effet digne d'une grande nation, qui couvre d'une protection éclairée les savants utiles à leur pays, de leur faire trouver le prix de leurs travaux dans leurs travaux eux-mêmes.

» Nous proposons en conséquence le projet de décret suivant :

» La Convention nationale, ouï le rapport de ses comités réunis d'instruction publique, d'agriculture et des arts,

» Décrète que le *Traité sur les moutons*, par le citoyen Daubenton, sera imprimé et tiré à deux mille exemplaires, au profit de l'auteur, et aux frais de la nation, sur les fonds mis à la disposition de la commission exécutive de l'instruction publique, qui demeure chargée de l'exécution du présent décret. »

Ce projet de décret est adopté.

succès à de courts intervalles : les éleveurs y trouvaient un guide certain pour bien diriger leurs opérations.

Les travaux de Daubenton caractérisent d'une manière tranchée la deuxième période des essais faits pour le perfectionnement des moutons. On a pu se convaincre des raisons qui la font différer de la première. Sans la perspicacité de Trudaine, notre espèce ovine serait peut-être encore comme nos chevaux légers. Si on avait fait pour ceux-ci ce que fit le naturaliste agriculteur pour les premiers, nous aurions économisé bien des millions, et l'administration des haras ne serait pas en lutte avec l'opinion publique comme elle l'a été de tout temps. Nous ne connaissons pas une seule expérience raisonnée et suivie faite sur les chevaux légers dans les établissements de l'état. Si on a expérimenté, les résultats n'ont été transmis ni par la presse, ni par tradition.

La troisième période de l'amélioration du mouton date de la fondation de la bergerie de Rambouillet. Vers 1785, Louis XVI demanda au roi d'Espagne un troupeau de mérinos, qui avait été refusé aux sollicitations de Vergennes, ministre des contributions et de l'agriculture. Vers 1786, 360 mérinos entraient en France, et formaient le noyau de la nouvelle bergerie modèle dont nous avons déjà parlé.

Quand le mérinos eut largement répondu à tout ce qu'on pouvait en attendre, de nouveaux besoins commandèrent la production d'autres laines, surtout pour l'emploi du peigne. M. Yvart fut chargé d'importer des types anglais, qu'il étudia d'abord avec soin à Alfort. De cette époque date la quatrième période du perfectionnement de nos espèces ovines. Les races anglaises, bien étudiées, sont aujourd'hui croisées avec nos races françaises, et réussissent au delà de toute espérance. Nous avons examiné nous-même tout récemment les métis élevés à la bergerie de Charentonneau, dépendant de l'école d'Alfort; nous avons pu nous convaincre, comme toujours, que la science, secondée par le jugement et l'esprit d'observation, fait toujours réussir une opération, quelque difficile qu'elle soit. Il est impossible qu'elle prospère, au contraire, sans ces éléments indispensables de tout progrès.

Quand on vend des producteurs types à Alfort ou dans les autres bergeries de l'état, les cultivateurs qui les achètent savent d'avance quelle est la nature de l'opération qu'ils vont faire. Par les instructions qui leur sont données, ils connaissent à peu près les résultats qu'ils obtiendront dans le pays qu'ils habitent, et avec les espèces qu'ils se proposent d'accoupler ou de croiser: ils ne sont donc pas exposés aux déceptions dont ils ont été victimes pour les chevaux.

Tels ont été les moyens employés pour faire prospérer les bergeries de l'état et les producteurs qui ont été vendus aux éleveurs. Si nous voulons réussir pour le cheval ou d'autres races, il nous faut suivre la même marche: il n'y en a pas d'autre.

Le gouvernement a importé encore depuis quelques années, et notamment dans ces derniers temps, des types améliorateurs d'un autre ordre ; s'ils étaient bien étudiés et bien adaptés, ils pourraient peut-être rendre des services à quelques contrées pour le perfectionnement des animaux d'engrais : nous voulons parler de l'espèce bovine courte corne de Durham. Cette race est tout aussi extraordinaire dans son genre que le cheval pur sang anglais, ce qui, pour nous, est une raison de plus pour qu'elle soit employée avec prudence et discernement. Nous avons sous nos yeux depuis bientôt sept ans, au Pin, une vacherie que nous avons étudiée dans tous ses détails ; nous connaissons aujourd'hui l'aptitude et l'étendue des ressources des sujets qui la composent, et qui s'élèvent à 200 têtes environ. Nous avons suivi sa marche année par année, et nous pourrions donner maintenant tous les renseignements qui se rattachent à cette espèce, si ce devoir n'était pas dans les attributions des hommes spéciaux chargés de les fournir à M. le ministre. Nous regrettons seulement de n'avoir pas vu opérer pour cette espèce d'animaux comme on l'a fait pour le mouton. Il faudrait, suivant nous, que des comptes-rendus, des expériences bien faites, bien suivies, dirigées suivant de bonnes lois d'amélioration raisonnée, fussent publiés tous les ans. On connaîtrait les avantages ou les inconvénients de leur emploi suivant les lieux, le genre d'agriculture, les races qu'on veut croiser avec ces types. Ce moyen d'instruction donné aux éleveurs, avec le petit livre de généalogies qu'on délivre aux ventes de vacheries, les guiderait dans les procédés d'amélioration, et préviendrait des déceptions toujours défavorables au principe louable qui préside aux établissements de perfectionnement d'animaux. Beaucoup d'éleveurs normands se plaignent des résultats obtenus par le croisement des Durham, d'autres s'en félicitent sur quelques points de la France, ce qui prouve que la question a besoin d'être élucidée : mais l'administration la fait étudier à fond, et la résoudra bientôt. Il y a vingt ans environ que des Durham furent importés par l'état ; nous avons vu les premiers types à Alfort ; vingt ans sont plus que suffisants, pour approfondir et faire un travail de ce genre, à des hommes éclairés comme ceux que l'administration sait employer, pour des études agricoles et la production de la viande.

Il faut donc espérer que des travaux bien faits, et publiés, sur les Durham, les Hereford et les Devon, enrichiront bientôt l'agriculture d'observations précieuses pour l'industrie de l'élevage du bœuf. Les expériences de MM. de Torcy et de Béhague, sur les animaux qu'ils ont présentés aux concours de Poissy, font vivement regretter aux vrais amis de l'agriculture de n'avoir pas encore sous les yeux la publication des expériences consciencieuses faites dans les vacheries de l'état. Le sujet est grave ; il se rattache directement à la prospérité de nos races bovines, et la sollicitude de M. le ministre ne saurait priver plus long-temps les éleveurs de lumières qui seront si utiles à leur industrie.

Pour conclure, nous disons:

1° Les travaux de tout ordre exécutés par l'état, les améliorations de toute nature, ont parfaitement réussi, quand leur direction a été confiée à des hommes qui ont fait de fortes études dans les écoles spéciales.

2° L'industrie manufacturière ne s'est élevée au point de prospérité où elle est aujourd'hui en France que depuis l'application des sciences mathématiques, physiques et chimiques, dont la république et l'empire favorisèrent le développement à un si haut degré.

3° L'industrie agricole, en général, ne réussira que par le concours bien raisonné des sciences naturelles, répandues dans le royaume par un bon système d'enseignement.

4° L'état n'a pas pu faire prospérer l'industrie de l'élevage du cheval léger, pour n'avoir pas adopté la marche qu'il a si bien tracée et suivie pour perfectionner les travaux d'art de tout ordre.

5° Les bases sur lesquelles Colbert avait fondé l'administration des haras étaient mauvaises; il faut donner la plus large extension possible au principe posé par Napoléon sur cette matière.

6° Les récriminations de toutes les époques contre l'administration des haras ont toujours eu leur origine dans le défaut de connaissances spéciales indispensables à un succès qu'on n'obtiendra jamais avec le système suivi jusqu'à nos jours.

7° Nous disons, enfin, qu'il faudrait qu'une commission sérieuse, composée de savants naturalistes et d'agriculteurs instruits, fût nommée pour étudier la question à fond dans tous ses détails ; elle soumettrait ses travaux à M. le ministre de l'agriculture et du commerce, qui prendrait les mesures commandées par le progrès, que nul ne peut désirer et ne désire plus que lui.

APPENDICE.

LOI CONCERNANT LES VICES RÉDHIBITOIRES

DANS LES VENTES ET ÉCHANGES D'ANIMAUX DOMESTIQUES.

Avant la publication du Code civil, il n'existait pas de législation régulière au sujet des ventes et échanges des animaux domestiques. Chaque lieu avait ses coutumes, ses usages. Il en résultait que tel vice rédhibitoire dans une province, un département, ne l'était pas dans un autre, ce qui rendait les transactions commerciales difficiles. Un cheval rendu au vendeur, par suite d'un procès en Normandie, était conduit dans un marché de Paris, où les mêmes conditions rédhibitoires n'existaient plus, *et vice versa*.

Le Code civil modifia cet état de choses. Les articles 1641 et suivants, relatifs à la garantie des défauts de la chose vendue, protégeaient l'acheteur contre le vendeur de mauvaise foi; mais l'art. 1648 détruisait en partie l'esprit des autres. Il est ainsi conçu : « L'action résultant des vices rédhibitoires doit être intentée par l'acquéreur dans un bref délai, suivant la nature des vices rédhibitoires et l'usage du lieu où la vente a été faite. »

Les usages de lieux étaient donc encore en vigueur : beaucoup de juges de paix et même de tribunaux de province jugeaient souvent contradictoirement.

Une nouvelle loi, ou la révision de l'article 1648, était donc indispensable.

Pour répondre le mieux possible aux besoins de l'agriculture et du commerce, le gouvernement consulta les conseils généraux et d'arrondissement, les préfets, les écoles vétérinaires, etc. Il voulait surtout borner l'esprit de l'article 1641 du Code civil, qui donnait trop d'étendue à la garantie, et était peu favorable à l'agriculture, aux éleveurs. Il s'agissait donc de déterminer non seulement la nature des vices rédhibitoires, mais encore de fixer leur nombre, pour que la législation sur la matière fût rigoureusement uniforme partout.

Si la loi de 1838 n'est pas complète, comme l'auraient désiré beaucoup d'esprits judicieux, elle a du moins répondu pour le moment à un besoin pressant : elle a fixé le point de juridiction le plus important du commerce des animaux domestiques. Si la pratique demande plus tard des modifications, on aura joui, en attendant, de la loi qui nous régit aujourd'hui.

Voici le texte de cette loi, promulguée le 26 mai 1838 :

Art. 1er. — Sont réputés vices rédhibitoires et donneront seuls ouverture à l'action résultant de l'art. 1641 du Code civil, dans les ventes ou échanges des animaux domestiques ci-dessous dénommés, sans distinction des localités où les ventes et échanges auront eu lieu, les maladies ou défauts ci-après, savoir :

Pour le cheval, l'âne ou le mulet :

La fluxion périodique des yeux,
L'épilepsie ou le mal caduc,
La morve,
Le farcin,
Les maladies anciennes de poitrine ou vieilles courbatures,
L'immobilité,
La pousse,
Le cornage chronique,
Le tic sans usure des dents,
Les hernies inguinales intermittentes,
La boiterie intermittente pour cause de vieux mal.

Pour l'espèce bovine :

La phthisie pulmonaire ou pommelière,
L'épilepsie ou mal caduc,
Les suites de la non-délivrance, après le part chez le vendeur;

Le renversement du vagin ou de l'utérus, après le part chez le vendeur.

Pour l'espèce ovine :

La clavelée : cette maladie reconnue chez un seul animal entraînera la rédhibition de tout le troupeau.

La rédhibition n'aura lieu que si le troupeau porte la marque du vendeur.

Le sang de rate : cette maladie n'entraînera la rédhibition du troupeau qu'autant que, dans le délai de la garantie, sa perte constatée s'élèvera au quinzième au moins des animaux achetés.

Dans ce dernier cas, la rédhibition n'aura lieu également que si le troupeau porte la marque du vendeur.

Art. 2. — L'action en réduction du prix, autorisée par l'art. 1644 du Code civil, ne pourra être exercée dans les ventes et échanges d'animaux énoncés dans l'art. 1er ci-dessus.

Art. 3. — Le délai pour intenter l'action rédhibitoire sera, non compris le jour fixé pour la livraison :

De trente jours pour le cas de fluxion périodique des yeux et l'épilepsie ou mal caduc;

De neuf jours pour tous les autres cas.

Art. 4. — Si la livraison de l'animal a été effectuée, ou s'il a été conduit, dans les délais ci-dessus, hors du lieu du domicile du vendeur, les délais seront augmentés d'un jour par cinq myriamètres de distance du domicile du vendeur au lieu où l'animal se trouve.

Art. 5. — Dans tous les cas, l'acheteur, à peine d'être non recevable, sera tenu de provoquer, dans les délais de l'art. 3, la nomination d'experts chargés de dresser procès-verbal ; la requête sera présentée au juge de paix du lieu où se trouvera l'animal.

Ce juge nommera immédiatement, suivant l'exigence des cas, un ou trois experts, qui devront opérer dans le plus bref délai.

Art. 6. — La demande sera dispensée du préliminaire de conciliation, et l'affaire instruite et jugée comme matière sommaire.

Art. 7. — Si, pendant la durée des délais fixés par l'art. 3, l'animal vient à périr, le vendeur ne sera pas tenu de la garantie, à moins que l'acheteur ne prouve que la perte de l'animal provient de l'une des maladies spécifiées dans l'art. 1er.

Art. 8. — Le vendeur sera dispensé de la garantie résultant de la morve et du farcin pour le cheval, l'âne et le mulet, et de la clavelée pour l'espèce ovine, s'il prouve que l'animal, depuis la livraison, a été mis en contact avec des animaux atteints de ces maladies.

Comme nous n'avons étudié que le cheval, nous ne traiterons que de ses vices rédhibitoires. Nous négligerons donc ceux des autres animaux (1).

---

(1) Notre but n'est pas de donner de longs détails sur la loi de 1838. Nous désirons seulement faire savoir à quels signes un acheteur peut reconnaître les vices qui lui donnent le droit de se soustraire à une fraude dont il aurait été victime. Ceux qui désireront avoir des développements bien circonstanciés pourront consulter le *Manuel du droit rural*, publié par M. J. de Valserres. Nous avons fait une analyse de ce remarquable ouvrage dans les *Annales des haras et de l'a-*

DE LA FLUXION PÉRIODIQUE DES YEUX.

La fluxion périodique des yeux est une affection particulière au genre cheval; elle n'est pas connue dans les autres espèces d'animaux.

Les causes de cette affection ne sont pas toujours faciles à saisir. Cependant les observateurs regardent l'hérédité comme une des plus patentes. L'expérience a prouvé qu'un père, une mère fluxionnaires transmettent ces vices à leurs produits. Cela est si vrai, qu'il nous a été assuré que, dans une contrée de la Bretagne, le nombre des fluxionnaires a augmenté depuis la loi qui régit aujourd'hui le commerce des animaux domestiques : les propriétaires, dit-on, ne peuvent plus vendre leurs juments fluxionnaires avec les mêmes avantages, parce qu'elles donneraient lieu à des procès, et ils les font produire. Un règlement sévère devrait défendre que des juments fluxionnaires fussent fécondées par des étalons de l'état. Le nombre des saillies des dépôts d'étalons serait diminué, il est vrai, ce qui serait un bien qui n'est peut-être pas compris par tout le monde.

---

griculture. On y trouvera tout ce qui est relatif à la législation rurale. C'est le seul ouvrage qui réunisse tous les travaux qui ont paru sur cette matière à toutes les époques, et en le publiant, l'auteur a rendu un véritable service à l'agriculture.

Dans une infinité de cas, les causes de la fluxion périodique sont inhérentes au sol, surtout lorsqu'ils sont humides, marécageux. Les bords du Rhin, les marais du Poitou, de la Vendée, la Lorraine, la Franche-Comté, la Picardie, le Limousin, les Pyrénées, le Rouergue, l'Auvergne, ont beaucoup de fluxionnaires.

L'époque de l'éruption des dents, qui appelle le sang vers la tête, paraît être celle où la fluxion se déclare de préférence.

Il est des pays qui ne connaissent pas cette maladie. La Normandie compte peu ou point de fluxionnaires. Le territoire d'Arles paraît jouir des mêmes priviléges. En Afrique elle n'existe point: nous n'en avons jamais entendu parler pendant près de quatre ans que nous avons habité cette colonie. L'Espagne offre la même particularité, suivant les témoignages des voyageurs.

Les animaux qui sont le plus sujets à cette affection, incurable jusqu'à ce jour, sont ceux qui ont les yeux petits, les paupières épaisses et peu mobiles; leur tête est grosse et empâtée. Mais cette règle n'est pas générale : on voit souvent des fluxionnaires avec beaucoup de distinction dans la tête comme dans les autres parties du corps.

Cependant on peut dire qu'un œil grand, bien ouvert, protégé par des paupières minces, bien arquées, une tête sans empâtement, sont des indices de solidité de la vue, surtout dans un pays sec. Les dispositions contraires, dans un pays humide, la rendent douteuse.

Du reste, avec un peu d'esprit d'observation et d'habitude, il est assez facile de reconnaître les yeux qui sont sujets à la fluxion périodique.

Les premiers symptômes de cette affection sont, à peu près, comme ceux des autres ophthalmies : les larmes coulent, les paupières se tuméfient, et la température de l'œil semble augmentée. La tristesse, l'inappétence, l'abattement de l'animal malade, suivent ces premiers signes. La vitre de l'œil perd sa transparence et devient opaline. Des flocons albumineux de teinte jaunâtre se forment en même temps derrière cette membrane; on les aperçoit quand les phénomènes de l'inflammation ont diminué, et que la cornée lucide a commencé à reprendre sa transparence ordinaire. Ils se précipitent en bas de la première chambre de l'œil, où il est facile de les distinguer à leur aspect de feuille morte.

C'est la présence de ces flocons qui caractérise surtout la fluxion périodique; on y fera une attention toute particulière.

Quand les symptômes que nous venons de signaler ont disparu, l'œil a repris son état habituel, et ce n'est qu'après plusieurs accès que l'œil malade devient plus petit que celui qui est sain.

Les deux yeux sont quelquefois fluxionnaires en même temps, mais le plus souvent on n'en observe qu'un seul.

Les caractères de la fluxion périodique sont loin d'être tranchés au début de son invasion. Aussi nous conseillerons à tout acheteur qui observera les symptômes d'une ophthalmie de prendre ses mesures, et de consulter un médecin vétérinaire exercé, pour avoir son recours, s'il y a lieu.

DE L'ÉPILEPSIE.

Le délai de garantie de l'épilepsie est de trente jours, comme celui de la fluxion périodique. Cette affection est très rare; elle est commune à presque tous les animaux, qui offrent, à peu près tous, les mêmes signes pour la faire distinguer.

L'animal épileptique, bien portant en apparence, tombe tout à coup. Son système musculaire entre en contraction; il grince des dents; son encolure et ses membres se raidissent, ceux-ci s'agitent quelquefois d'une manière convulsive. La pupille est dilatée et fixe, l'œil roule dans l'orbite, la bouche est écumeuse, les naseaux sont dilatés, la respiration est laborieuse, et les sens semblent avoir perdu leurs facultés : l'animal le témoigne du moins par son insensibilité. Enfin, après quelques instants de cet état indéfinissable, l'animal se relève, souvent mouillé de sueur; il se secoue, et se remet à manger. Il ne reste plus de trace de cette terrible maladie, sauf les contusions causées par la chute ou les convulsions.

Les symptômes de l'épilepsie durent peu de temps : on s'empressera donc d'en faire constater l'existence par témoins pendant l'accès, pour agir en conséquence.

En tout cas, on fera bien de s'informer si l'animal n'avait pas eu des accès de cette affection aux lieux où il était avant sa vente.

L'épilepsie, incurable jusqu'à ce jour, a son siége dans le système nerveux : ses causes sont inconnues dans les animaux. On prétend que l'hérédité et un excès de frayeur sont les plus patentes dans l'homme.

DE LA MORVE.

Il est peu de maladies qui aient donné lieu à plus de contestations inutiles que la morve du cheval. Tout le monde en a parlé, depuis Buffon jusqu'au dernier charlatan des rues ; cependant nous ne sommes pas plus avancés sur les connaissances de sa nature. Cela tient à ce qu'elle a été mal étudiée ; on n'a pas su faire la distinction des symptômes qui la rendent commune à diverses affections des voies de la respiration. On n'a pas défini ce qu'on entendait par morve : nous ne connaissons encore personne qui le sache. Le mot *morve* est donc vide de sens dans le dictionnaire de médecine. Nous avons d'autant plus le droit de nous étonner de cette lacune malheureuse, que la médecine des animaux est arrivée aujourd'hui comme science, à un rang élevé dans l'ordre des connaissances humaines.

Dans tout cas, la morve comme on l'entend se distingue aux caractères suivants : écoulement par les naseaux, d'un seul ou des deux côtés, de matières purulentes, variant en couleur, en quantité et en consistance; ulcérations ou érosions de la membrane muqueuse pituitaire; engorgements des glande l'auge. Ces trois symptômes constituent la morve, quel que soit le degré de leur intensité. Le cheval est dit douteux, quand ils n'existent pas tous ensemble.

Lorsque l'acheteur apercevra un ou plusieurs signes de cette nature, il devra se mettre en mesure pour exercer ses droits, s'il y a lieu.

Les causes de la morve varient autant que les maladies distinctes auxquelles on a donné ce nom insignifiant. Tantôt elle est due à la contagion, ce qui est prévu par l'art. 8 de la loi; d'autres fois à une prédisposition de l'animal, qui est d'une vicieuse constitution. Les mauvais fourrages, les travaux excessifs, mal dirigés, le défaut de soins des animaux, les habitations malsaines, les affections chroniques de poitrine, etc., etc., peuvent provoquer les symptômes de la morve.

On peut simuler cette affection la mieux caractérisée, par des injections irritantes dans les naseaux. Dans quelques heures, nous ferons un morveux au troisième degré le plus intense, quand on voudra; nous avons plus d'une fois répété cette expérience : il serait ainsi facile à un malhonnête homme de créer un vice rédhibitoire que nul ne pourrait nier.

L'affection qu'on a appelée la morve comporte plusieurs maladies différentes de nature comme de gravité; il en résulte qu'il y a des morveux qui périssent en quatre ou cinq jours après l'invasion de la maladie; d'autres restent incurables malgré la médecine, ou se portent à merveille malgré leurs symptômes de morve. Il en est qui guérissent seuls; voilà pourquoi il y a tant de guérisseurs, etc., etc.

On peut donc voir pourquoi il y a des morves contagieuses, d'autres qui ne le sont pas; pourquoi les unes guérissent, quand les autres restent incurables. Il y a donc des morves de toutes les espèces, et pour toutes les opinions, pour les contagionnistes et les non-contagionnistes, etc., etc.

Quant à notre avis, le voici:

L'affection qu'on a appelée la morve a été mal étudiée, mal définie. Elle comprend plusieurs maladies distinctes qu'on a confondues ensemble, pour n'avoir pas assez bien observé la nature particulière des symptômes qui doivent les faire distinguer. Parmi ces maladies diverses, il y en a qui se communiquent, et ce sont les plus dangereuses; d'autres ne se communiquent pas et restent incurables. Il y a enfin des morves qui guérissent parfaitement sans aucune espèce de traitement. Les discussions sans fin qui ont eu lieu sur la contagion et la non-contagion, sur la guérison et la non-guérison, etc., etc., n'ont pas d'autre origine.

Nous concluons qu'avant de discuter, on doit d'abord étudier la question; on doit définir le sujet des contestations, et s'expliquer ensuite : sans cette marche, il n'y aura jamais de solution possible.

DU FARCIN.

Le farcin se distingue par des boutons de la grosseur d'une noisette ou d'une petite noix. Ils se développent sous la peau et s'abcèdent souvent. Quelquefois ces boutons sont isolés sur différentes parties du corps, tandis qu'ils sont groupés souvent sur une ou plusieurs régions, ou disposés en chapelet les uns à la suite des autres. Dans ce cas, on les observe généralement sur le trajet des gros vaisseaux, à l'encolure, aux membres, etc.

Cette affection reconnaît les mêmes causes que la morve. Elle se caractérise souvent par des engorgements, surtout aux membres. Elle est classée dans les maladies contagieuses, plutôt par mesure de prudence que pour cause de contagion, qui, comme dans la morve, est encore en litige dans le monde médical.

Le farcin est toujours grave, quelle que soit la forme sous laquelle il se présente. Ses symptômes se font remarquer quelquefois avant d'être apparents au dehors, par des engorgements, des ganglions lymphatiques profonds et inaperçus; ils peuvent même exister au moment de la vente. On voit des chevaux boiter tout à coup, sans cause connue, par suite de l'engorgement des ganglions des aines ou des ars : quelques jours après, un farcin bien confirmé explique la cause de la boiterie.

MALADIES ANCIENNES DE POITRINE, OU VIEILLE COURBATURE.

De tous les vices qui entraînent la rédhibition, la vieille courbature est un des plus difficiles à bien préciser. Cette affection, en effet, est multiple, et n'est point assez bien définie, suivant nous. Du reste, pour la reconnaître, il faut toujours avoir recours à un vétérinaire instruit : il est impossible d'en juger lorsque des études suivies d'anatomie pathologique n'éclairent pas les experts.

On entend en général par vieille courbature les maladies chroniques des organes de la respiration et de leurs accessoires. Telles sont toutes les anciennes affections des voies de la respiration, des poumons et des plèvres. Ces maladies sont assez faciles à reconnaître à l'état aigu; mais leurs symptômes sont souvent très obscurs quand elles sont passées à l'état chronique.

On observe quelquefois des chevaux qu'on dit refaits en terme de vendeurs. Ils ont l'apparence d'une bonne santé. On a soin de les préparer à un embonpoint séduisant, quand ils ont eu quelque grave maladie de poitrine : on y réussit par un traitement, un régime et des soins appropriés. On les expose ensuite sur les marchés au moment le plus favorable à la fraude.

La saison du printemps est celle qui est la plus convenable pour masquer les symptômes des vieilles courbatures. Les fraudeurs vendent, quelque temps après l'usage du vert, les chevaux malades qui ont été engraissés par ce régime. Ces animaux ont l'apparence d'une bonne santé; ils ont le poil luisant, et ce n'est qu'au travail qu'on s'aperçoit qu'ils ont une mauvaise poitrine : ils toussent, leur embonpoint diminue rapidement, le poil devient sec et terne, et les flancs indiquent souvent une altération profonde. Si on est dans le délai de la garantie, on se mettra immédiatement en mesure.

Nous croyons qu'il serait bon de soumettre un cheval à une épreuve propre à juger de l'état de sa poitrine, immédiatement après l'avoir acheté. Comme le délai de garantie n'est que de neuf jours, il n'y a pas de temps à perdre pour s'assurer de l'intégrité de son appareil respiratoire.

DE L'IMMOBILITÉ.

Le cheval paraît être le seul de tous les animaux domestiques qui soit atteint du vice de l'immobilité. Son siége doit être dans le système nerveux, quoique l'anatomie pathologique n'en ait pas fait découvrir les lésions.

Le cheval immobile éprouve beaucoup de difficulté

à reculer. Si on l'oblige à le faire, ses membres antérieurs, raidis, ne se portent pas alternativement en arrière, comme à l'état normal; ses pieds ne quittent pas le sol et se traînent en arrière. Souvent l'animal se défend; il se renverse même s'il est obligé d'obéir par force.

Du reste, la physionomie des animaux atteints de cette singulière affection présente un caractère tout particulier. Elle affecte un air de stupéfaction mêlé d'indifférence difficile à rendre. L'œil est fixe et sans expression, les oreilles sont immobiles, portées souvent l'une en avant, l'autre en arrière, sans discernement et sans cause visible. L'animal annonce d'ailleurs la tristesse, une souffrance sourde et profonde. S'il mange, le mouvement de ses mâchoires est lent et se suspend par intervalles, avant que la trituration des aliments soit complète : on dirait qu'il veut écouter, mais sans s'occuper de ce qui l'environne. Il paraît être en général sous l'influence d'une somnolence continuelle. Si on lui croise les jambes de devant, il les laisse telles qu'on les lui a placées. La peau de la couronne semble avoir perdu sa sensibilité; on peut s'en assurer en comprimant cette partie avec le pied. Les marchands de chevaux des bords du Rhin, où l'immobilité est commune, ne négligent pas cette épreuve.

Il est souvent dangereux de se servir des chevaux immobiles; ils s'arrêtent quelquefois en travaillant, et si on veut les obliger à marcher, ils se défendent sans avoir la conscience de ce qu'ils font. Leur maladie est une sorte d'idiotisme. Du reste, le cheval immobile n'a pas d'allure réglée ni assurée ; il butte et tombe. Enfin il dépérit et meurt.

Les symptômes de l'immobilité ne sont pas toujours aussi tranchés que ceux que nous venons de décrire. Ils sont au contraire assez obscurs quand ils commencent à se manifester. Il faut alors une grande habitude pour les distinguer, et on examine pour cela les animaux au repos, pendant et après l'exercice.

Les chevaux immobiles sont communs en Allemagne et dans le nord ; ils sont très rares dans le midi.

DE LA POUSSE.

La pousse se caractérise par l'irrégularité des mouvements des flancs pendant la respiration.

Lorsqu'un cheval est bien portant et tranquille, l'entrée et la sortie de l'air dans les poumons sont uniformes et sans saccades. On le voit aux flancs qui se soulèvent et s'affaissent par deux mouvements réguliers qui suivent l'inspiration et l'expiration. Lorsque la pousse existe, au contraire, l'expiration est entrecoupée, et s'opère en deux temps ; le temps d'arrêt brusque qui la caractérise se nomme *soubresaut de la pousse*.

Quand cette affection est très prononcée, elle est facile à reconnaître. Elle est ordinairement accompagnée d'une toux sèche et rauque ; les naseaux sont très dilatés, et l'on remarque entre eux des rides bien tracées à la peau. Tout le corps se ressent de la secousse brusque de l'expiration, quand l'animal est en repos. Mais à son début la pousse est souvent très difficile à constater. Il faut, pour apercevoir ses symptômes légers, une grande habitude, que les hommes expérimentés peuvent seuls bien posséder.

Le régime du vert fait ordinairement disparaître les premiers caractères de pousse ; ils reparaissent avec l'usage des aliments secs. On devra faire attention à ce moyen employé par la fraude.

DU CORNAGE CHRONIQUE.

Le cornage chronique est la conséquence d'une difficulté du libre passage de l'air dans les voies respiratoires, notamment pendant l'exercice. Le cheval, dans ce cas, fait entendre un bruit plus ou moins distinct, permanent ou intermittent, suivant l'intensité ou la nature de la cause qui le détermine.

Lorsqu'un cheval corne ou sifile, on doit s'assurer s'il n'existe pas quelque maladie aiguë, quelque engorgement passager qui obstrue les cavités nasales, le larynx ou la trachée-artère. Le vice, dans ce cas, peut n'être que passager lui-même, et disparaît avec la cause qui l'a produit. Mais si le siffleur a l'apparence d'une bonne santé, s'il corne pendant le travail sans cause apparente, il y aura vice de conformation d'un des points des voies de la respiration, et, par conséquent, cornage chronique.

Les chevaux qui ont la poitrine étroite, la tête

busquée et aplatie d'un côté à l'autre, sont sujets à cette affection, surtout quand ils ont les branches des maxillaires serrées l'une contre l'autre. Elle est rare dans les races de sang, qui ont la tête carrée, les naseaux bien ouverts, la poitrine forte, et les branches des mâchoires très écartées, pour loger convenablement le larynx.

Pour s'assurer de l'existence du cornage, on soumet le cheval à un exercice violent s'il le faut, mais pendant quelques minutes seulement; on s'aperçoit facilement alors du vice rédhibitoire.

Le cornage était très commun en Normandie du temps du règne des têtes busquées; il est devenu aujourd'hui plus rare par l'emploi des chevaux de sang. Les mauvaises poitrines et les têtes moutonnées que la mode avait adoptées ont disparu, avec tous les vices de conformation qui en dépendaient.

DU TIC SANS USURE DES DENTS.

Le tic est une manie, ou un besoin éprouvé par le cheval. Il appuie fortement les dents sur la mangeoire ou tout autre corps, et fait entendre un bruit qu'on a distingué sous le nom de *rot*.

Dans ce cas, le tic est dit d'*appui;* dans le tic en l'air, le cheval lève la tête, sans l'appuyer pour *roter*.

On est généralement d'avis que le besoin éprouvé par le cheval de déglutir de l'air, ou de rendre des gaz, est la conséquence d'une altération particulière de l'estomac. Il est à remarquer d'ailleurs que beaucoup de chevaux qu'on empêche de tiquer maigrissent, et ne reprennent leur embonpoint que lorsqu'on les laisse libres.

Les chevaux tiqueurs usent leurs dents à force de les appuyer contre des corps durs. Dans ce cas, le tic n'est pas rédhibitoire, parce que l'acheteur a pu se convaincre de son existence. Ce n'est donc que lorsque les dents n'offrent aucune trace de ce vice, qu'il donne lieu à la rédhibition.

Lorsqu'en achetant un cheval, on s'apercevra que les dents sont usées, on ne manquera pas de s'assurer de la cause de cette usure. Le tic alors ne serait pas dans les conditions de rédhibition exigées par la loi.

Les chevaux qui paissent dans des terrains sablonneux ont souvent les dents ébréchées, usées comme les tiqueurs; d'autres usent leurs dents par l'habitude de mordre les mangeoires, ou les corps qui sont à leur portée pendant le pansage; on ne manquera donc pas de bien établir la différence qui existe entre ces diverses causes d'usure des incisives.

Pour empêcher les chevaux de tiquer, on leur met un collier serré près de la tête; on emploie aussi une infinité d'autres moyens inutiles. Tant que la cause persiste, l'effet est produit; l'animal, rendu à la liberté, ne manque jamais de se livrer à son habitude, qui paraît être une nécessité pour lui.

DES HERNIES INGUINALES INTERMITTENTES.

La hernie inguinale est très rare. On aurait pu même, sans grand préjudice, effacer ce vice rédhibitoire de la loi. Il est causé par la descente d'une anse d'intestin dans les bourses. C'est surtout pendant le travail et les violents efforts que les chevaux sont sujets aux hernies, qui disparaissent pendant le repos. Le cordon testiculaire qui contient l'intestin en cas de descente est plus gros que le cordon opposé. Dans tous cas, on aura toujours recours à un homme spécial pour en juger.

Les chevaux entiers sont naturellement les plus sujets aux hernies. Elles sont rares dans les chevaux hongres.

BOITERIES INTERMITTENTES POUR CAUSE DE VIEUX MAL.

Les boiteries intermittentes sont des vices très communs, dans les grandes villes surtout ; ils sont aussi souvent très difficiles à constater. L'homme de l'art le plus exercé est quelquefois très embarrassé pour bien asseoir son jugement. Aussi, l'acheteur doit-il toujours recourir à un expert habile pour reconnaître ce cas rédhibitoire.

Une boiterie intermittente peut se faire remarquer à chaud ou à froid. Dans le premier cas, le cheval ne boite pas en commençant à marcher ; ce n'est que lorsqu'il a travaillé que la claudication est apparente. Après le repos, la boiterie disparaît avec la douleur qui avait été causée par l'exercice.

Lorsque le cheval boite à froid, on s'en aperçoit au moment où il commence à marcher : sa claudication disparaît après quelque temps d'exercice, pour reparaître après le repos.

On conçoit qu'il est facile de tromper un acheteur, en n'exposant un cheval en vente que dans les conditions où il ne boite pas.

Du reste, les claudications reconnaissent toujours pour cause de vieilles maladies dont il est souvent difficile de découvrir le siége. Presque toujours elles sont incurables.

FIN.

TABLE ALPHABÉTIQUE DES MATIÈRES.

PREMIÈRE PARTIE.

DEUXIÈME PARTIE.

TROISIÈME PARTIE.

QUATRIÈME PARTIE.

APPENDICE.

NOTE EXPLICATIVE DES PLANCHES.

Les modèles que nous donnons sur les dispositions des dents ont été copiés sur des collections de squelettes de mâchoires inférieures. Ils caractérisent l'âge du cheval depuis la naissance jusqu'à 30 ans.

La riche collection modelée par le docteur Auzoux sur celle de l'École d'Alfort nous a beaucoup servi pour vérifier les dessins exécutés par M. Chazal, professeur au Muséum d'histoire naturelle, et pour juger de leur exactitude (1). Nos lecteurs y trouveront le moyen de comprendre la théorie que nous avons développée, d'après les indications de la science sur la différence de forme des tables dentaires suivant les âges ; si ces dessins ne suffisent pas pour bien remplir le but que nous nous sommes proposé, ils donneront du moins une juste idée des principes que nous avons développés.

Les incisives nos 1, 2, 3, indiquent 5, 15 et 25 ans. Nous avons mis en parallèle ces trois exemplaires pour faire mieux saisir la différence qui existe entre eux. Les autres servent à représenter la forme des tables dentaires aux diverses époques de la vie, année par année.

---

(1) Le docteur Auzoux, qui, comme on le sait, a fait l'anatomie clastique du cheval par couches superposées, a modelé une collection de mâchoires qui ne laisse rien à désirer pour apprendre l'âge du cheval. La nature a été imitée dans ses plus rigoureux détails. Cette collection se compose de trente exemplaires, et de plusieurs coupes d'incisives, pour démontrer les dispositions des dents et les différences de leurs tables suivant leur degré d'usure. Toutes les phases de la dentition sont reproduites avec un rare bonheur. Non seulement l'âge est indiqué, mais encore les ruses des marchands pour vieillir ou rajeunir les chevaux, en arrachant ou burinant les dents, sont démontrées avec évidence. Les dents des chevaux tiqueurs et mal bouchés sont aussi figurées avec exactitude.

Pour confectionner sa collection de mâchoires avec le plus d'exactitude possible, le docteur Auzoux a pris conseil des hommes les plus spéciaux, et notamment de M. Renault, directeur de l'École d'Alfort. Ce praticien habile a donné aussi son avis sur une notice qui traitera de l'âge du cheval, et qui accompagnera les modèles de M. Auzoux comme texte explicatif. Cette double circonstance serait une garantie assurée, si tous les admirables travaux de M. Auzoux n'étaient pas toujours l'expression de la vérité, la nature prise sur le fait.

M. Auzoux a encore modelé les os et leurs exostoses, qui causent les tares des membres. Ces exemplaires, d'une ressemblance parfaite avec les originaux qui ont servi à les confectionner, seront aussi de la plus grande utilité pour l'étude du cheval.

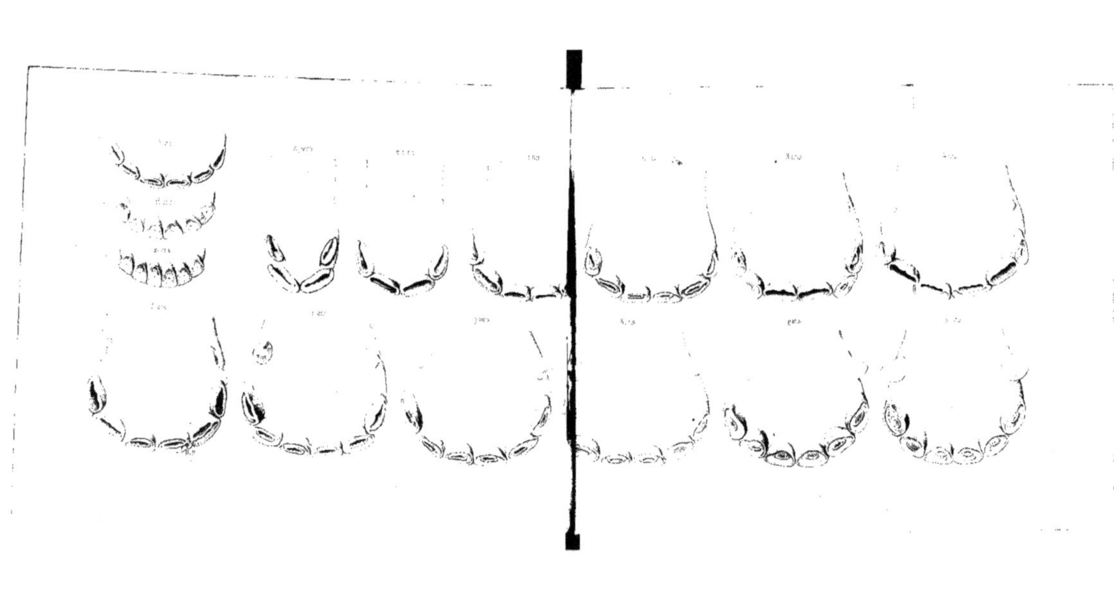

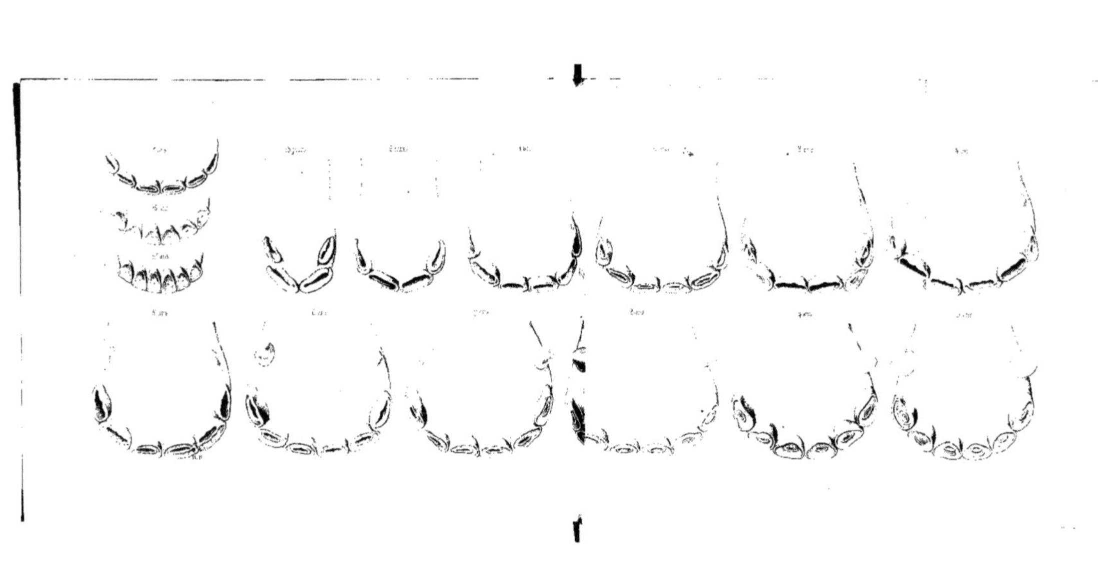

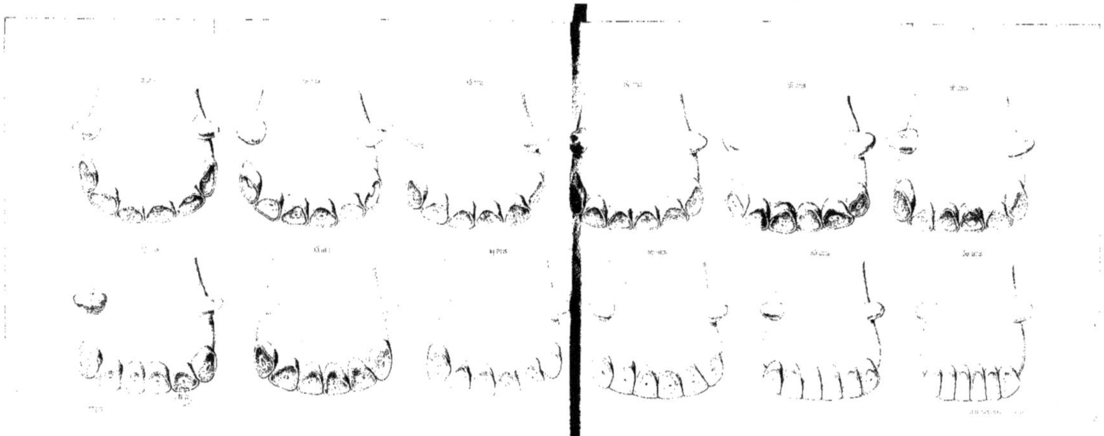